“十三五”国家重点出版物出版规划项目

城市地下综合管廊建设与管理丛书

城市地下综合管廊全过程技术与管理

中国安装协会　组织编写

中国建筑工业出版社

图书在版编目（CIP）数据

城市地下综合管廊全过程技术与管理/中国安装协会组织编写. —北京：中国建筑工业出版社，2018.1
（城市地下综合管廊建设与管理丛书）
ISBN 978-7-112-21509-6

Ⅰ.①城… Ⅱ.①中… Ⅲ.①市政工程-地下管道管理 Ⅳ.①TU990.3

中国版本图书馆 CIP 数据核字（2017）第 275168 号

本书从规划、设计到施工、运维，全方位讲解综合管廊。内容共 6 章，包括概述；综合管廊规划与设计；施工技术管理；运营维护管理；智能建造与智慧管理；工程案例。

本书适合于从事综合管廊的工程人员参考使用，也可供相关专业大中专院校师生学习参考。

责任编辑：张　磊
责任设计：李志立
责任校对：王　瑞

“十三五”国家重点出版物出版规划项目
城市地下综合管廊建设与管理丛书
城市地下综合管廊全过程技术与管理
中国安装协会　组织编写
*
中国建筑工业出版社出版、发行（北京海淀三里河路 9 号）
各地新华书店、建筑书店经销
唐山龙达图文制作有限公司制版
北京建筑工业印刷厂印刷
*
开本：787×1092 毫米　1/16　印张：13½　字数：334 千字
2018 年 4 月第一版　　2020 年 8 月第三次印刷
定价：**39.00** 元
ISBN 978-7-112-21509-6
（31149）

本书编委会

前　言

城市地下综合管廊在美化城市环境、节约土地资源、提升城市形象、减低能源风险等方面发挥出了巨大作用，其建设规模已经由小范围尝试走向全方位推广，成为国内当前最具带动性和推广力的新兴产业之一，并以每年2000km左右的速度快速规划、建造、投入运营。一座城市或者一个区域何时才是地下综合管廊建造最恰当的时机？应该采用何种模式？使用何种技术？如何运维等等，都或多或少让我们困惑。究其原因，主要是因为当前国内城市地下综合管廊的相关标准、制度等还不够系统、成熟，地下综合管廊的快速建造与相关各方专业知识的系统获取还不同步，各个阶段成熟的、可供借鉴的经验还比较有限；同时，城市地下综合管廊建造技术的多样性、统筹协调的系统性、地区发展的差异性、涉及单位的广泛性等特点，决定了城市地下综合管廊建设全过程各个环节中任何一个环节的缺失或欠缺，都将对其综合效应的有效发挥产生深远影响。因此，为确保这项“良心工程”成为真正的“民生工程”，城市地下综合管廊全过程技术与管理相关知识的系统总结和推广非常必要。

《城市地下综合管廊全过程技术与管理》一书本着“科学系统、精炼实用”的编写原则，遵循“过程方法”，贯穿规划、设计、建造和运维全过程，内容全面而系统；本书基于国内外典型项目的成功经验，多维度介绍了城市地下综合管廊建造与运维各个阶段的代表性做法，开阔了视野，同时又紧扣国内现状，对城市地下综合管廊全过程技术与管理进行了全面系统的阐述，具有很强的实用性和指导性；本书还汇编了当前国内已经建成、投运并具有影响力和代表性的典型工程案例，技术先进、内容详实，具有很强的借鉴作用；上述特点，确保了本书能真正以专业者的视角，为筹划管理者提供参谋、为规划设计者提供建议、为建造施工者提供技术、为运营维护者提供思路。

本书由中国安装协会组织编写，得到了中国二十冶集团有限公司、山西省工业设备安装工程集团有限公司、中建一局集团安装工程有限公司、广东省工业设备安装有限公司、北京鸿业同行科技有限公司、江苏奇佩建筑装配科技有限公司、珠海大横琴城市公共资源经营管理有限公司、中冶京诚工程技术有限公司、中冶天工集团有限公司、中冶天工集团有限公司研究总院管廊院、中建七局安装工程有限公司、中国一冶集团有限公司、华东理工大学、中铁四局集团第四工程有限公司等各单位领导和专家的大力支持，在此表示衷心的感谢。

限于作者的经验、学识、时间和精力，本书难免会有不妥甚至错误之处，恳请广大读者、专家、同行批评、指正。

本书编委会

2017年11月

目　　录

1 概　　述

1.1 国内外城市地下综合管廊发展简介

1.1.1 综合管廊的定义

城市地下综合管廊亦称“共同沟”、“地下共同沟”、“综合管沟”等，我国国内称综合管廊，指建于地下用于容纳两类及以上城市工程管线的构筑物及附属设施。其中，“城市工程管线”指城市范围内为满足生活、生产需要的给水、雨水、污水、再生水、天然气、热力、电力、通信等市政公用管线，不包括工业管线。

1.1.2 综合管廊的分类

综合管廊根据其所容纳管线性质的不同可分为干线综合管廊、支线综合管廊、干支线混合综合管廊和缆线综合管廊四种；从满足功能需要方面又可分为单舱、双舱和多舱综合管廊。

1. 干线综合管廊

干线综合管廊是采用独立分舱方式建设，用于容纳市政公用主干管线的综合管廊，一般设置于道路中央或两侧绿化带下方，主要连接原站（如自来水厂、发电厂、热力厂等）与支线综合管廊，一般不直接服务于沿线地区。干线综合管廊内主要容纳高压电力电缆、信息主干电缆或光缆、给水主干管道、热力主干管道等，有时结合地形也将排水管道容纳在内。在干线综合管廊内，电力电缆主要从超高压变电站输送至一、二次变电站；信息电缆或光缆主要为转接局之间的信息传输；热力管道主要为热力厂至调压站之间的输送。干线综合管廊的断面通常为多格圆形或箱形，如图 1-1 所示，内部应设置工作通道及照明、通风等设备。干线综合管廊的主要特点：

(1) 稳定、大流量的运输；

(2) 高度的安全性；

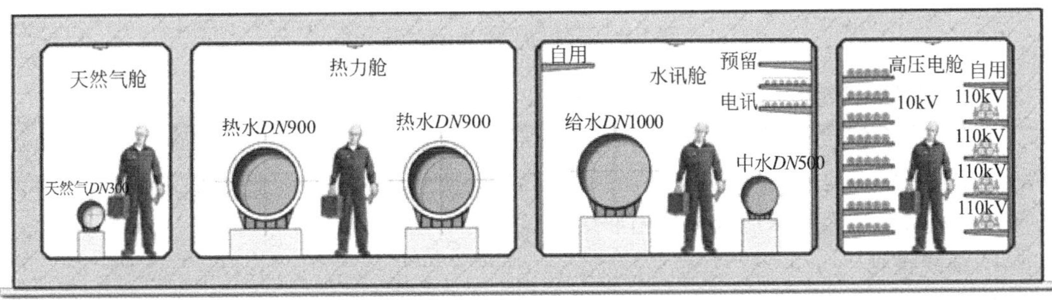

图 1-1　干线综合管廊示意图

(3) 紧凑的内部结构；

(4) 可直接供给到稳定使用的大型用户；

(5) 系统一般需要专用设备；

(6) 管理及运营比较简单。

2. 支线综合管廊

支线综合管廊多采用单舱或双舱方式建设，用于容纳城市配给工程管线，将各种供给从干线综合管廊分配、输送至各直接用户，一般设置在道路两侧。支线综合管廊的断面以矩形较为常见，如图 1-2 所示，内部设置工作通道，并配备各类附属设施系统。支线综合管廊的主要特点：

(1) 有效（内部空间）截面较小；

(2) 结构简单，施工方便；

(3) 设备多为常用定型设备；

(4) 一般不直接服务于大型用户。

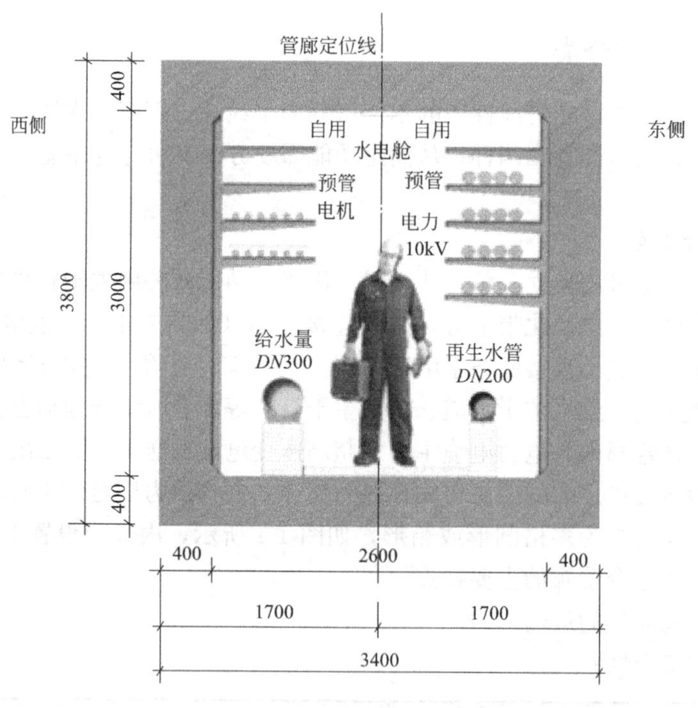

图 1-2　支线综合管廊示意图

3. 干支线混合综合管廊

干支线混合综合管廊是干线综合管廊与支线综合管廊相结合的综合管廊，廊内既有城市主干工程管线，也有城市配给工程管线，按管线类型设置舱室。干支线混合综合管廊的断面多为矩形，一般为双舱或多舱箱形结构，如图 1-3 所示。

4. 缆线管廊

缆线管廊采用浅埋沟道方式建设，设可开启盖板，但其内部空间不能满足人员正常通行要求，用于容纳电力电缆和通信电缆，一般设置于人行道下方，埋深较浅（在 1.5m 左

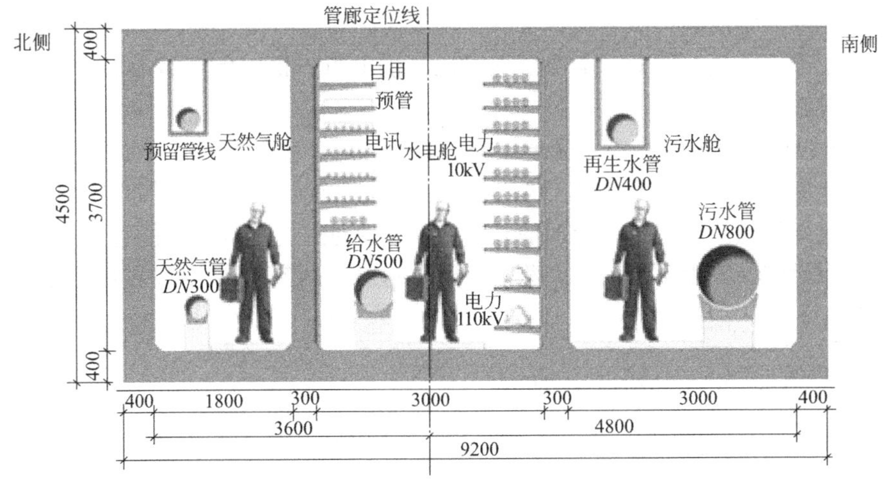

图 1-3 干支线混合综合管廊示意图

右)，截面多为矩形，如图 1-4 所示，一般不设置工作通道及照明、通风等设备，仅设置供维修时用的工作手孔。

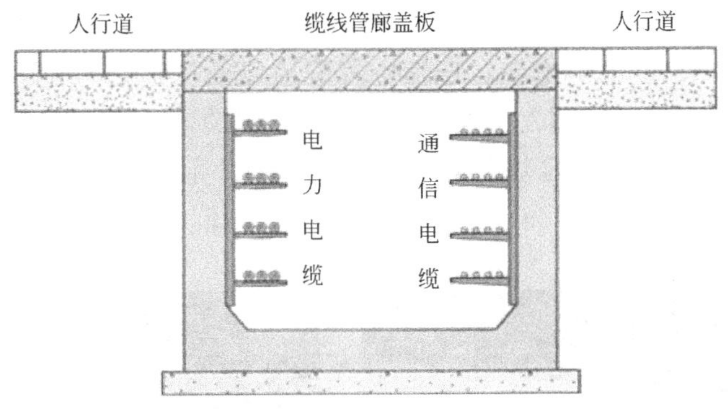

图 1-4 缆线综合管廊示意图

1.1.3 综合管廊的组成

综合管廊主要由主体工程和附属设施工程组成。

1. 主体工程

综合管廊主体工程主要包括：标准段、节点构筑物和辅助建筑物等，节点构筑物指交叉节点、投料口、出入口、通风口等，辅助建筑物指监控中心、生产管理用房等。

2. 附属设施工程

综合管廊的附属设施工程主要包括消防设施、通风设施、供电及照明设施、排水设施、监控及报警设施和标识设施等。

(1) 消防设施：在含有电力电缆的舱室设置自动灭火系统，在其他舱室、管廊沿线、人员出入口、逃生口等处设置灭火器材；

(2) 通风设施：采用自然或机械进风与机械排风相结合的通风方式，排出廊内余热、余湿，保证人员检修时空气质量；

（3）供电及照明设施：根据综合管廊建设规模、周边电源情况、综合管廊运行管理模式，确定供配电系统接线方案、电源供电电压、供电点、供电回路数及容量，配备照明、接地及防雷设施；

（4）排水设施：排出廊内由于管道维修、管道渗漏、设备调试等造成的积水；

（5）监控及报警设施：通过安全防范系统、通信系统、环境与设备监控系统、预警与报警系统、地理信息系统和统一管理信息平台，实现对综合管廊的智能管控；

（6）标识设施：工程简介、栏内警示、警告标识、设备铭牌、投料口、管线引出的地面标示桩等。

1.1.4 综合管廊的国内外发展概况

综合管廊于19世纪发源于欧洲，最早是在圆形排水管道内装设自来水、通信等管道，距今已有180余年的发展历史。早期的综合管廊由于多种管线共处一室，且缺乏安全检测设备，容易发生意外，因此综合管廊的发展受到很大的限制。

1833年法国巴黎在经历霍乱后启动巴黎重建计划，任命贝尔格朗负责巴黎下水道系统的规划及建设，市区内兴建庞大下水道系统，到1878年，巴黎已建成雨污水合流下水道600km。巴黎在建设下水道系统的同时兴建综合管廊系统，于1833年利用采石场空间兴建世界上第一条综合管廊，综合管廊内设有自来水管（包括饮用及清洗用的两类自来水）、电信电缆、压缩空气管道以及交通信号电缆等五种类型的市政管线，见图1-5，自此法国拉开建设地下综合管廊的帷幕，制定了在所有有条件的大城市建设综合管廊的长远规划，据资料显示目前巴黎已经建成地下综合管廊2400km。

图1-5 巴黎下水道图（内铺设市政管线）

英国伦敦于1861年开始修建综合管廊，容纳的管线除燃气管、自来水管及污水管外，还有电力及通信电缆，综合管廊为12m×7.6m的半圆形断面。迄今为止，伦敦市区已经建成20条以上综合管廊。伦敦兴建的综合管廊建设费用由政府筹措，属伦敦市政府所有，管廊建设完成后由市政府出租给管线单位使用。

德国于1893年开始兴建综合管廊，在汉堡的一条街道建造综合管廊，位于道路两侧人行道的下方，综合管廊内容纳了自来水、通信、电力、燃气管道及污水管道等市政管线；该综合管廊长度约455m，在当时获得了很高的评价。德国卡塞尔瓦豪工业园区于1992年兴建了第一条钢制地下综合管廊，管廊断面为单舱形式，总长3200m，直径约3000mm，采用钢波纹板，管廊内设给水、热力、电力、通信、污水管道，目前已经使用25年，使用情况良好，见图1-6。

图1-6 德国钢制管廊内部图

俄罗斯的地下综合管廊也相当发达，1933年苏联开始在莫斯科等大城市建设综合管廊，到目前为止莫斯科已建成总长超过130km的综合管廊，纳入了除煤气管外的各种管线。其特点是大部分的综合管廊为预制拼装结构，分为单室及双室两种，见图1-7(a)、1-7(b)。

日本的综合管廊（日本称共同沟）建设水平居世界前列，最早于1926年开始建设，1963年制定了《关于建设共同沟的特别措施法》，从法律层面规定了日本相关部门需在交

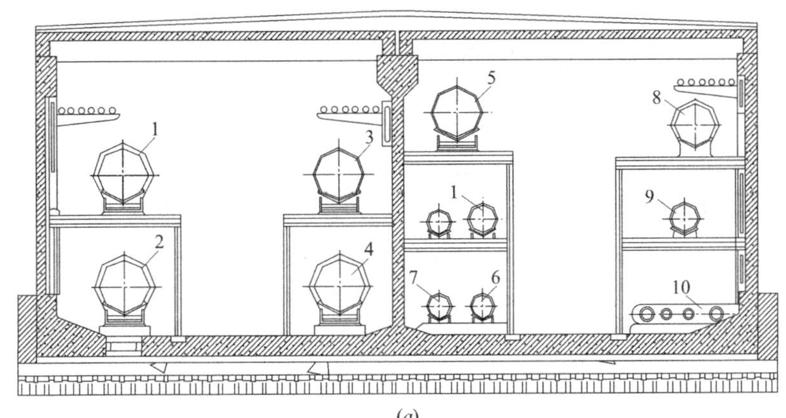

(a)

1—蒸汽管；2—预备蒸汽管；3—送风管；4—往程供热管；5—回程供热管；6—压力凝缩管；7—软化管；8—通风管；9—热水管；10—保温燃料油管

图1-7(a) 莫斯科综合管廊双室断面示意图

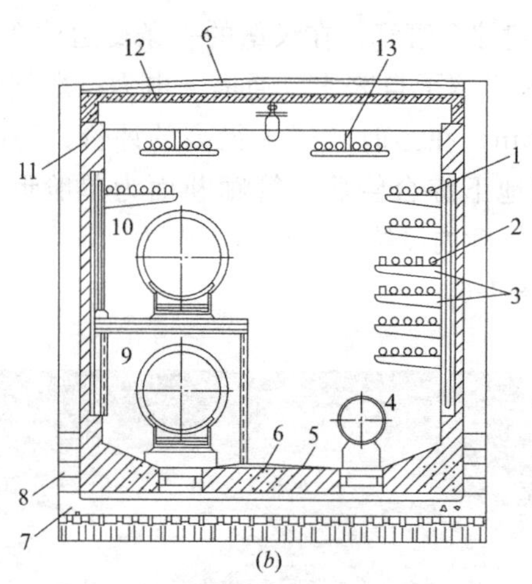

1—电力电缆；2—电信电缆；3—电缆桥架；4—自来水管；5—混凝土过道板；6—防水层；7—混凝土垫层；8—砖防护层；9—往程供热管；10—回程供热管；11—钢筋混凝土壁；12—钢筋混凝土顶板；13—内部电缆

图 1-7(*b*) 莫斯科综合管廊单室断面示意图

通量大及未来可能拥堵的主要干道地下建设共同沟。同时，在 1991 年成立了专门的共同沟管理部门，建设前期负责相关政策和具体方案的制定，建设期负责投资、建设的监控，建成后负责工程验收和营运监督等工作。

日本在规划编制、实施和监督管理方面形成了较完善的机制，有相关的法规条文，明确各个参与部门的权责，共同推动共同沟的建设工作，因此共同沟在日本的各大城市相当普及。21 世纪初，在县政府所在地和地方中心城市等 80 个城市已经建成约 1100km 的共同沟。东京临海副都心的市政基础设施建设比较全面，10 多种市政管线（上下水、供电通信、燃气、冷暖气和垃圾收集系统）与建筑相连接，除雨水管道外的 9 种市政管线被纳入到共同沟中，并提出了利用深层地下空间资源（地下 50m），建设规模更大的干线共同沟网络体系的设想。

综合管廊工程在我国国内起步相对较晚。1958 年北京市在天安门广场建设了一条长 1076m 的综合管廊，管廊内敷设了热力、电力、通信及给水等四种管线，开创了国内地下综合管廊建设的先河。1994 年上海市建设了浦东新区张杨路综合管廊，该综合管廊全长 11.125km，高 5.9m，宽 2.6m，容纳了给水、电力、信息与煤气 4 种市政管线，此管廊是我国第一条较具规模并已投入运营的综合管廊。2007 年，上海世博园区为配合世博园区建设，建设了一条总长约 6.4km 的综合管廊，容纳了 3 种管线，除传统的现浇整体式综合管廊（长 6.2km）之外，尝试了世界上较为先进的预制综合管廊（长 0.2km）技术。2010 年，珠海市横琴新区开工建设国内首个成系统的区域性综合管廊，是当时国内规模最大、一次性投入最高、建设里程最长、覆盖面积最广、体系最完善的综合管廊，管廊平面布置呈“日”字形，分为一舱式、两舱式和三舱式，内部容纳给水、电力、通信、再生水、冷凝水、真空垃圾管、有线电视等管线，是国内容纳管线种类最多的综合管廊。住房和城乡建设部将该工程作为综合管廊的样板工程向全国推广。

随着近几年全国掀起的以改善民生为目标的新一轮城市建设热潮，我国已经进入了城市综合管廊规划建设快速发展期，越来越多的大中城市已开始着手综合管廊的规划和建设（如南京、昆明、青岛等城市），并将包头、沈阳、广州、石家庄、杭州、成都等25个城市定为综合管廊建设试点城市。截止到2016年底，中国大陆地区已开工建设综合管廊长度约3000km。

1.2 综合管廊建设需考虑的主要因素

1.2.1 综合管廊的特点及建设意义

1. 特点

综合管廊具有综合性、长效性、高效性、环保性、可维护性、智能性、抗震防灾性、投资多元性及营运可靠性等特点。

（1）综合性：科学利用地下空间资源，将各类市政管线集中布置，形成新型城市地下网络管理系统，使各种资源得到有效整合与利用。

（2）长效性：设计使用寿命为100年，按规划要求预留发展增容空间，做到一次资金投入，长期有效使用。

（3）高效性：一次投资、同步建设、多方使用、共同受益，避免多头管理、重复建设，降低综合成本。

（4）环保性：市政管线按规划需求一次性集中敷设，地面与道路可在较长时间内不因管线更新而再度开挖，为城市环境保护创造条件。管廊地面出入口和通风口，可结合维护管理和城市美化需要，建成独具特色的景观。

（5）可维护性：预留巡查和维护检修空间，人员设备出入口和配套保障的设备设施配置完善。

（6）智能性：配置现代化智能综合监控管理系统，采用以智能化固定监测与移动监测相结合为主、人工定期现场巡视为辅的多种手段，确保廊内全方位监测、运行信息不间断反馈，达到低成本、高效率的维护管理效果。

（7）抗震防灾性：各类市政管线集中设于廊内，可提高市政管线抵御地震、台风、冰冻、侵蚀等多种自然灾害的能力。个别城市在预留适度人员通行空间条件下，还尝试将综合管廊与人防工程相连接，可适当发挥战时紧急避难、减少人民财产损失的作用。

（8）投资多元性：将过去政府单独投资市政工程的方式，扩展到社会力量和政府等多方面共同投资、共同收益的形式，发挥政府主导性和各方面积极性，加快城市现代化进程，有效解决市政工程筹资融资难度大的问题。

（9）营运可靠性：廊内结合防火、防爆、管线使用、维护保养等要求设置分隔区段，并制定相关的运行管理标准、安全监测规章制度和抢修、抢险应急方案等，为管廊安全使用提供了保障。

2. 建设意义

（1）符合国家政策推广、落实的要求

2006年建设部发布《建设事业“十一五”重点推广技术领域》，要求重点推广城市市政公用地下综合管廊与地下管线敷设技术和地下工程配套技术。2011年，发改委发布9

号文件《产业结构调整指导目录》，明确市政基础设施中的综合管廊属于第一类鼓励类项目。

自 2013 年起，国家先后发布《国务院关于加强城市基础设施建设的意见》、《国家新型城镇化规划（2014～2020 年）》、《关于开展中央财政支持地下综合管廊试点工作的通知》、《国务院办公厅关于加强城市地下管线建设管理的指导意见》、《国务院办公厅关于推进城市地下综合管廊建设的指导意见》、《关于推进城市地下综合管廊建设的主题报告》、《国家发展改革委 住房和城乡建设部关于城市地下综合管廊实行有偿使用制度的指导意见》、《中共中央国务院关于进一步加强城市规划建设管理工作的若干意见》等一系列政策文件，全国进入综合管廊大规模建设时期。

（2）提升城市承载力及安全性

随着城市建设进程的持续推进，市政管线的建设速度不断加快。采用传统直埋方式敷设市政管线，由于道路修建、管线扩容、管线维修、施工破坏等原因而造成的停水、停气、停电以及通信中断事故频发，对城市的正常交通和生产生活造成极大影响。综合管廊是一个相对封闭的地下空间，管线布置在综合管廊内，避免了土壤和地下水对管线的侵蚀，延长了管线的使用寿命，避免了道路或直埋管线施工时对管线的损坏，市政管线运行安全性大大提高，城市基础设施安全运营得到保障；同时，能够最大限度地减少地震、洪水等自然灾害或极端气候对廊内管线的破坏，提高了城市的综合防灾、减灾能力，增强城市安全等级。

（3）解决城市“马路拉链”问题

传统直埋敷设的管线，重叠交错现象严重，平面及竖向布局矛盾时有发生，导致管线扩容或维修时反复开挖道路。“马路拉链”问题已经成为城市的顽疾，不仅对社会环境造成严重的破坏，也是社会资源的极大浪费。建设综合管廊，避免或减少道路开挖，从而减少对交通的干扰、改善车辆行驶环境、降低出行时间成本，同时避免了“马路拉链”所造成的一系列资源浪费，提升城市的可持续发展能力。

（4）集约管理各类市政管线

目前，城市地下管线首先需要规划部门进行基础设施的专项规划，然后以城市道路规划为基础，对管线进行规划，最后由各专业公司进行深化设计及施工。但是，各专业公司在管理上各自为政，缺少统筹兼顾，造成了大量的人力、物力和财力的浪费。综合管廊内可容纳多种管线，市政主管部门可以进行统一管理，根据专业规划和管线综合规划进行统一维修、改造，规划手续一次办理，建设一次性施工，大大提高了管理的效率。

（5）有效利用地下空间资源

各类直埋管线占用大量公共地下空间，难以满足不断扩展的道路、管线改扩建需求。架空管线尤其是超高压电力线路占用大量建设用地。综合管廊最大限度利用地下空间，减少土地占用，同时可以与城市地下空间统筹规划，最大限度实现城市地下空间合理利用。

（6）改善城市景观环境

建设综合管廊，解决架空线缆对城市的功能分割问题，改善周边景观环境，使城市更加整齐美观，提升区域整体形象，具有显著的环境效益，见图 1-8 和图 1-9。

图 1-8 综合管廊建设前

图 1-9 综合管廊建设后

1.2.2 投融资管理模式风险分析及对策

综合管廊建设具有一次性投资大、周期长、收益慢等特点，采取何种投融资方式对于投资回收、推动综合管廊建设具有非常大的影响。目前国内已建的综合管廊项目投融资模式主要为政府投资模式、管线单位与政府合作投资模式和政府和社会资本合作（PPP）模式。

1. 政府投资模式

综合管廊是市政公共基础设施，国内外在综合管廊的建设初期都是利用政府财政资金进行投资建设，该模式又细分为：(1) 政府直接出资：政府财政承担整个综合管廊建设及主体设施和附属设施的全部投资资金，在综合管廊建设完成之后，政府对管廊设施拥有所有权并负责运营、承担运营费用；(2) 由政府的投资公司出资：通常为国有全资或国有控股企业负责投资建设综合管廊（或成立综合管廊项目公司投资建设），资金由政府或其投资公司、项目公司通过财政拨款、银行贷款或财政专项资金划拨等方式筹集，综合管廊建成之后，投资公司或项目公司拥有综合管廊设施所有权并负责运营管理。

政府出资建设综合管廊能够有效防范整个建设过程中可能出现的风险，并有效保证了政府对综合管廊设施的全盘控制权，实现了综合管廊投资建设、运营管理的稳定性，但同时风险和责任也由政府全权负责。

2. 管线单位与政府合作投资模式

该模式分为两种：(1) 管线单位与政府投资公司合作，共同成立综合管廊项目公司，由项目公司负责综合管廊投资建设及运营，投资资金由政府财政及管线单位共同出资注入项目公司，出资不足部分由项目公司对外融资获得；(2) 由管线单位与政府合作，共同出资建设综合管廊，并通过协议对综合管廊设施的所有权、运营权及相关收益和费用的分担作出约定。

3. 政府和社会资本合作（PPP）模式

PPP模式是政府通过招标投标等方式选定社会资本合作方，政府与社会资本共同成立项目公司或社会资本单独成立项目公司，由项目公司负责综合管廊项目的投资、设计、建设、运营和维修等，项目资金由社会资本及项目公司融资解决，政府不提供担保，但可适当参股。

根据《国家发展改革委关于印发<传统基础设施领域实施政府和社会资本合作项目工作导则>的通知》第三条规定："政府和社会资本合作模式主要包括特许经营和政府购买服务两类。新建项目优先采用建设—运营—移交（BOT)、建设—拥有—运营—移交（BOOT)、设计—建设—融资—运营—移交（DBFOT)、建设—拥有—运营（BOO）等方式；存量项目优先采用改建—运营—移交（ROT）方式；同时，各地区可根据当地实际情况及项目特点，积极探索、大胆创新，灵活运用多种方式，切实提高项目运作效率。"具体运作方式的选择主要由PPP项目类型、融资需求、投资收益水平、风险分配基本框架和期满处置等因素决定。

4. 综合管廊投融资模式比较

综合管廊投融资模式比较　　表1-1

投融资模式	特点	适用范围	风险分析及对策
政府投资模式	政府对项目投融资及建设、运营拥有完全的控制权，有利于促进项目建设及运营的稳步推进；合同体系及法律关系相对简单	适用于政府财力雄厚的情况	该模式未引进有雄厚资金实力及运营管理经验的社会资本，政府财政压力大，不利于提升资金的使用效率；该模式下风险和责任完全由政府承担，对政府的管理能力和抗风险能力提出了非常高的要求。 在该投融资模式下，政府必须聘请有丰富经验、实力雄厚的咨询机构，做好财政能力评估、融资策划及项目实施方案编制；在项目建设、运营管理中，通过招投标等竞争性方式引入管理单位，并加强投融资全过程监管
管线单位与政府合作投资模式	在减少政府财政负债的同时成功规避了综合管廊租赁风险，大大提高了综合管廊利用率	适用于政府和管线单位资金实力雄厚、融资能力较强的情况	此种模式无法发挥市场机制在基础设施建设中的资源配置作用，不利于节约成本及择优选取合作方。 必须完善相关立法，建立管线单位选择的竞争机制，实现风险和权责的合理分配
政府和社会资本合作(PPP)模式	政府的负债和风险大为降低，政府和社会资本发挥各自优势，取长补短，互惠互利。既可以满足社会资本盈利的愿望与要求，又可以提高公用事业的服务效率和质量	适用于综合管廊建设需求大、需要降低政府负债和风险、提高综合管廊运营效率和服务质量的情况	有关法律体系仍需完善，例如PPP项目的税收政策没有出台；合作期限较长，一般为10～30年，不可预见风险较多；在目前市场价格条件下，政府可行性缺口补助成为主要的投资回收来源，政府需面对一定程度的财政风险。 必须严把立项关，严格按照法定流程完成《财政承受能力论证报告》和《物有所值评价报告》，剔除伪PPP项目等不合规项目；建立科学、合理的竞争性机制，择优选择社会资本方；加大政府监督力度，建立灵活、完善的履约过程监督体制

PPP模式促进了投资主体多元化，促进了投融资体制改革，可以平滑财政支出，缓解政府在短期内对基础设施的投资压力，加快推进城市基础设施的建设步伐。

国家正在积极推行PPP模式，相继出台了许多政策，为社会资本参与城市地下综合管廊投资提供了较为有利的政策环境。根据财政部《关于实施政府和社会资本合作项目以奖代补政策的通知》，对中央财政PPP示范项目中的新建项目，财政部将在项目完成采购确定社会资本合作方后，按照项目投资规模给予一定奖励。其中，投资规模3亿元以下的项目奖励300万元，3亿元（含3亿元）至10亿元的项目奖励500万元，10亿元以上（含10亿元）的项目奖励800万元；根据财政部《关于开展中央财政支持地下综合管廊试点工作的通知》，中央财政将对地下综合管廊试点城市给予专项资金补助，具体补助数额按城市规模分档确定，直辖市每年5亿元，省会城市每年4亿元，其他城市每年3亿元。对采用PPP模式达到一定比例的，将按上述补助基数奖励10%。根据《国务院2017年立法工作计划》，基础设施和公共服务项目引入社会资本条例被列入立法急需项目，由法制办、发展改革委、财政部负责起草。

总之，要想全面推进综合管廊建设，就必须发挥市场机制在基础设施建设中的资源配置作用，鼓励和吸引社会资本进入综合管廊建设和服务市场。PPP模式是一种以参与各方实现“双赢”甚至“多赢”为合作理念的筹资模式，是目前综合管廊投资的主流模式。

2 综合管廊规划与设计

2.1 综合管廊规划

2.1.1 规划的特点

综合管廊规划是城市规划的一部分，是城市管线综合规划、地下空间开发利用规划的重要内容，应当符合城市总体规划，坚持因地制宜、远近兼顾、统一规划、分期实施的原则。综合管廊规划具有如下特点：

1. 综合性

综合管廊规划涉及面广，技术综合性强，需要与城市规划中各方面的关键性资源的战略部署相协调。规划又涉及国土资源、城建、市政等多个城市行政部门，并最终触及生态和民生，规划的难度和复杂性大大增加，因此要求规划人员应掌握相关专业技术，充分考虑各专业的特点和要求，建立规划的协调及审核机制，进行专家把关及多部门之间的沟通协作，广泛吸纳来自各方面的意见和建议，保证规划编制的科学性和可行性。

2. 协调性

综合管廊规划不可能独立存在，需要充分考虑地面环境的前提下，科学预测建设规模，慎重选择布局形式，合理安排建设时序，进而对地面空间布局及功能结构良性引导，实现整个城市的可持续发展。目前，国内在管廊建设规模、布局形态等方面已经进行初步探索，但仍需要加强管廊工程各专业系统之间的协调整合。

3. 前瞻性

城市规划的一个固有属性就是规划的前瞻性。然而，管廊的规划建设不同于地面规划，具有很强的不可逆性，一旦建成很难改造和消除；同时管廊工程建设的初期投资大，运营和维护成本较高，而管廊建设对环境、防灾及社会等间接效益难以量化，这些都决定着管廊规划需要放开视野，立足全局，对有限的地下空间资源进行科学开发，合理安排建设规模与时序，并充分认识其综合效益，避免盲目建设，造成资源浪费。

4. 实用性

在高度强调管廊规划前瞻性的同时，规划方案的实用性、可操作性也同样不容忽视。我国的实际经济发展和管廊投资建设方式、管理体制、产权机制及立法等相对不完善，这就决定了管廊规划建设的先天不足。虽然我国许多城市的人均 GDP 已经具备了大规模管廊建设条件，但只片面强调全面网络化的管廊布局模式，而不分析研究综合管廊建设背景和机制因素等，在我国现阶段未必可行。管廊规划要立足国情，如何构成体系，形成网络，研究适合国情的管廊建设模式，将是规划解决的重点。目前有城市将综合管廊与地铁、地下商业街等整合建设，以节省建设成本，巧妙地实现了管廊规划的实用性。

5. 动态性

目前，我国管廊规划系统、完整、综合的设计方法及编制体系仍在不断探索中，这就决定需要通过实践积累经验来完善现有的规划理论并依据完善后的规划理论对新的规划实践进行更加行之有效的指导，形成良性的互动与反馈，使管廊规划在动态平衡中保持发展与前进。管廊规划不应追求最终的理想静止状态，应合理制定分期建设计划，并对原有规划不断审视修正，充分吸纳城市规划理念中的“弹性规划”、“滚动规划”，将管廊规划实践为“一种过程”。

管廊规划涉及多个城市行政部门，很多情况需要通过出台相关政策、命令、法律法规的方式来保证管理权责的明晰、推动规划的执行；同时，在规划实施的过程中，为协调多方利益关系，规划本身必然制定相关的政策与法规以保障其顺利执行，提高规划的实用性与可操作性。然而，我国在综合管廊方面的政策、立法仍有欠缺，规划实施环节中还存在管理混乱、权属不清、缺乏配套政策及法律约束等问题，管廊规划任重道远，今后应在管廊规划实践中充分吸收多方意见，在规划编制中切实提出保障规划实施的政策性及法制性措施，最终推进管廊工程的管理及建设法制化。

2.1.2 管廊规划与城市规划、地下空间规划的关系

城市规划为管廊规划的上位规划，编制管廊规划要以城市规划为依据。同时，城市规划应该积极吸取管廊规划的成果，并反映在城市规划的不断修正修编中，最终达到二者的和谐与协调。

城市地下空间规划，是城市总体规划的一个专项子系统规划。管廊规划又是地下空间规划的一个专项子系统规划，故其规划编制、审批与修改应该与城市总体规划、地下空间规划相协调一致。

2.1.3 管廊规划编制的主要原则

2015 年 5 月 26 日，住房和城乡部在综合管廊批量建设启动前，发布了《城市地下综合管廊工程规划编制指引》（建城［2015］70 号，以下简称《指引》）。综合管廊规划编制的主要原则如下：

（1）根据城市经济、人口、用地、地下空间、管线、地质、气象、水文等情况，分析管廊建设的必要性和可行性。明确规划总目标和规模、分期建设目标和建设规模。

（2）高强度开发和管线密集地区应划为管廊建设区域。主要包括城市中心区、商业中心、城市地下空间高强度成片集中开发区、重要广场、高铁、机场、港口等重大基础设施所在区域；交通流量大、地下管线密集的城市主要道路以及景观道路；配合轨道交通、地下道路、城市地下综合体等建设工程地段和其他不宜开挖路面的路段等。

（3）综合管廊规划编制应根据城市功能分区、空间布局、土地使用、开发建设等，结合道路布局，确定管廊的系统布局和类型等。

（4）综合管廊规划编制应根据管廊建设区域内有关道路、给水、排水、电力、通信、广电、燃气、供热等工程规划和新（改、扩）建计划以及轨道交通、人防建设规划等，确定入廊管线，分析项目同步实施的可行性，确定管线入廊的时序。

（5）综合管廊规划编制应根据入廊管线种类及规模、建设方式、预留空间等，确定管廊分舱、断面形式及控制尺寸。综合管廊三维控制线应明确管廊的规划平面位置和竖向规划控制要求，引导管廊工程设计。明确综合管廊与道路、轨道交通、地下通道、人防工程及其他设施之间的间距控制要求。合理确定控制中心、变电所、吊装口、通风口、人员出入口等配套设施规模、用地和建设标准，并与周边环境相协调。明确消防、通风、供电、照明、监控和报警、排水、标识等相关附属设施的配置原则和要求。

（6）此外，综合管廊规划编制应明确综合管廊抗震、防火、防洪等安全防灾的原则、标准和基本措施。

2.1.4 管廊规划布局方法及技术路线

管廊规划方案的主要内容及与其他规划的关系框架图详见图 2-1。

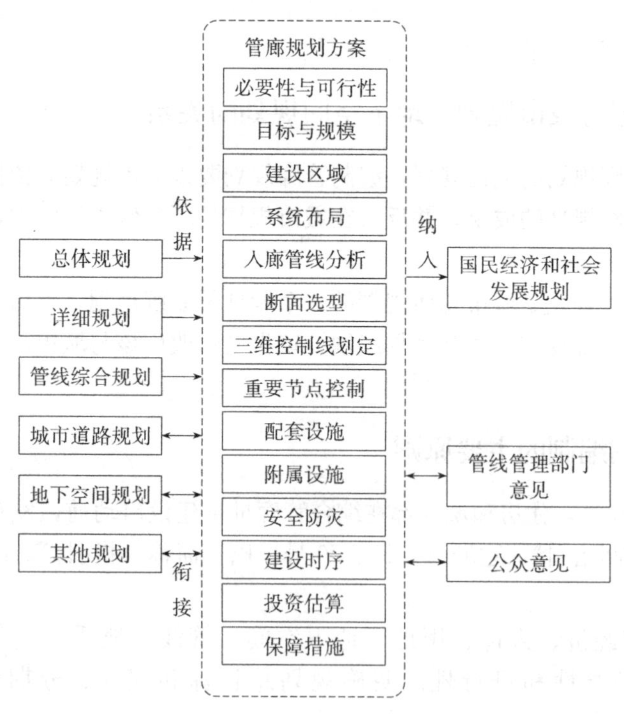

图 2-1　管廊规划框架图

1. 管廊规划布局方法

（1）解读规划

通过对城市总体规划、城市综合交通体系规划、各市政专项规划、城市地下空间总体规划、城市轨道交通规划等进行解读，分析各规划与管廊规划布局的关系（表 2-1），结合综合管廊发展战略与适建性分析，提出综合管廊总体布局的各种控制条件与设置原则。

规划解读引导框架　　表 2-1

规划类型	解读内容	与管廊规划布局的关系
城市总体规划	发展规模、规划层次、开发强度 市域城镇体系规划 中心城区规划	指导综合管廊规划布局 管廊等级划分
城市综合交通体系规划	对外交通、城市道路系统、综合交通枢纽	指导综合管廊规划布局 指导综合管廊线位规划 指导管廊等级划分
市政专项规划	给水、排水、再生水、电力、电信、燃气、供热工程规划	指导管廊布局、线位选择、等级划分 指导入廊管线种类选择、横断面设计
地下空间总体规划	空间结构、功能布局	指导综合管廊规划布局 指导管廊等级划分 指导综合管廊建设时序
历史文化名城保护规划	保护控制体系、历史地段、文物古迹	指导综合管廊规划布局 指导综合管廊线位规划
城市轨道交通规划	城市轨道交通规划的原则与定位 城市轨道交通规划布局与时序	指导综合管廊规划布局、线位规划 指导综合管廊建设时序
抗震防灾规划	城市抗震等级、防灾标准 城市生命线布局	确定抗震等级、防灾标准 指导综合管廊线位规划 引导综合管廊建设顺序安排

(2) 提出综合管廊系统总体布局

结合综合管廊发展战略、适建性分析，提出干线、支线、缆线、干支线混合管廊的设置原则与要求，通过衔接城市总体规划、各市政专项规划，编制综合管廊系统总体布局方案。

(3) 提出综合管廊系统分区布局

依据管廊系统总体布局方案，结合区域控制性详细规划、地下空间规划、市政专项规划等相关规划，深化设计方案，提出管线避让、预留原则；对管廊断面形式、平面位置、竖向深度进行初步确定，并初步确定干线、支线、干支混合管廊及缆线管廊的布局方案。

(4) 确定管廊建设时序

依据管廊系统总体布局和分区布局方案，结合区域控制性详细规划、地下空间规划、市政专项规划、轨道交通规划、旧城更新计划等相关规划，合理安排管廊建设规模与时序。

(5) 确定入廊管线种类及规模

依据综合管廊所处城市分区与综合管廊类型，结合入廊管线论证分析，确定综合管廊分段入廊管线种类及规模。

(6) 确定综合管廊断面形式与空间位置

依据综合管廊系统布局，结合详细用地规划并依据道路断面分配、地铁站点、过街通道等相关设计，确定综合管廊的空间位置；依据入廊管线种类干扰互斥性和规模，确定综合管廊的规模（断面形式、尺寸）等。

2. 综合管廊布局因素分析

影响综合管廊规划布局的因素较多，以层次分析法为框架结构，建立层次模型。各项因素评价指标权重采用主观赋权法（专家咨询法和层次分析法）和客观赋权法（数学模型）结合确定。

（1）宏观层面：包括城市经济水平、发展所处阶段、人口、自然条件、城市建设条件等，用于衡量城市是否处于规模建设地下综合管廊的合适时期。从宏观层面上得出管廊规划建设的适建区、限建区和慎建区等。

（2）中观层面：包括城市片区功能布局、空间布局、土地使用强度、道路布局、新城建设、棚户区及旧城整体改造、地下空间综合开发、商业及地下商业布点、轨道交通建设等等。中观层面的因素直接影响了综合管廊布局，对综合管廊的选址起到优化作用，并且能从经济性角度决定综合管廊建设的投入大小及回报。

（3）微观层面：包括用地类型、地下管线的现状与规划条件、管线容量、道路性质（道路红线宽度、绿化带宽度、人行道宽度）、城市景观风貌、城建计划等。采用“多因子加权叠加”分析法，分别形成基于各专业管线需求的管廊布局，将各个专业需求综合起来，得到综合管廊初步方案。为提高方案可行性，采用弹性布局方式，优化后得到综合管廊规划布局方案。最终，依据入廊管线的种类数量规格及对于施工和安全的不同要求，遵守各相关规范，进行横断面设计。

通过不同层面各相关因素的综合分析，进而得出管廊规划布局的技术路线图（图2-2）。

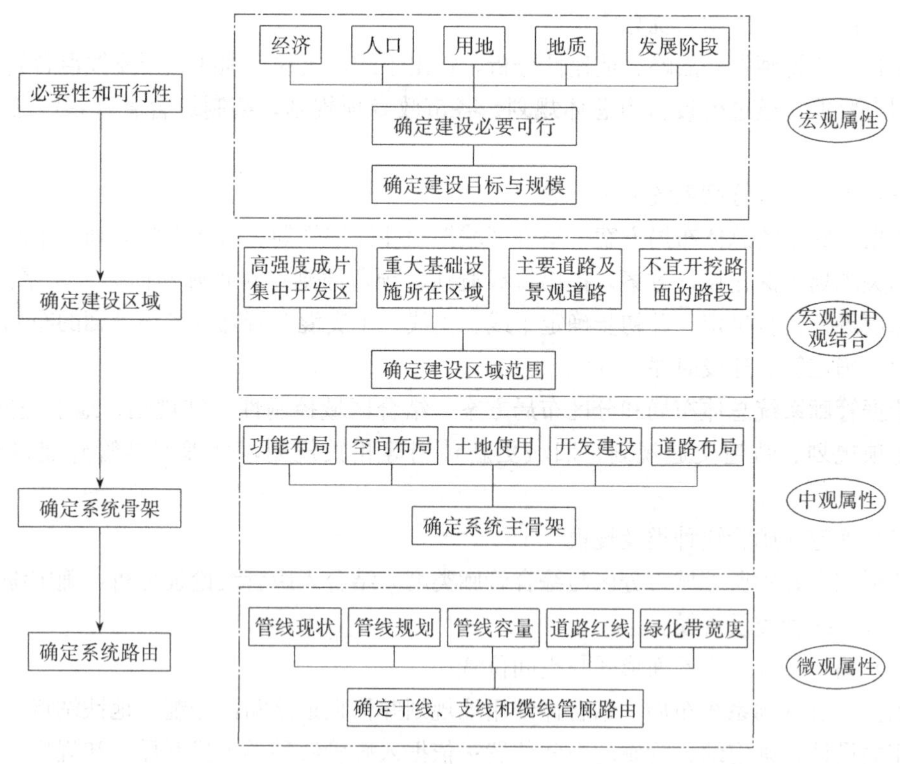

图 2-2　管廊规划布局的技术路线图

3. 重点因素解析

在管廊规划布局的众多影响因素中，有些因素起关键决定性作用。这些因素主要包括：区域功能及开发强度、市政管线系统、城市交通系统、管廊建设时序、地下空间规划等。

（1）区域功能及开发强度

综合管廊的规划布局应当与城市的用地规划、区域功能相协调。综合管廊所服务的市政管线主要用于满足城市用地开发所产生的需求，高密度开发的城市区域才会产生对城市基础设施的高强度需求，从而决定了综合管廊的规划布局。另外综合管廊的规划建设还受到城市用地的性质和布局形态的影响。一般而言，城市综合管廊适合设置于城市的中心商务区、商业步行街、大型交通枢纽等高密度开发区域。将穿行于这些区域内的市政管线纳入到综合管廊内，以节约昂贵的土地资源，提高土地的经济性，也避免在繁华区域内频繁维修市政管道、开挖道路造成的交通拥堵，具有极大的社会和经济效益。

同时应尽量选择土地开发强度大、交通量大、地下管线复杂、人口密集及地下空间规划利用前景较好的新建城区进行安排，并且考虑到方便今后建设管理和维护，应优先考虑选择土地价值、城市化水平及地下空间利用程度较高的大型城建项目同步进行开发建设。

结合重大基础设施建设综合管廊宜选择土地开发强度较大，用地性质经济价值较高区域。开发强度大的区域，其交通量比较大，管线需求变化比较多、对空间的使用率高。在这些区域设置综合管廊不仅有条件，而且有必要，并且可以结合地下空间节省综合管廊设置的造价。

（2）市政管线系统

综合管廊的主要服务对象是各类市政管线，由于各类市政管线有不同的规划布局、设置要求、服务对象，使得综合管廊规划必须统筹协调各类市政管线的规划设计，避免工程实施阶段的矛盾，与各类市政管线规划形成动态反馈和协调，做好管廊容纳管线的研究。

一般市政系统管线主要包括给水系统、再生水系统、雨水系统、污水系统、电力系统、燃气系统、供热系统、通信系统和垃圾气运系统等，将各专项的主干市政管线布局进行叠加，寻找管线种类齐全、功能重要的路段建设综合管廊，可以有效提高综合管廊的使用效率，实现综合管廊的最大价值。

市政管线的数量与周围用地性质以及开发强度（容积率）密切相关，因此可以通过道路沿线地块用水量、电力负荷、通信容量、用气量等指标的统计反映道路对于相关管线的需求程度，需求程度的高低可作为地下综合管廊选择的重要参考依据。

架空电力线路是对管廊布局影响较大的因素之一。地下综合管廊的形式可以容纳较多电力电缆，集约利用空间，管廊内良好的工况便于电缆的运行维护和后期增放电缆。

管廊重要穿越节点也是对管廊布局影响较大的因素之一。在河流、主干道路、铁路、海堤等重要节点处敷设市政管线十分困难，一方面可能破坏道路、海堤等基础设施，另一方面传统的顶管、拉管工艺投资巨大、施工难度高、维护保养困难，将管线纳入到综合管廊统一穿越、建造、运行是目前越来越被普遍接受的关键节点处理方式。

综合管廊的布局与市政规划管线综合密切相关，市政规划管线集聚的地方，更适合建设综合管廊，可收纳更多的管线，提升综合管廊的综合效益。

（3）城市交通系统

城市主干道路系统承担着城市主要交通运输功能，服务大量、中长距离通过性交通流，是组织城市各种功能用地的骨架，又是城市进行生产活动和生活活动的动脉。轨道公共交通系统主要包括地铁、有轨电车和城际铁路，具有运量大、集约化经营、节省道路空间、污染小等优点，是城市交通运输的生命线，对促进城市发展廊带形成具有重要能动作用。城市主干道路系统和轨道公共交通系统均强调贯通性和机动性，其规划设计以提升效率为主，注重交通流的快速通过和平稳运行，在上述通道沿线布置综合管廊可以减少路面施工开挖对交通的影响，保证交通系统畅通，同时避免机动车道路面检修井盖高差所带来的行驶震动感，提高行驶舒适度和道路景观质量。

结合轨道交通探索和促进地下综合管廊的建设原则：规划先行、适度超前、因地制宜、统筹兼顾。综合管廊规划与轨道交通规划要同步进行；综合管廊力争与轨道交通建设同步进行，或合理预留节点及远期实施空间；结合新线轨道、地下空间开发和综合管廊，合理统筹城市地下空间布局；坚持合理有序，稳步推进建设；做好前期谋划，稳步推进近期建设目标；做到近远期相结合，打造城市能源供给新通道。

（4）管廊建设时序

综合管廊一次性投资巨大，难以同期实施。从支持城市发展的角度，综合管廊需要超前建设；从降低建设成本的角度，综合管廊与城市交通系统同步建设最优。兴建综合管廊，选择适当时机建设有其经济上的需求，一般而言，其他重大工程建设如地下轨道交通，地下商业街，地下停车场等重大工程建设时，配合建设综合管廊，可以大幅度降低工程造价。综合管廊需配合城市发展与管线发展而布设，其布局应考虑城市与管线的开发建设时序，近期及中期的综合管廊应首先自成系统，保证一定时限内综合管廊的使用功能完整可靠，同时远期开发范围内的综合管廊也应能够融入原管廊系统内，形成一体化的结构。

综合管廊的近期建设与远期规划存在着较多的矛盾，需要结合管廊的布局规划，统筹安排建设时序，及时组织管线入廊，与城市区域开发和管线发展的建设时序相协调。

（5）地下空间规划

综合管廊工程隶属于城市地下空间开发利用的一部分。地下空间在开发过程中，由于开发成本十分巨大，开发难度大且开发具有不可逆性，需要在开发前做精心细致规划，使设计和建设具有前瞻性，在建设期开始前协调好各种要素，使其开发难度与开发价值间有合理的配合。地下空间因埋置地下，施工时无论采用何种施工方法都不可避免地要受到同样埋置地下的各类市政管线的影响，为保护地下管线、保证施工安全，必须在施工前进行管线改移。管线改移时会遇到各种各样的问题，如：各类管线互相影响，无处安置；不同管线的产权单位不同，改移历时久远；管线埋设时间较长，缺乏系统管理，资料缺失；部分管线（如燃气、电力）改移时安全性要求高、风险大等。

作为整个城市重大的市政工程，综合管廊在布局规划阶段必须与地下空间规划动态协调。又因为其是城市的“生命线”，不可替代性必然要作为整个地下空间最基础的部分，成为其他系统的基础，为其他系统提供空间，与其他系统结合。

处理综合管廊与地下空间的关系时，应考虑如下原则：根据开发时序，互为设计边界条件，总体考虑结合或预留；应充分考虑管廊和地下空间在功能上的区别，在满足管廊工艺设计的基础上，确定地下空间规划方案，尽量避免在结合的过程中产生新的矛盾；根据地下空间的规划方案，同时考虑施工时序，在确保技术合理、造价经济的前提下确定综合管廊与地下空间的结合方式。

综合管廊是城市基础设施利用城市浅层空间的新形式，在集约利用城市地下空间的同时，也产生了与其他开发利用地下空间活动的冲突与矛盾。在目前的城市规划建设过程中，往往由于规划时序不同、缺乏规划协调机制等，导致在规划、设计、建设、管理等各环节上，综合管廊与城市地铁、城市隧道、地块地下车库开发等城市开发活动之间出现了不相容、不协调的情况，产生了较大的经济和社会损失。

4. 综合管廊布局形态

综合管廊的形态和城市的形态有关。按照综合管廊实施区域的不同，依照其建设年代、区域形态、管线需求等因素，一般情况下将综合管廊布局划分为三类："十"（口）字形、"丰"字形及"田"字形布局。

对于老城区或节点区域，可采用"十"字形或"口"字形布局。运用"十"字形综合管廊，梳理重要节点路口管线过街及交叉情况；或将老城区重点街区通过综合管廊提升其地下空间的使用效率，为地下空间的再次开发提供基础。对于重要节点区域，可通过"口"字形环廊将其内部管线需求进行整合，并可结合地下交通及商业共同开发建设。

对于狭长形态的建设区域，往往依赖一两条主要干道连通整个区域的交通，可采用"丰"字形的布局方式。通过一根主干综合管廊，串联若干综合管廊，形成完整网络，并解决狭长地区的重要道路交叉口的管线问题，避免道路开挖对交通造成的影响。

对于尚未建设的新区，由于其主干道路网尚未形成，综合管廊可以采用"田"字形的布局方式。通过"田"字形的布局，形成新区综合管廊网络，将各市政管线的主次干线容纳其中，并解决主次干道交叉口管线敷设及交叉的问题，保障管线安全运行，极大程度减少道路反复开挖。

综合管廊规划不应该特别注重布局形态，应该因地制宜、因需制宜。

2.2 管线入廊分析与设计

2.2.1 管线入廊现状

国外纳入综合管廊的市政管线主要有：排水管线、给水管线、电信电缆、燃气管线、供冷供热管线等。日本等国家将管道化的生活垃圾输送管道敷设在综合管廊内。国内最早纳入综合管廊的市政管线主要有：给水管线、电力电缆、通信电缆三大类，从2008年以后，纳入管廊的管线种类逐渐增多：再生水、交通信号、工业管道、压力污水、直饮水等等，集中供暖城市还将供热管线纳入综合管廊，少数城市将燃气管线纳入综合管廊。重力流雨水及污水几乎没有纳入综合管廊。国内部分城市综合管廊入廊管线种类如表2-2所示。

《城市综合管廊工程技术规范》GB 50838中基本没有对入廊管线类型作出限制，指出给水、雨水、污水、再生水、天然气、热力、电力、通信等城市市政管线均可根据需要，因地制宜纳入综合管廊。

国内部分城市综合管廊入廊管线一览表　　表 2-2

综合管廊位置	建设时间	长度(km)	容纳管线
上海张扬路	1994	11.13	给水、电力、通信、燃气
连云港西大堤	1997	6.67	给水、电力、通信
济南泉城路	2001	1.45	给水、电力、通信、热力
上海安亭新镇	2002	5.8	给水、电力、通信、热力
上海松江新城	2003	0.32	给水、电力、通信
佳木斯林海路	2003	2.0	给水、电力、通信、燃气、供热
北京中关村西区	2005	1.9	给水、电力、通信、燃气、供热
杭州钱江新城	2005	2.2	给水、电力、通信
深圳盐田坳	2005	2.67	给水、电力、通信、压力污水
兰州新城	2006	2.42	给水、电力、通信、供热
昆明昆洛路	2006	22.6	给水、电力、通信
昆明广福路	2007	17.76	给水、电力、通信
广州大学城	2007	17.4	给水、电力、通信、供冷
大连保税区	2008	2.14	给水、电力、通信、再生水、热力
上海世博园	2009	6.6	给水、电力、电信、交通信号
宁波东部新城	2009	6.16	给水、电力、通信、再生水、热力
无锡太湖新城	2010	16.4	给水、电力、通信
深圳光明新城	2011	18.3	给水、电力、通信、再生水
石家庄正定新区	2013	24.4	给水、电力、通信、再生水、供热
南宁佛子岭	2013	3.36	给水、电力、通信、燃气、供热
青岛华贯路	2013	7.8	给水、电力、通信、再生水、供热、工业管道
昌平未来科技城	2013	3.9	给水、电力、通信、再生水、热力、预留热水、压力污水、直饮水

2.2.2 给水及再生水管线纳入综合管廊的分析

给水与再生水管道是压力管道，布置较为灵活，且日常维修概率较高，受综合管廊坡度及高程变化影响较小，给水管道支管接入综合管廊相对便于实施。给水管线建设具有灵活性及高适应性，无需特殊防护。

给水管线入廊利于管线的维护和安全运行，减少给水管道的漏损率，实现水资源的节约利用。针对给水管道事故爆管的情况，管廊内设有报警并采取应对措施，可依据爆管检测专用液位开关、供水管道压力开关等信号的反馈迅速检测出供水管的异常情况，及时采取措施，关闭事故管道相应阀门、减少损失。

给水管线入廊敷设后避免了土壤腐蚀，避免因管道漏水、管道爆裂及管道维修等因素引起的交通影响，为管道升级提供方便，管道安全性进一步得以提高。因此，在目前建设运行的综合管廊中，均纳入给水管道，从实际运行经验来看十分安全。

综上所述，给水管线应纳入综合管廊。再生水管线同样为压力流，建议入廊。工程实例见图 2-3。

图 2-3 给水管线入廊

2.2.3 热力管线纳入综合管廊的分析

供热管道纳入综合管廊从技术角度讲完全没有问题，但供热管线的保温层和补偿器增加了管道的尺寸，占用管廊较大的空间，且供热管道在运行过程中会引起环境温度的升高，会降低同舱其他管线的使用寿命，若热力管道内输送蒸汽介质时，还应独立成舱，这些都将增加综合管廊造价。

供热管线入廊可以有效避免管道直埋爆管引起的人员损伤，为管道维护、检修及扩容提供了便利条件；同时建立相关监测监控与报警系统，能够极大提高供热管道运行的安全性。

因此，对于市政集中供热的城市，将主要供热管线纳入综合管廊内，可以方便日常维护，提高供热系统的稳定性，适宜将供热管线纳入综合管廊，工程实例见图 2-4。

图 2-4 热力管线入廊

2.2.4 电力电缆纳入综合管廊的分析

将架空电力电缆移入地下敷设不仅可以节省大量土地资源，还对美化城市环境、减少架空线路带来的城市地块割裂、降低架空线路对周边用地出让价格及品质的负面影响具有非常重要的作用。国内许多大中城市近年来均建有不同规模的电力隧道或电力浅沟，电力电缆从技术和维护角度而言，纳入综合管廊已经没有障碍。低压电缆几乎不会对其他类型管线产生影响，且自身安全性较高，纳入综合管廊完全可行。高压电缆主要应防范的风险为火灾，在管廊内设置高温报警、通风以及消防等附属系统，完全可以解决此问题。

在规范方面，《电力工程电缆设计规范》GB 50217、《城市电力电缆线路设计技术规定》DL/T 5221 等规范，对电力电缆在隧道中的敷设方式以及能否与其他管线同廊敷设提出了要求；《电力电缆隧道设计规程》DL/T 5484 对电力电缆隧道的设计、施工、附属系统设置等提出了要求。因此，电力电缆进入管廊既有现实迫切的要求，又具有相应规范的依据，电力电缆还具有不易受管廊纵断、横断面变化限制的优点，应将其纳入综合管廊。工程实例见图 2-5。

图 2-5　缆线入廊

2.2.5　通信电缆纳入综合管廊的分析

通信管线属于弱电，基本不会发生火灾，除可能会受高压电缆干扰外，与其他市政管线不存在干扰现象，随着光纤技术的普及以及物理屏蔽措施的采用，通信管线的信号干扰问题基本可以解决，其敷设不受坡度等条件的限制，适宜纳入综合管廊。

通信管线还具不易受管廊纵断、横断面变化限制的优点，如若在管廊内敷设，则可避免通信管线被意外破坏，保障运行安全，因此通信管线应纳入综合管廊。

2.2.6　天然气管线纳入综合管廊的分析

天然气管道是一种安全性要求较高的压力管道，容易受外界因素干扰和破坏造成泄露，引发安全事故。天然气管线通常采用埋地敷设，在城市建设中，经常发生施工时挖断天然气管道的事故，天然气管道挖断轻则天然气泄漏需要疏散周边居民，重则产生爆炸，若处理不及时，火苗还可能顺天然气管延燃，造成更大的破坏。如果天然气管道能够在综合管廊内敷设，则可以避免此类因不当施工造成的天然气管道事故。依靠天然气泄漏报警装置以及温度感应报警装置等监控设备可随时掌握管线状况，发生天然气泄露时，可立即采取救援措施。

天然气管线纳入综合管廊，必须在管廊内设置独立的舱室，且应配备监控与天然气感应设备，随时掌握管道工况。天然气管线入廊建设成本较高，维护、运行便利，管线安全

图 2-6 天然气管线入廊

效果显著，工程实例见图 2-6。

2.2.7 污水排水管线纳入综合管廊的分析

城市市政排水管线主要有雨水管线、污水管线以及合流管线。由于污水中携带较多杂质、固体颗粒，为避免淤积、便于清通，污水排水管道的敷设需有一定的坡度，并间隔一定距离设置检查井；或采用污水处理工艺压力管线输送方式。

一般情况下：污水管线收集污水后集中纳入污水处理厂进行处理，当管线距离较长、管道埋设较深时，需设置中间提升泵站，将液位抬高继续重力流输送或采用压力流输送。

污水管道可以纳入综合管廊，如果管廊建设区域有合适的地形坡度可以利用，从集约管位资源考虑，可以将污水排水管道纳入综合管廊。重力污水管道需要有一定的排水坡度，每隔一定的距离要求设置检查井，污水管道内产生的硫化氢、甲烷等有毒、易燃、易爆的气体，可以通过设置监控系统，并结合一定的管理措施，避免产生不利影响。

常规综合管廊随道路坡度起伏，覆土埋深基本稳定，标准段纵向正常情况下与道路纵向一致，可以基本保证恒定的覆土深度，常见的为 2～3m；重力流排水管线入廊后，由于重力流管线排水的坡度要求（通常在千分之二左右）和周边支管汇入标高的要求，一定程度上限定了排水管线的绝对高程，这种高程变化并不与道路高程变化完全一致。综合管廊纳入重力流排水管线则需要满足管线敷设的高程变化需求。这样使得综合管廊相对道路的覆土深度可能出现对工程不利的情况。比如，道路下的综合管廊有可能出现浅的地方综合管廊覆土不足 1.5m，不能满足风机房、投料口、分支口夹层的设置要求，同时还有可能挡住其他地下设施的通过路径；深的地方则可能达到 4.5m 以上，不仅增加综合管廊的建设费用（尤其是在地质条件不好的地区，遇到难处理的地质构造），还对综合管廊运行产生不利影响，因此，对污水管道纳入综合管廊应有一定的埋设深度的限制，见图 2-7。

2.2.8 雨水管线纳入综合管廊的分析

根据《城市综合管廊工程技术规范》GB 50838 的规定，可将重力流雨水管线纳入综合管廊。雨水管道中，不会产生硫化氢、甲烷等有毒、有害、易燃等气体，但作为重力流管道，会和污水重力流面临类似的问题。同时随着城镇雨水排水标准的提高，雨水管道一

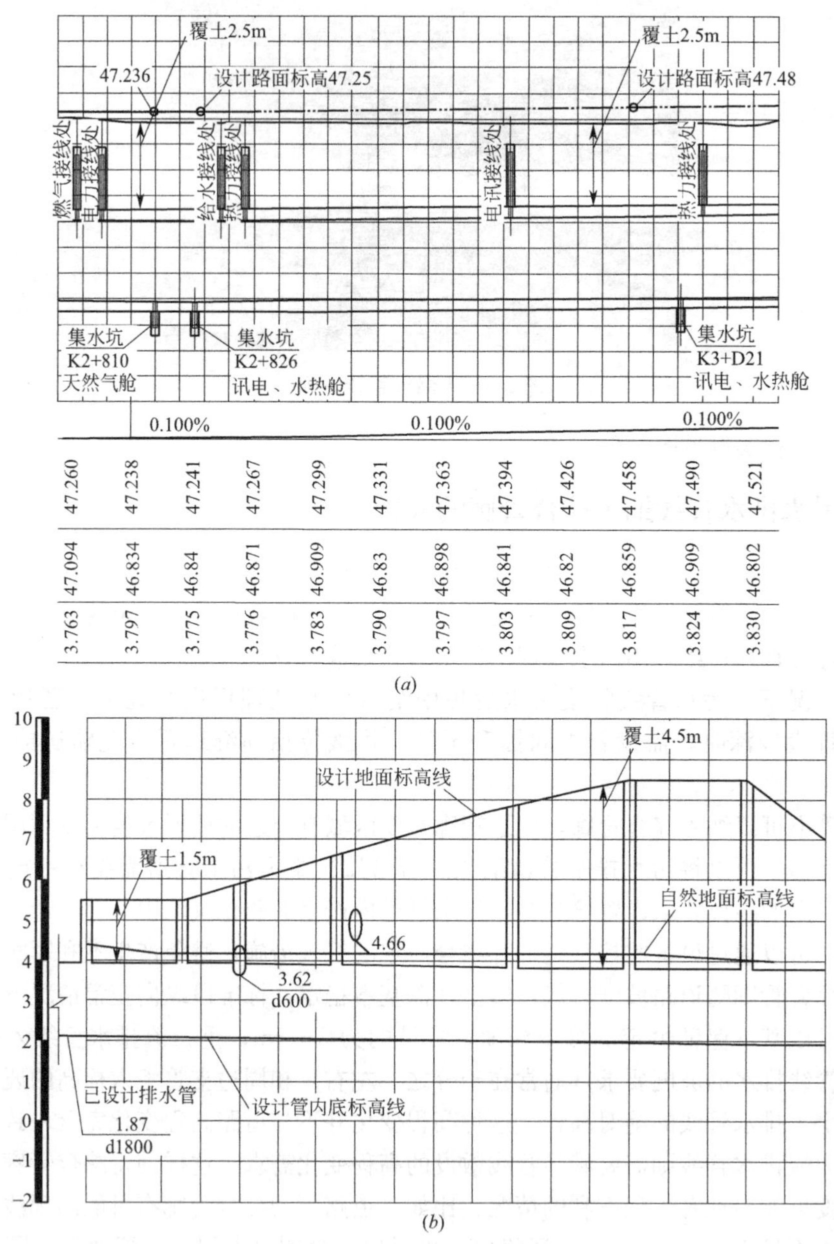

图 2-7　污水管线纳入管廊分析

般较大，入廊后管廊断面增加较大，造成投资增加较多；且雨水预留的支管道较多（包括需要接入的雨水口管道）；另一方面，雨水管道一般埋深不大，一般在 1.5～2m 左右，和综合管廊的埋深差别较大，如果将雨水埋深加大，可能会伴随提升泵站设置数量的增加，不但增加投资，还会增加后期的运行等费用。

根据规范要求，雨水入廊需要经过详细的技术经济比较，确定重力流雨水管道入廊的方案，同时根据规范要求，进入综合管廊的排水管道应采用分流制，雨水纳入综合管廊可利用结构本体或采用管道的形式。

2.2.9　入廊管线设计要求

1. 给水、再生水管道

（1）给水、再生水管道设计应符合现行国家标准《室外给水设计规范》GB 50013、《污水再生利用工程设计规范》GB 50335 的规定。

（2）给水、再生水管道可选用钢管、球墨铸铁管、塑料管等。

钢管：应用历史久、范围广，适应性强，承受内压高、材质较轻，加工方便，但是钢管防腐性能较差，使用前必须做防腐处理；多采用焊接连接的刚性连接方式。成品钢管分为无缝和焊接钢管，给水管道一般采用焊接钢管。

球墨铸铁管：球墨铸铁管的制作过程是在普通铸铁管的原材料中添加了镁、钙等碱土金属或稀有金属，使其中的片状石墨转变为球状石墨，克服了片状石墨对铁基体连续性的阻止左右，使铸铁具有了卓越的可延展性、柔韧性以及抗冲击性。它与普通铸铁管对比，不仅保持了普通铸铁管的抗腐蚀性，而且具有强度高、韧性好、壁薄、重量轻、耐冲击、弯曲性能大、安装方便等优点。抗拉强度高，断裂延伸率高，耐腐蚀性能优于钢管，抗震性能优，其抗拉强度及耐压性能与钢管相当。管道施工简便，综合造价较经济，采用柔性接口，具有很高的抗震性。

塑料管：塑料管道品种繁多，主要有聚乙烯（PE）管、硬聚氯乙烯（PVC-U）管以及钢（铝）塑复合管道等。聚乙烯（PE）管以交互焊接的高强度低碳的镀铜钢网状结构层为骨架，以高（中）密度聚乙烯为基体，在生产线上通过连续挤塑复合成型，并对管材两端钢骨架截面进行塑封后得到的高强度塑料复合管材，主要采用电熔承插连接，与其他材质管道连接一般采用法兰连接形式。不结垢不腐蚀、连接方便、维护成本低，柔性好、接头可靠，但是管道承压较小，耐用温度低。硬聚氯乙烯（PVC-U）管具有重量轻、强度高、耐腐蚀、水流阻力小、密封性能好、使用寿命长、运输安装方便迅速、对地基的不均匀沉降有较好的适应性等优点，与聚乙烯（PE）管相比，具有较高的硬度、刚度和允许应力，但是不耐冲击、耐久性能差。钢（铝）塑复合管在具有塑料管道优点的同时可一定程度上解决上述问题，但是部分钢（铝）塑复合管道管径尺寸受到限制，且管材对生产工艺要求较高。

钢管、球墨铸铁管道以及塑料管的部分性能对比如表 2-3 所示。

综合管廊中常用管材部分性能比较　　**表 2-3**

		钢管	球墨铸铁管	钢(铝)塑复合
抗腐蚀能力		一般	强	强
接口形式		焊接、法兰、卡箍	承插、法兰	承插、卡槽
施工安装	效率	低	高	高
	空间	较大	较小	较小
支墩(支架)间距		大	大	大
综合造价		低	较低	较高

（3）管道支撑的形式、间距、固定方式应通过计算确定，并应符合现行国家标准《给水排水工程管道结构设计规范》GB 50332 的规定。

2. 电力电缆

(1) 综合管廊内的电力电缆应采用阻燃电缆或采取阻燃措施，110kV及以上电缆接头处应设专用灭火装置。

(2) 电力电缆敷设安装应按照支架形式设计，并应符合现行国家标准《电力工程电缆设计规范》GB 50217及《交流电气装置的接地设计规范》GB/T 50065的规定。

3. 通信线缆

(1) 综合管廊内的通信线缆应采用阻燃线缆或采取阻燃措施。

(2) 通信线缆敷设安装应按照桥架形式设计，并应符合国家现行标准《综合布线系统工程设计规范》GB 50311和《光缆进线室设计规定》YD/T 5151的规定。

4. 天然气管道

(1) 天然气管道设计应符合现行国家标准《城镇燃气设计规范》GB 50028的规定。

(2) 天然气管道应采用无缝钢管、焊接连接形式。

(3) 天然气管道支撑的形式、间距、固定方式应通过计算确定，并应符合现行国家标准《城镇燃气设计规范》GB 50028的规定。

(4) 天然气管道的阀门、阀件系统设计压力应按提高一个压力等级设计。

(5) 天然气调压装置不应设置在综合管廊内。

(6) 天然气管道分段阀宜设置在综合管廊外部，如分段阀设在综合管廊内，应具有远程关闭功能。

(7) 天然气管道进出综合管廊时应设置具有远程关闭功能的紧急切断阀。

(8) 天然气管道进出综合管廊附近的埋地管线、放散管、天然气设备等均应满足防雷、防静电接地要求。

(9) 天然气管道在重要节点应增加电动或气动切断阀。

5. 排水管渠

(1) 雨水管渠、污水管道设计应符合现行国家标准《室外排水设计规范》GB 50014的规定。

(2) 雨水管渠、污水管道应按规划最高日、最高时设计流量确定其断面尺寸，并按近期流量校核流速。

(3) 排水管渠进入综合管廊前，应设置检修闸门或闸槽；雨水管渠应设置沉泥井。

(4) 雨水、污水管道可选用钢管、球墨铸铁管、塑料管等；压力管道宜采用刚性接口，采用钢管时可采用沟槽式连接。

(5) 雨水、污水管道支撑的形式、间距、固定方式应通过计算确定，并应符合现行国家标准《给水排水工程管道结构设计规范》GB 50332的规定。

(6) 雨水、污水管道系统应严格密闭；管道应进行功能性试验，保证其严密性。

(7) 雨水、污水管道的通气装置应直接引至综合管廊外部安全空间，并与周边环境相协调。

(8) 雨水、污水管道的检查及清通设施应满足管道安装、检修、运行和维护的要求。重力流管道应考虑外部排水系统水位变化等情况对综合管廊内管道运行安全的影响。

(9) 利用综合管廊结构本体排除雨水时，其结构空间应完全独立，防止雨水倒灌至其他舱室。

6. 热力管道

（1）热力管道宜采用钢管、保温层及外护管紧密结合成一体的预制管，并应符合《高密度聚乙烯外护管硬质聚氨酯泡沫塑料预制直埋保温管及管件》GB/T 29047 和《玻璃纤维增强塑料外护聚氨酯泡沫塑料预制直埋保温管》CJ/T 129 的有关规定。

（2）管道附件必须进行保温。

（3）管道及附件保温结构的表面温度不得超过 50℃。

（4）当同舱敷设的其他管线有正常运行温度限制要求时，应按舱限定条件校核保温层厚度。

（5）当热力管道介质为蒸汽时，排气管应引至综合管廊外部安全空间，并与周边环境协调。

（6）热力管道设计应符合《城镇供热管网设计规范》CJJ34 和《城镇供热管网结构设计规范》CJJ105 的有关规定。

钢管的管材强度等级不应低于 Q235，其质量应符合现行国家标准《碳素结构钢》GB/T 700 的有关规定。供热管道可采用无缝钢管，保温材料可采用高温玻璃棉。管道进、出管廊处采用预制直埋保温管，以便于和管廊外直埋敷设管道相接。进、出管廊处管道、管廊均应做好防水，管廊内保温管端设收缩端帽，管道穿管廊处预埋可调穿墙密封套袖。

2.2.10 入廊管线兼容性要求

根据《城市综合管廊工程技术规范》GB 50838 的有关规定，含天然气管道舱室的综合管廊不应与其他建（构）筑物合建；天然气管道应在独立舱室内敷设；热力管道采用蒸汽介质时应在独立舱室内敷设；热力管道不应与电力电缆同舱敷设；110kV 及以上电力电缆不应与通信电缆同侧布置；给水管道与热力管道同侧布置时，给水管道宜布置在热力管道下方；雨水纳入综合管廊可利用结构本体或采用管道排水方式；污水纳入综合管廊应采用管道排水方式，宜设置在综合管廊的底部。

除上述要求外，若强、弱电缆同舱时，为避免强、弱电相互干扰，必须采用屏蔽措施；当给水管道与电缆同舱时，给水管道爆管对同室内其他管线的影响应特别注意，高压的主供水管宜单独设舱。在给水管与其他电力电信管线同舱的情况下，必须注意施工质量，并加强维护管理，避免产生爆管事故。

综合管廊容纳管线相互影响关系如表 2-4 所示：

综合管廊入廊管线相互影响关系表 **表 2-4**

管线种类	给水	排水	燃气	电力	通信	热力	再生水
给水		○	×	○	×	×	○
排水	○		×		×	×	○
燃气	×	×		√	√	√	×
电力	○	×	√		√	√	○
通信	×	×	√	√		○	×
热力	×	×	√	√	○		×
再生水	○	○	×	○	×	×	

注：√表示有影响，○表示影响视情况而定，×表示无影响。

2.3 管廊主体设计

2.3.1 空间设计

1. 平面布置

（1）综合管廊平面中心线与道路中心线平行，应尽量敷设在道路一侧的人行道和中央绿化带下（见图 2-8、图 2-9），便于综合管廊吊装口、通风口等附属设施的设置。若受现状建筑或地下空间的限制，综合管廊也可设置在机动车道下。综合管廊设置在机动车道下时，吊装口、通风口等要引至车道外的绿化带内。

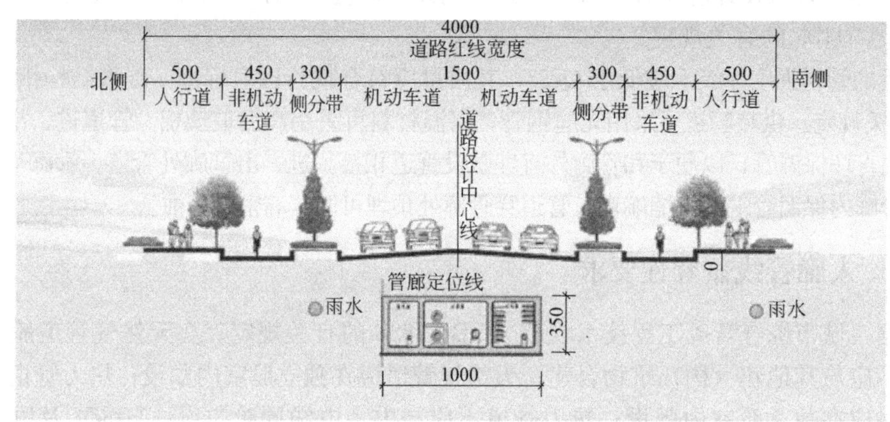

图 2-8 综合管廊断面布置方案示意图一

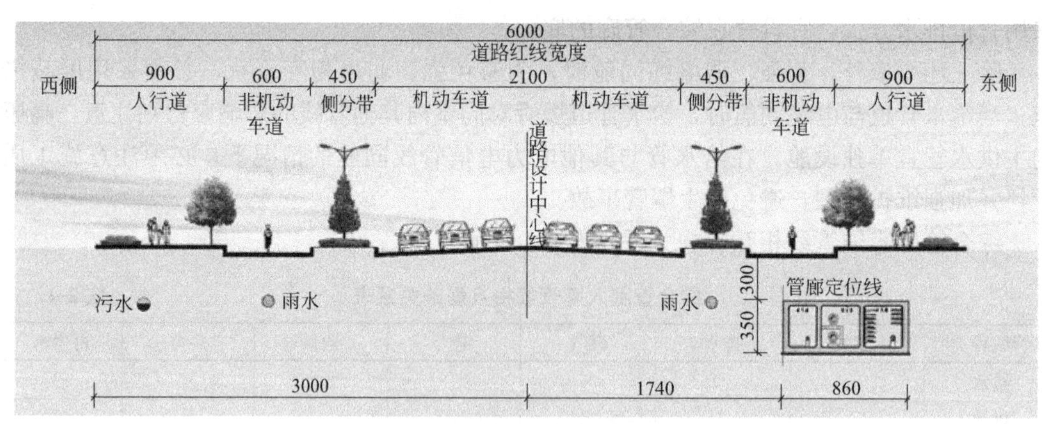

图 2-9 综合管廊断面布置方案示意图二

（2）综合管廊圆曲线半径应满足容纳管线的最小转弯半径及要求，并尽量与道路圆曲线半径一致。

（3）综合管廊穿越城市快速路、主干路、铁路、轨道交通、公路时，宜垂直穿越；受条件限制时可斜向穿越，最小交叉角不宜小于 60°。

2. 竖向布置

管廊与工程管线及其他建（构）筑物交叉时的最小垂直间距应符合《城市工程管线综合规划规范》GB 50289 的相关规定。

综合管廊与相邻地下管线及地下构筑物的最小净距应根据地质条件和相邻构筑物性质确定，且不得小于表 2-5 规定的数值。

管廊与相邻地下管线及地下构筑物最小净距 **表 2-5**

相邻情况 施工方法	明挖施工(m)	顶管、盾构施工
综合管廊与地下构筑物水平净距	1.0	综合管廊外径
综合管廊与地下管线水平净距	1.0	综合管廊外径
综合管廊与地下管线交叉垂直净距	0.5	1.0

管廊布置在绿化带下，还得考虑覆土深度能满足绿化种植的要求，一般的灌木覆土深度为 0.5～1.0m 左右，一些较为高大的树木，覆土深度常大于 2m。国内有运行几十年的混凝土管道，在管道修复时发现大树的根系已经长入到管道中，对管道造成很大的破坏，所以在管廊覆土深度的选择上，要充分考虑绿化种植因素。

综合管廊标准段的覆土深度应考虑管廊各节点空间的需求。在节点中往往会布置一定的设备，需要一定的安装空间，且管线分支口需要引出管线，这些管线都有一定的空间需要。如果标准段的覆土过浅，会导致在节点部位管廊需要局部加深，对整个管廊纵向设计造成不小的麻烦，同时会增加工程投资，故在确定标准段覆土深度时要综合考虑。

2.3.2 断面设计

综合管廊入廊管线确定后，需要确定标准横断面。标准横断面是整体设计的前提和核心，管廊断面大小直接关系到管廊所容纳的管线数量以及整体造价和运行成本。管廊内的空间需满足各管线平行敷设的间距要求和人员通行的净高和净宽要求，为各管线安装、检修提供所需空间。

综合管廊的断面形式及尺寸设计原则如下：

（1）应根据容纳的管线种类、数量、预留空间、施工方法综合确定。

（2）应满足管线安装、检修、维护作业的空间要求。

（3）廊内各管线位置合理，不相互干扰，保证安全可靠运行。

（4）管廊断面在满足运维要求的基础上，尽量紧凑，以充分体现经济合理。敷设大型干线管道的管廊，检修考虑使用检修车，内部净空应满足检修车通行需要；敷设支管的管廊，不考虑使用检修车，内部净空可在满足规范要求的前提下适当缩小。

（5）应预留适度发展空间，满足各类市政管线增加需求，避免断面过小管线无法进舱导致道路反复开挖。

1. 横断面形式分析

综合管廊断面类型与管廊的施工方法有密切的关系。综合管廊的施工方法主要有明挖法和暗挖法两种。

（1）明挖法施工断面

采用明挖方法施工时，开挖深度小、技术简单、施工速度快、施工成本低。因此，在道路条件、管线情况及施工环境容许的情况下，明挖施工方法通常是浅埋综合管廊首选的施工方法，见图 2-10。

图 2-10　明挖法综合管廊图

采用明挖施工的综合管廊，又分为现浇和预制拼装两种形式。明挖现浇一般采用矩形断面，明挖预制拼装一般采用矩形或圆形两种断面，见图 2-11。

图 2-11　纳入管线种类相同的矩形断面及圆形断面

明挖现浇矩形断面具有如下特点：结构壁厚较圆形断面厚；浇筑施工总体进度较慢；质量不易把控；工序简单成熟，可以满足各种截面尺寸管廊的需求，同时受当地交通等环境影响较小；管廊主体整体性能较好，抵抗不均匀沉降的能力较强，同时变形缝相对较少，防水施工简单、成本低；附属设施尺寸不受制约。

明挖预制拼装圆形断面具有如下特点：受力均匀，结构壁厚较矩形断面薄；制造厂内制造，预制拼装施工快捷，工期较短；质量易控制，运输至现场后拼装；需配备大型吊运设备，对场地及道路要求较高，受当地交通等环境影响较大；预制装配式管廊主体拼缝较多，对防水要求高；附属设施投料口、通风口较长，预制件有困难。

（2）暗挖法施工断面

在繁华城区的主干道和穿过地铁、河流等障碍建设综合管廊时，为减少对人们日常生活和交通的影响，保护市容环境，多采用暗挖法进行施工。综合管廊暗挖法施工多采用盾构或顶管等施工方法，一般采用圆形断面，但内部管道布置空间有一定的浪费，见图2-12。

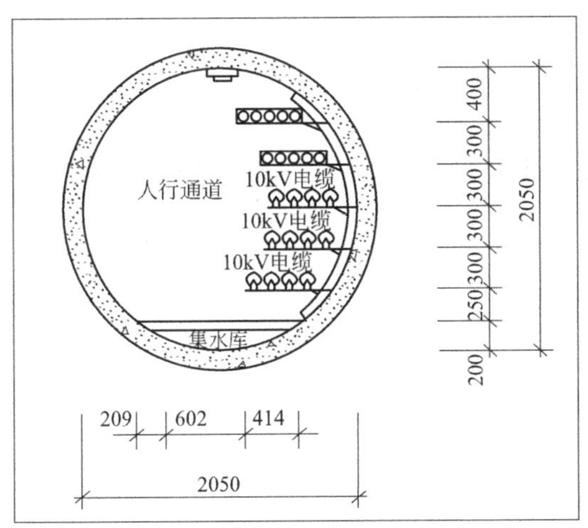

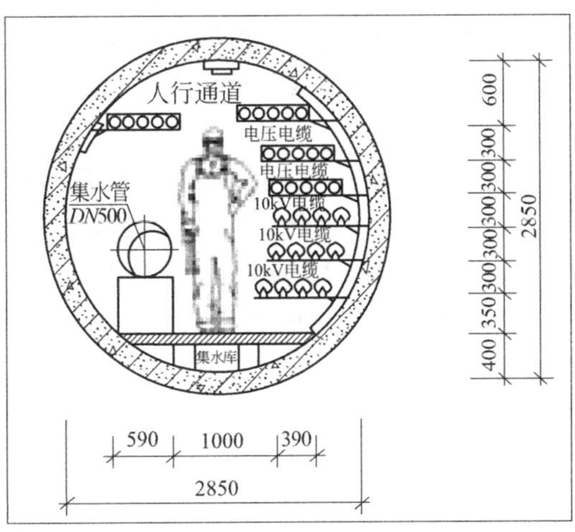

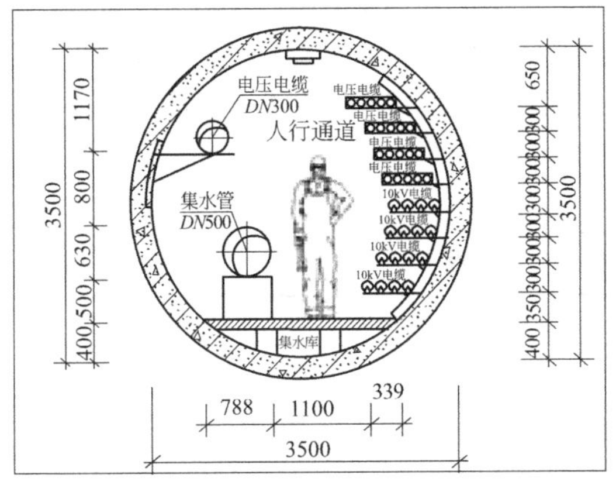

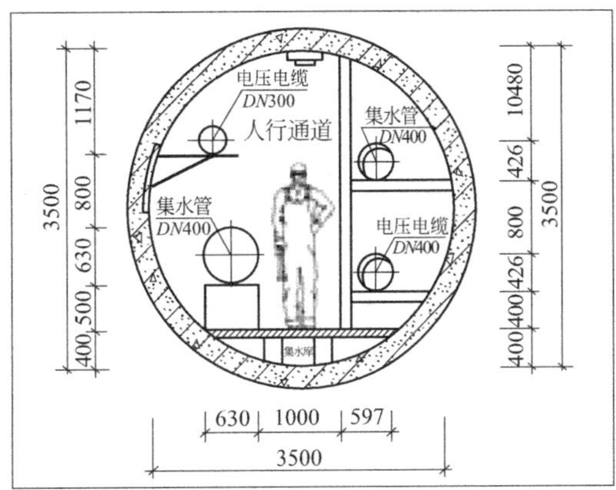

图 2-12 圆形管廊标准断面图

2. 管廊分舱

《城市综合管廊工程技术规范》GB 50838 明确了管廊的分舱要求：

（1）天然气管道应在独立舱室内敷设；

（2）给水管线、中压电力、通信管线、温泉管线、再生水管线可同舱敷设，也可分隔在多个舱室，应结合管线尺寸及管廊建设空间条件确定；

（3）有高压电力的综合管廊，考虑电力管线检修的一致性和便利性，中压电力与高压电力同舱室敷设；

（4）110kV 及以上电力电缆，不与通信电缆同侧布置；

（5）利用综合管廊结构本体排雨水时，雨水舱结构空间应采取单独舱室的形式，严密防水，并采取避免雨水倒灌或渗漏至其他舱室的措施。雨水采取管道的形式纳入管廊时，可单独成舱，也可与除燃气管线以外的其他管线同舱敷设，具体形式应结合管线尺寸及管廊建设空间条件确定；

(6) 污水由于具有一定的腐蚀性，不利于直接敷设在管廊结构体中，较适于采取管道的形式在管廊内敷设，污水管可单独成舱，也可与除燃气管线以外的其他管线同舱敷设，具体形式应结合管线尺寸及管廊建设空间条件确定。

3. 入廊管线敷设对管廊断面的影响

各种管线纳入综合管廊后，都需要考虑其安装、维护、检修等问题。根据入廊管线的种类来分，主要有缆线和管线两大类。其中管线根据介质特点又分为有毒可燃的燃气管线、高温热力管线、水管线等几大类。

为了节省投资，综合管廊在满足基本安装、维护空间情况下会尽量减小管廊断面，应经济技术比较后确定合理的综合管廊断面。

(1) 电缆敷设对管廊断面的影响

综合管廊电舱内断面主要考虑入廊电缆的类型、数量、电缆间距、电缆弯曲半径以及施工空间等因素，如图 2-13。通常情况下入廊电缆为：管廊自用低压 380/220V 动力电缆；市政用中压 35kV、10kV、6kV 电力电缆；市政高压 110kV、220kV、500kV 电力电缆。

1) 电缆间距

电力电缆宜根据电缆电压等级分层进行敷设，支架间最小层间距应满足《电力工程电缆设计规范》GB 50217 以及《城市综合管廊工程技术规范》GB 50838 相关要求。最上层支架距构筑物顶板或梁底的净距允许最小值，应满足电缆引接至上侧柜盘时的允许弯曲半径要求，且不宜小于表 2-6 所列数再加 80～150mm 的和值，最下层支架距离管廊地面的最小距离不宜小于 100mm。

电缆支架与桥架最小层间距表 **表 2-6**

电缆电压等级和类型，光缆敷设特征		普通支架、吊架(mm)	桥架(mm)
控制电缆		120	200
电力电缆明敷	6kV 以下	150	250
	6～10kV 交联聚乙烯	200	300
	35kV 单芯	250	300
	35kV 三芯	300	350
	110～220kV，每层 1 根以上		
	330kV、500kV	350	400
电缆敷设在槽盒中，光缆		$H+80$	$H+100$

注：H 为槽盒外壳高度。

在实际工程设计中，出于载流量及降低线路感抗的考虑，根据电缆重量、允许牵引力、侧压力和各段电缆盘长等因素，并考虑施工时和电缆维修方便及运行安全性，110kV 以上电压等级电缆在综合管廊内采用三相品字形放置，并采用水平蛇形敷设方式，如图 2-14。

由于很多纳入综合管廊的 110kV 及以上电压等级单芯电缆的外径超过了 100mm，并且电缆固定的抱箍尺寸较大，加之电缆抱箍的形式较多（图 2-15），综合考虑抱箍尺寸及敷设空间，对 220kV 电缆支架层间距一般取 400mm，110kV 电缆支架层间距一般取 350mm。

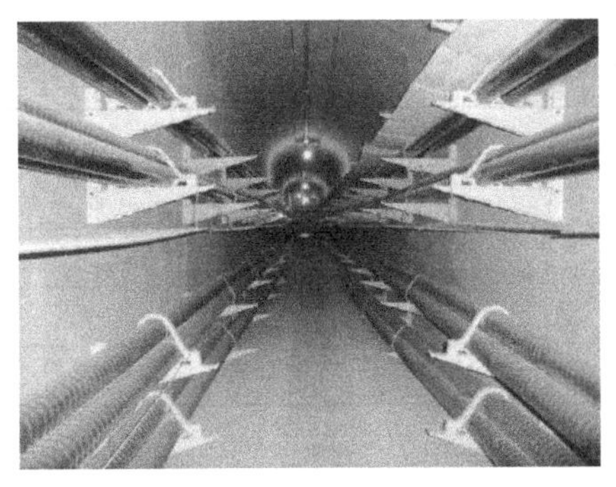

图 2-13　综合管廊电舱电缆断面布置形式

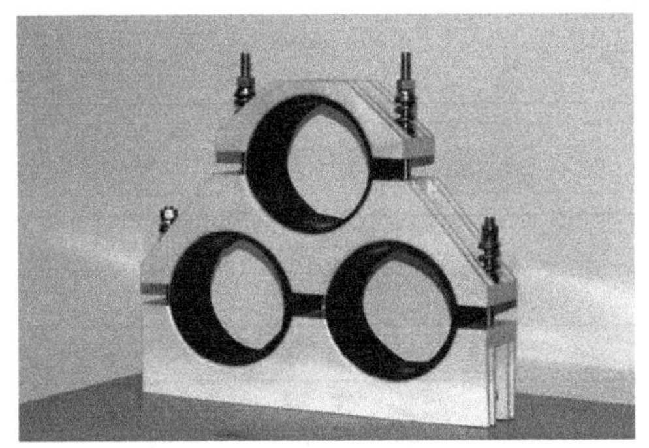

图 2-14　品字形排列电缆抱箍

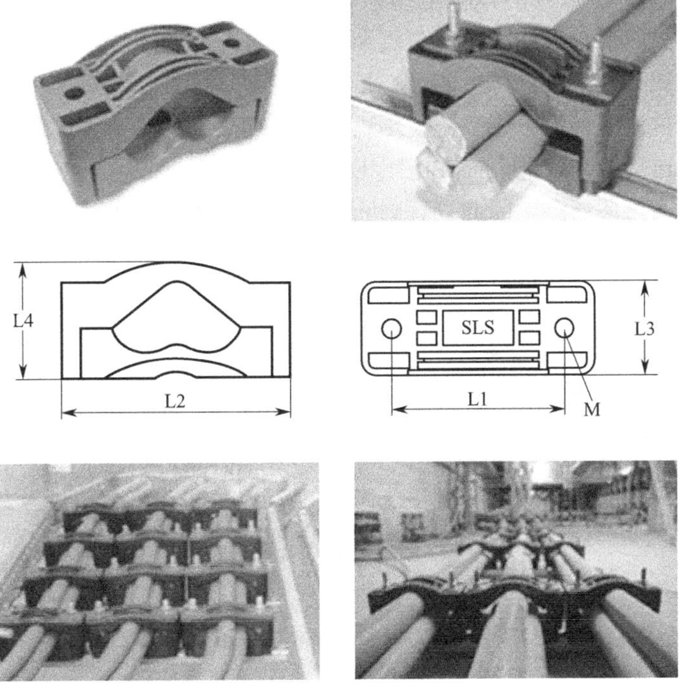

图 2-15　SGD 型电缆抱箍

按照《电力工程电缆设计规范》GB 50217 及《城市电力电缆线路设计技术规定》DL/T 5221 中相应规定，蛇形敷设的计算按照电缆的热伸缩量及电缆轴向力控制确定，电缆支架长度应根据蛇形敷设幅宽进行不同设计。

电缆在每个蛇形节距位置用三相非固定夹具限位，在每五个节距位置采用三相规定夹具固定，在蛇形敷设的始末段用若干个三相固定夹具固定。蛇形敷设设计的目的主要是为了使电缆在热伸缩移动中不产生较大的内力，避免损坏电缆或降低电缆使用寿命，所以设计时考虑何处应使电缆自由移动，何处应限制其运动。

2）电缆弯曲半径

在综合管廊内电缆敷设时，尚需考虑电缆弯曲半径的要求。电缆弯曲半径的最小要求见表 2-7。

电（光）缆敷设允许的最小半径　　表 2-7

电/光缆类型(直径 D)		允许最小转弯半径	
		单芯	3 芯
交联聚乙烯绝缘电缆	≥66kV	$20D$	$15D$
	≤35kV	$12D$	$10D$
光缆		$20D$	

3）施工空间、通行空间与断面设计

综合管廊电舱断面的另一个重要制约因素为检修维护人员的通行空间需求以及电缆敷设、更换所需的施工空间。

综合管廊电舱内有 110kV 以上电缆敷设施工时，电缆经输送机、辅助输送机输送，经过直线段、弯曲段滑车协助，由牵引机牵引完成电缆的输送。《电气装置安装工程电缆线路施工及验收规范》规定："电缆敷设时，电缆应从盘的上端引出，不应使电缆在支架上及地面摩擦拖拉。电缆上不得有铠装压扁、电缆绞拧、护层折裂等未消除的机械损伤"。另外由于电缆电压等级高，外表面在施工中轻微的受损都可能造成电缆在今后的运行中绝缘强度的破坏而成为薄弱点，因此，管廊断面的施工空间，需要满足施工人员与施工机械设备的布置要求。常用电缆敷设机械设备如图 2-16、图 2-17。

图 2-16　大型电缆输送机

图 2-17　电缆转弯铝滑轮

（2）给水管道敷设对管廊断面的影响

管廊内管线布置时，可根据各地实际情况分舱或者合舱布置。在多数情况下给水管线与热力等其他管线在同一舱内布置，称水热舱；或者将电力电缆、通信电缆和给水管道、再生水管道布置在同一舱内，统称为水电舱。再生水或再生水、直饮水等有压水均可按给水管道考虑。

1）管线布置的选择

给水、再生水管线可在综合管廊同侧布置，且给水管线宜布置在再生水管线上方；给水、再生水管线可以和电力电缆、通信电缆同舱敷设，给水、再生水管线不应和蒸汽管线同舱布置。

2）管线安装净距

综合管廊标准断面内部空间应根据容纳的管线种类、数量、管线运输、安装、维护、检修等要求综合确定。

根据《城市综合管廊工程技术规范》GB 50838 要求，干线综合管廊、支线综合管廊内两侧设置管道时，人行通道最小净宽不宜小于 1.0m；当单侧设置管道时，人行通道最小净宽不宜小于 0.9m。配备检修车的综合管廊检修通道不宜小于 2.2m。综合管廊内通道的净宽，尚应满足综合管廊内管道、配件、设备运输净宽的要求。

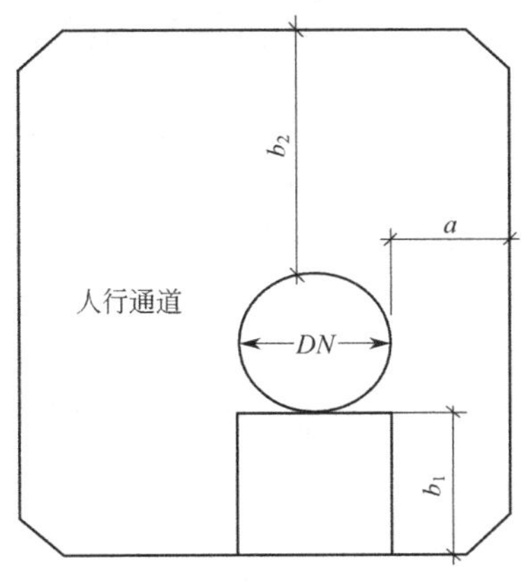

图 2-18 综合管廊的管道安装净距

根据《城市综合管廊工程技术规范》GB 50838 规定，管线的安装净距（图 2-18）不宜小于表 2-8 规定的数值。

综合管廊的管道安装净距（mm） **表 2-8**

<table>
<tr><th rowspan="2">管道工程直径 DN</th><th colspan="3">铸铁管、螺栓连接钢管</th><th colspan="3">焊接钢管</th></tr>
<tr><th>a</th><th>b1</th><th>b2</th><th>a</th><th>b1</th><th>b2</th></tr>
<tr><td>DN<400</td><td>400</td><td>400</td><td rowspan="5">800</td><td rowspan="3">500</td><td rowspan="3">500</td><td rowspan="5">800</td></tr>
<tr><td>400≤DN<800</td><td rowspan="2">500</td><td rowspan="2">500</td></tr>
<tr><td>800≤DN<1000</td></tr>
<tr><td>1000≤DN<1500</td><td>600</td><td>600</td><td>600</td><td>600</td></tr>
<tr><td>DN≥1500</td><td>700</td><td>700</td><td>700</td><td>700</td></tr>
</table>

另外，综合管廊的管道安装净距还应考虑管道的排气阀、排水阀、伸缩补偿器、阀门等配件安装、维护的作业空间。

（3）热力管道敷设对管廊断面的影响

热力管道输送介质会带来管廊内的温度升高，从而造成安全影响，热力管线一般单独布置。如与其他管线同舱布置时，在管线布置上应将热力管线与热敏感的其他管线保持适当间距。给水管线、再生水管线如和热力管线同舱敷设时，热力管道应高于给水管道和再生水管道，且给水、再生水管线应做绝热层和防水层。

热力舱内不得敷设电力电缆、燃气管道。

热力管线在管廊内的安装间距要求同给水管线，见图 2-18 及表 2-8。因供热管道保温后外径较大，管道的水平布置或垂直布置对管廊断面的影响很大。具体布置形式要结合给水管线、再生水管线、电力电缆、通信电缆等管线统一考虑。

（4）燃气管道敷设对管廊断面的影响

燃气管线因其安全性要求，如纳入综合管廊，则必须单舱布置。燃气管线在管廊内的安装间距要求同给水管线要求。

燃气管道在综合管廊内的安装净距应考虑管道的排气阀、排水阀、补偿器、阀门等配件安装、维护的需求。

2.3.3 节点构筑物及辅助构筑物设计

综合管廊节点主要包括通风口、投料口、管线分支口、人员出入口、监控中心等。

1. 通风口设计

根据《城市综合管廊工程技术规范》GB 50838，综合管廊宜采用自然进风和机械排风相结合的通风方式。天然气管道舱和含有污水管道的舱应采用机械进风和机械排风的通风方式。

通风口的布置与综合管廊防火分区的划分有着直接联系。每个防火分区设置一进一出两个通风口。综合管廊以不大于400m作为一个通风区域。机械通风时，外部新鲜空气由进风口进入综合管廊，沿综合管廊流向排风口，并由排风口排至室外。通风口设置于道路绿化带中或者道路红线外绿化带中。燃气管道舱室的排风口与其他舱室排风口、进风口、人员出入口以及周边建（构）筑物口部距离不应小于10m。

地上风口部分应布置在地面绿化带或不妨碍景观的地方。注意避免进出风短路，机械通风时进风口及排风口间距要大于20m，否则排风口应高出进风口6m。通常设计时结合防火分区划分，相邻两个通风段同类型进排风口做在一个节点中。地下通风道可根据覆土情况从综合管廊顶板或侧壁上开口，当覆土较小时，风道可以从侧壁开洞，以降低地上风口高度，满足地上景观要求，见图2-19。

2. 投料口设计

综合管廊内的管线敷设是在综合管廊本体土建完成之后进行，必须留设投料口。

综合管廊投料口的最大间距不宜超过400m，净尺寸应满足管线、设备、人员出入的最小允许尺寸要求，应尽量减小对城市景观的影响。综合管廊的投料口宜结合道路绿化带建设，并且宜结合通风井建设。通常综合管廊各舱设单独的投料口，当受绿化带等条件限制情况时，投料口可合用，设置为双舱单投料口形式，并结合道路和综合管廊通风井等相关构筑物情况进行调整，或者做一些异形投料口，见图2-20。

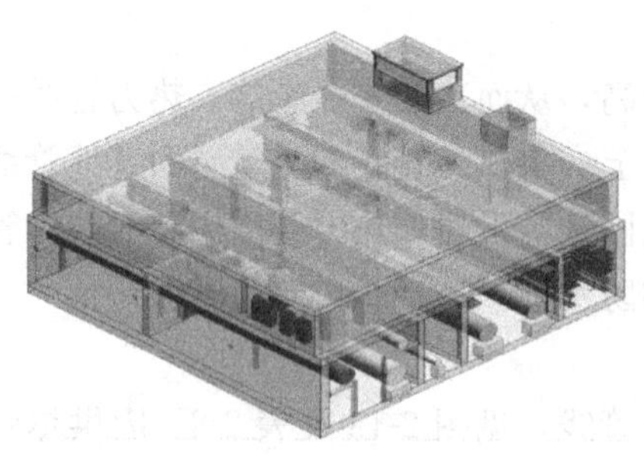

图2-19 通风口示意图

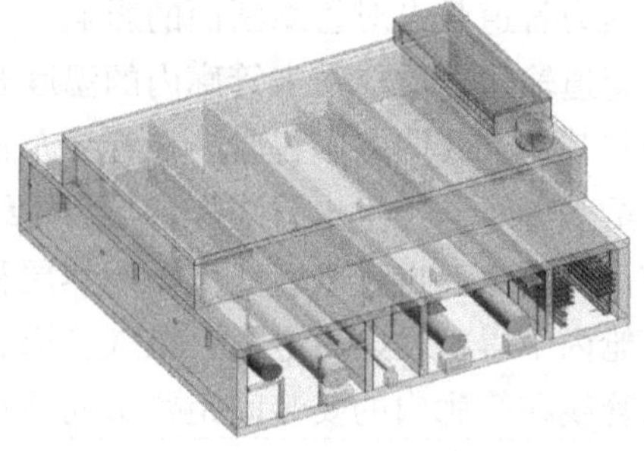

图2-20 综合舱投料口示意图

由于受电力电缆，尤其是高压大截面电力电缆敷设时牵引力的限制以及电缆弯曲半径的影响，电力投料口宜直对电力电缆舱室，以便减少电缆的弯曲次数，满足弯曲半径要求。同时投料口要满足电力电缆敷设设备的进出需求。

纳入管廊的管道大部分为定尺采购，管道定尺长能减少焊缝等连接口数量，大尺寸管道在管廊内运输不便利，并且需要的投料口也相对较大。因此，国内很多工程采用大、小投料口结合，错落布置，并且将大投料口隐藏在地下用于初次安装敷设或者管道大修，小投料口露出地面作为常规检修安装的永久投料使用。另外，在有大型管线附件、专用安装设备需求时，投料口的尺寸需要根据这些需求专门设计。

3. 管线分支口设计

在综合管廊沿途的规划道路交叉口、各地块需要预留足够的管线分支口，同时应当根据接户管线的种类以及需求量，决定各类管线分支预留孔的尺寸、大小、数量、间距以及高程位置等。工程中标准形式的分支口分为电力专用分支口、供水管道分支口、信息管道分支口、热力管道分支口、天然气管道分支口等。

分支口过路形式主要采用：管道直埋过路（电力、信息以管束形式过路）、预埋过路套管、支管廊等形式。

在管道分支口处，综合管廊局部需要进行加高拓宽等处理，便于管线上升从侧面引出综合管廊。分支口考虑分支管线沿侧墙爬升的空间需求，并按其分支管线的埋深需求经侧墙或顶板的预留孔洞接出管廊外侧。管线引出后的布置位置应与管线需求侧的接口位置一致。在交叉路口需要注意引出后与交路口的管线对接一致。采用支管廊形式的分支口较为复杂，需要综合考虑支管廊对管廊防火、通风分区划分及方案的影响，同时，还要考虑支管廊人员的通行，管线在支管廊段的运输与维护。如图 2-21、图 2-22 所示。

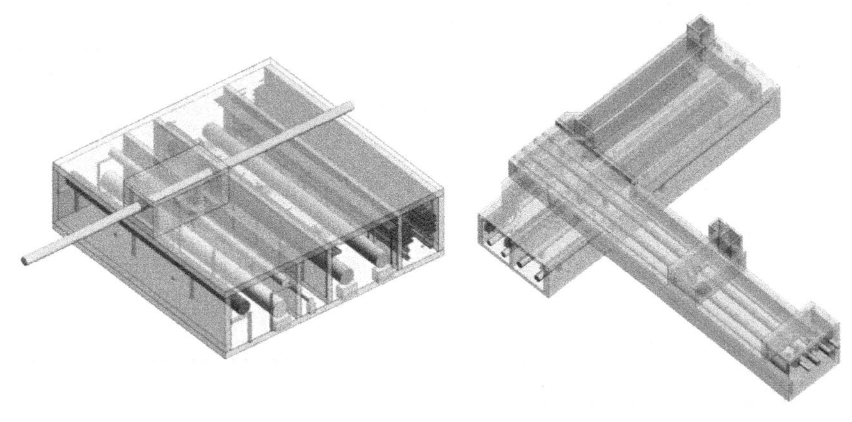

图 2-21　管线/套管直埋分支口示意图　　图 2-22　支管廊管线分支口示意图

4. 人员出入口设计

综合管廊沿线设置人员出入口，主要供施工、维修、检修作业人员进出、突发情况下人员的撤离。

（1）综合管廊的人员出入口、逃生口等露出地面的构筑物应满足城市防洪要求，并采取措施防止地面水倒灌及小动物进入。

（2）人员出入口宜同逃生口、吊装口、进风口结合设置，且不应少于 2 处。

在实际工程中，人员出入口常与监控中心合建作为 1 处，满足人员正常巡检时的通行需求以及监控中心与管廊的联络，并兼顾该区段综合管廊紧急逃生需求；在其他相对远离监控中心的位置，综合考虑城市景观、用地、安全等因素单独建设其余的 1 处或多处，满足该区段的运营、维护及逃生需求。见图 2-23。

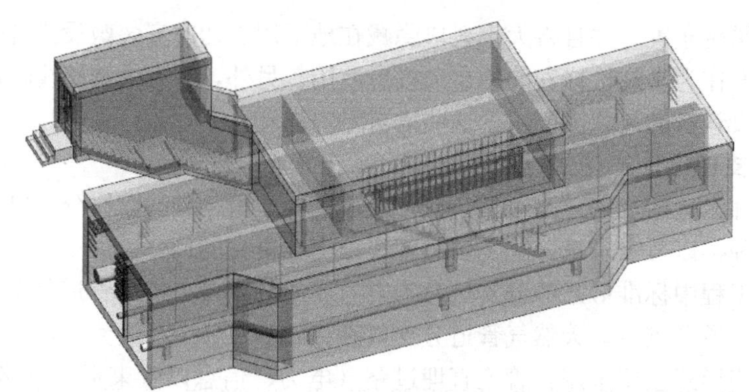

图 2-23　人员出入口单独建设示意图

（3）逃生口设置应符合下列规定：

1）敷设有电力电缆的综合管廊舱室内，逃生口间距不宜大于 200m；

2）天然气舱室逃生口间距不宜大于 200m；

3）敷设有热力管道的综合管廊舱室内，逃生口间距不应大于 400m，当管道输送介质为蒸汽时，间距不应大于 100m；

4）其他舱室逃生口间距不宜大于 400m；

5）逃生口内径净直径不应小于 800mm；

6）露出地面的各类孔口盖板应设有在内部使用时易于人力开启、在外部使用时非专业人员难以开启的安全装置。

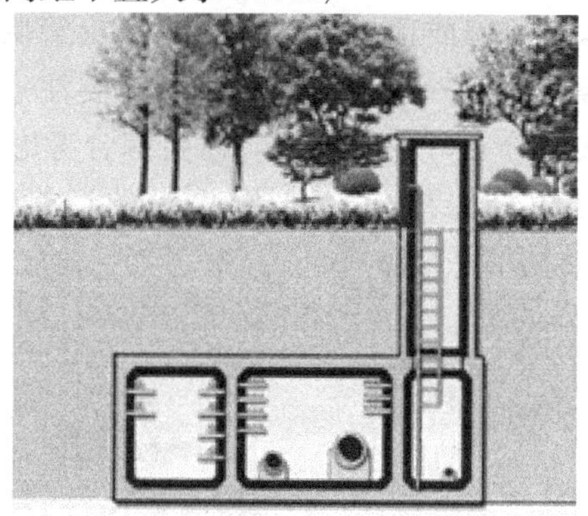

图 2-24　逃生口（蒸汽舱）示意图

实际工程实践中由于蒸汽管线舱逃生口的设置间距较小，常常采用独立的逃生口设置，见图 2-24。其余逃生口设置间距在 200 米左右，常常与通风井、投料口等设施合建。

5. 监控中心

监控中心主要便于管理人员的日常巡查、服务半径内所需物资和材料的储备和运输、及时调度人员抢修，配备常驻办公人员休息室、安保值班室。监控室和配电室在需要时配备，并承担部分维修物资、应急物资储备功能，见图 2-25、图 2-26。

图 2-25　监控中心效果图

图 2-26　监控中心内部示意图

考虑所需建筑面积较大及功能较复杂、监控中心外围维修空间及管线堆场等场地对其他功能建筑影响较大，故监控中心的布置位置通常结合用地规划，在用地允许的情况下，独立占地进行建设，布置在管廊系统交叉口周边，同时设置由监控中心通向管廊的专用连接通道。

2.3.4 防水设计

综合管廊主体防渗的原则是“以防为主，防、排、截、堵相结合，刚柔相济，因地制宜，综合治理”。主要通过采用防水混凝土、合理的混凝土级配、优质的外加剂、合理的结构分缝、科学的细部设计来解决综合管廊钢筋混凝土主体渗漏问题。

综合管廊的防水工程可分为三类：结构自防水、涂膜防水层与密闭防水，其中结构自防水应作为重点考虑的方式。《城市综合管廊工程技术规范》GB 50838 中规定：综合管廊应根据气候条件、水文地质状况、结构特点、施工方法和使用等因素进行防水设计，防水等级标准为二级，并应满足结构的安全、耐用和使用要求。综合管廊的变形缝、施工缝和预制构件接缝等部位应加强防水和防火措施。

进行综合管廊结构防水设计时，严格按照《地下工程防水技术规范》GB 50108 标准设计，防水设防等级不低于二级；管廊位于绿化带下，按照《地下工程防水技术规范》4.8.1 条，综合管廊顶板应为一级防水。

在防水设防等级为二级的情况下，综合管廊主体不允许漏水，结构表面可有少量湿渍，总湿渍面积不应大于总防水面积的 2/1000；任意 $100m^2$ 防水面上的湿渍不超过三处，单个湿渍的最大面积不应大于 $0.2m^2$。平均渗水量不大于 $0.05L/(m^2 \cdot d)$，任意 $100m^2$ 防水面积上的渗水量不大于 $0.15L/(m^2 \cdot d)$；在防水设防等级为一级的情况下，综合管廊主体不允许漏水，结构表面无湿渍。

防水的重点以及难点主要集中在施工缝防水、变形缝防水以及预埋穿墙管处。

2.4 管廊附属设施

2.4.1 消防系统

含有不同管道的综合管廊舱室火灾危险性分类应符合表 2-9 的规定。

综合管廊舱室火灾危险性分类 **表 2-9**

舱室内容纳管线种类		舱室火灾危险性类别
天然气管道		甲
阻燃电力电缆		丙
通信线缆		丙
污水管道		丁
雨水管道、给水管道、再生水管道	塑料管等难燃管材	丁
	钢管、球墨铸铁管等不燃管材	戊

（1）当舱室内含有两类及以上管线时，舱室火灾危险性类别应按火灾危险性较大的管线确定。

（2）综合管廊主结构体、不同舱室之间的分隔墙应为耐火极限不低于 3.0h 的不燃性结构。

（3）天然气管道舱及容纳电力电缆的舱室应每隔 200m 采用耐火极限不低于 3.0h 的不燃性墙体进行防火分隔。防火分隔处的门应采用甲级防火门，管线穿越防火隔断部位应采用阻火包等防火封堵措施进行严密封堵。

（4）综合管廊内应在沿线、人员出入口、逃生口等处设置灭火器材，灭火器材的设置间距不应大于 50m，灭火器的配置应符合现行国家标准《建筑灭火器配置设计规范》GB 50140 的有关规定。

（5）干线综合管廊中容纳电力电缆的舱室，支线综合管廊中容纳 6 根及以上电力电缆的舱室应设置自动灭火装置；其他容纳电力电缆的舱室宜设置自动灭火系统。

（6）综合管廊内应设置火灾自动报警系统，并在管廊入口处或每个防火分区检查井端设置固定通信报警电话，报警电话应反馈至控制中心。

（7）综合管廊管道舱内宜设置手提式灭火器，每个设置点灭火器配置数量不应少于 2 具，但也不应多于 5 具。

（8）电力舱内宜设置自动喷水灭火系统、水喷雾灭火或者气体灭火等固定装置，电力舱内设置的灭火器应为磷酸铵盐干粉灭火器。

（9）综合管廊内的电缆防火与阻燃应符合国家现行标准《电力工程电缆设计规范》GB 50217 的要求。

2.4.2 通风系统

为排除综合管廊内电缆散发的热量，并补充适量的新鲜空气，需设置通风系统。当管廊内发生火灾时，火情监测器发出的信号使电动防烟防火阀关闭，同时关闭通风机。待火灾解除后由排风机排除烟雾。

1. 通风系统控制要求：

（1）消防连锁。当有火灾报警信号时，关闭排风机和防火阀，切断管廊通过排风井和进风井的空气通道，待完成灭火后，开启排风机排除管廊内烟雾，便于人员进入管廊进行维修；

（2）高温连锁。当综合管廊内空气温度高于 40℃时，开启排风机通风；

（3）氧气浓度风机连锁。管廊属于封闭型地下构筑物，废气的沉积、人员和微生物的活动等原因都会造成舱内氧气含量下降，故管廊需设置测量含氧量装置，当氧气浓度过低时，检测仪报警，自动开启排风机，保证新鲜空气进入管廊，仅当管廊内氧气指标达到要求时，工作人员方可进入。

2. 综合管廊的通风量计算规定：

（1）正常通风换气次数不应小于 2 次/h，事故通风换气次数不应小于 6 次/h。

（2）天然气管道舱正常通风换气次数不应小于 6 次/h，事故通风换气次数不应小于 12 次/h。

（3）舱室内天然气浓度大于其爆炸下限浓度值（体积分数）20%时，应启动事故段分区及其相邻分区的事故通风设备。

（4）综合管廊的通风口处出风风速不宜大于 5m/s。

（5）综合管廊的通风设备应符合节能环保要求。天然气管道舱风机应采用防爆风机。

（6）综合管廊内应设置事故后机械排烟设施。综合管廊舱室内发生火灾时，发生火灾的防火分区及相邻分区的通风设备应能够自动关闭。

（7）天然气管道舱室的排风口与其他舱室排风口、送风口、人员出入口以及周边建、构筑物口部距离不应小于 10m。天然气管道舱室的各类孔口不得与其他舱室连通，并应设置明显的安全警示标识。

2.4.3　供电系统

综合管廊供配电系统接线方案、电源供电电压、供电点、供电回路数、容量等应依据管廊建设规模、周边电源情况、管廊运行管理模式，经技术经济比较后合理确定。综合管廊附属设备中消防设备、监控设备、应急照明宜按二级负荷供电，其余用电设备可按三级负荷供电。

1. 综合管廊附属设备配电系统应符合下列要求：

（1）综合管廊内的低压配电系统宜采用交流 220/380V 三相四线 TN-S 系统，并宜使三相负荷平衡。

（2）综合管廊应以防火分区作为配电单元，各配电单元电源进线截面应满足该配电单元内设备同时投入使用时的用电需要。

（3）设备受电端的电压偏差：动力设备不宜超过供电标称电压的±5%，照明设备不宜超过+5%～10%。

（4）应有无功功率补偿措施。

（5）应在各供电单元总进线处设置电能计量测量装置。

2. 综合管廊内供配电设备应符合下列要求：

（1）供配电设备防护等级应适应地下环境的使用要求，应采取防水防潮措施，防护等级不应低于 IP54；

（2）供配电设备应安装在便于维护和操作的地方，不应安装在低洼、可能受积水浸入的地方；

（3）电源总配电箱宜安装在管廊进出口处。

综合管廊内应有交流 220/380V 带剩余电流动作保护装置的检修插座，插座沿线间距不宜大于 60m。检修插座容量不宜小于 15kW，安装高度不宜小于 0.5m。

非消防设备的供电电缆、控制电缆宜采用阻燃电缆，火灾时需继续工作的消防设备应采用耐火电缆或不燃电缆。在综合管廊每段防火分区各人员出入口处均应设置本防火分区通风设备、照明灯具的控制按钮。

3. 综合管廊接地应符合下列规定：

（1）综合管廊内的接地系统应形成环形接地网，接地电阻允许最大值不宜大于 1Ω。

（2）综合管廊的接地网宜使用截面面积不小于 40mm×5mm 的热镀锌扁钢，在现场应采用电焊搭接，不得采用螺栓搭接的方法。

（3）综合管廊内的金属构件、电缆金属保护皮、金属管道以及电气设备金属外壳均应与接地网连通。

地上建（构）筑物应符合防雷规范；地下部分可不设置直击雷防护措施，但在配电系统中应设置防雷电感应过电压的保护措施，并应在综合管廊内设置电位联结系统。

2.4.4 照明系统

综合管廊内应设正常照明和应急照明，且应符合下列要求：

（1）在管廊内人行道上的一般照明的平均照度不应小于15lx，最小照度不应小于5lx，在出入口和设备操作处的局部照度可提高到100lx。监控室一般照明照度不宜小于300lx。

（2）管廊内应急疏散照明照度不应低于5lx，应急电源持续供电时间不应小于60min。

（3）监控室备用应急照明照度不应低于正常照明照度值。

（4）管廊出入口和各防火分区防火门上方应有安全出口标识灯，灯光疏散指示标识应设置在距地坪高度1.0m以下，间距不应大于20m。

（5）灯具应为防触电保护等级I类设备，能触及的可导电部分应与固定线路中的保护（PE）线可靠连接。

（6）灯具应防水防潮，防护等级不宜低于IP54，并具有防外力冲撞的防护措施。

（7）光源应能快速启动点亮，应采用节能型光源。

（8）安装高度低于2.2m的照明灯应采用24V及以下安全电压供电。当采用220V电压供电时，应采取防止触电的安全措施，并应敷设灯具外壳专用接地线。照明回路导线应采用不小于2.5mm截面的硬铜导线，线路明敷设时宜采用保护管或线槽穿线方式布线。

2.4.5 排水系统

（1）综合管廊内应设置自动排水系统；

（2）综合管廊的排水区间应根据道路的纵坡确定，排水区间不宜大于200m；

（3）综合管廊的低点应设置集水坑及自动水位排水泵；

（4）综合管廊的底板宜设置排水明沟，并通过排水沟将地面积水汇入集水坑内，排水明沟的坡度不应小于0.2%；

（5）综合管廊的排水应就近接入城市排水系统，并应在排水管的上端设置防倒灌措施；

（6）天然气管道舱应设置独立集水坑；

（7）综合管廊排出的废水温度不应高于40℃。

2.4.6 监控与报警系统

综合管廊监控与报警系统宜分为环境与设备监控系统、安全防范系统、通信系统、预警与报警系统、地理信息系统和统一管理信息平台等。监控与报警系统的组成及其系统架构、系统配置应根据综合管廊建设规模、纳入管线的种类、综合管廊运营维护管理模式等确定。监控、报警和联动反馈信号应送至监控中心。

1. 综合管廊应设置环境与设备监控系统，并应符合下列规定：

（1）应能对综合管廊内环境参数进行监测与报警。环境参数检测内容应符合表2-10

的规定，含有两种及以上管线的舱室，应按较高要求的管线设置。气体报警设定值应符合国家现行标准《密闭空间作业职业危害防护规范》GBZ/T 205 的有关规定。

环境参数检测内容表 **表 2-10**

舱室容纳管线类别	给水管道/再生水管道/雨水管道	污水管道	天然气管道	热力管道	电力电缆/通信线缆
温度	●	●	●	●	●
湿度	●	●	●	●	●
水位	●	●	●	●	●
O_2	●	●	●	●	●
H_2S气体	▲	●	▲	▲	▲
CH_4气体	▲	●	●	▲	▲

注：●应监测；▲宜监测。

（2）应对通风设备、排水泵、电气设备等进行状态监测和控制；设备控制方式宜采用就地手控、就地自动和远程控制。

（3）应设置与管廊内各类管线配套检测设备、控制执行机构联通的信号传输接口；当管线采用自成体系的专业监控系统时，应通过标准通信接口接入综合管廊监控与报警系统统一管理平台。

（4）环境与设备监控系统设备宜采用工业级产品。

（5）H_2S、CH_4气体探测器应设置在管廊内人员出入口和通风口处。

2. 综合管廊应设置安全防范系统，并应符合下列规定：

（1）综合管廊内设备集中安装地点、人员出入口、变配电间和监控中心等场所应设置摄像机；综合管廊内沿线每个防火分区内应至少设置一台摄像机，不分防火分区的舱室，摄像机设置间距不应大于 100m。

（2）综合管廊人员出入口、通风口应设置入侵报警探测装置和声光报警器。

（3）综合管廊人员出入口应设置出入口控制装置。

（4）综合管廊应设置电子巡查管理系统，并宜采用离线式。

（5）综合管廊的安全防范系统应符合现行国家标准《安全防范工程技术规范》GB 50348、《入侵报警系统工程设计规范》GB 50394、《视频安防监控系统工程设计规范》GB 50395 和《出入口控制系统工程设计规范》GB 50396 的有关规定。

3. 综合管廊应设置通信系统，并应符合下列规定：

（1）应设置固定式通信系统，电话应与监控中心连通，信号应与通信网络联通。综合管廊人员出入口或每一个防火分区内应设置通信点；不分防火分区的舱室，通信点设置间距不应大于 100m。

（2）固定式电话与消防专用电话合用时，应采用独立通信系统。

（3）除天然气管道舱，其他舱室内宜设置用于对讲通话的无线信号覆盖系统。

4. 干线综合管廊及支线综合管廊电力电缆舱应设置火灾自动报警系统，并应符合下列规定：

（1）应在电力电缆表层设置线型感温火灾探测器，并应在舱室顶部设置线型光纤感温火灾探测器或感烟火灾探测器。

(2) 应设置防火门监控系统。

(3) 设置火灾探测器的场所应设置手动火灾报警按钮和火灾报警器，手动火灾报警按钮处宜设置电话插孔。

(4) 确认火灾后，防火门监控器应联动关闭常开防火门，消防联动控制器应能联动关闭着火分区及相邻分区通风设备、启动自动灭火系统。

(5) 应符合现行国家标准《火灾自动报警系统设计规范》GB 50116 的有关规定。

5. 天然气管道舱应设置可燃气体探测报警系统，并应符合下列规定：

(1) 天然气报警浓度设定值（上限值）不应大于其爆炸下限值（体积分数）的 20%。

(2) 天然气探测器应接入可燃气体报警控制器。

(3) 当天然气管道舱天然气浓度超过报警浓度设定值（上限值）时，应由可燃气体报警控制器或消防联动控制器联动启动天然气舱事故段分区及其相邻分区的事故通风设备。

(4) 紧急切断浓度设定值（上限值）不应大于其爆炸下限值（体积分数）的 25%。

(5) 应符合现行国家标准《石油化工可燃气体和有毒气体检测报警设计规范》GB 50493、《城镇燃气设计规范》GB 50028 和《火灾自动报警系统设计规范》GB 50116 的有关规定。

6. 综合管廊宜设置地理信息系统，并应符合下列规定：

(1) 应具有综合管廊和内部各专业管线基础数据管理、图档管理、管线拓扑维护、数据离线维护、维修与改造管理、基础数据共享等功能。

(2) 应能为综合管廊报警与监控系统统一管理信息平台提供人机交互界面。

7. 综合管廊应设置统一管理平台，并应符合下列规定：

(1) 应对监控与报警系统各组成系统进行系统集成，并应具有数据通信、信息采集和综合处理功能。

(2) 应与各专业管线配套监控系统联通。

(3) 应与各专业管线单位相关监控平台联通。

(4) 宜与城市市政基础设施地理信息系统联通或预留通信接口。

(5) 应具有可靠性、容错性、易维护性和可扩展性。

2.4.7 标识

1. 标识的分类

综合管廊标志标识系统的功能是以颜色、形状、字符、图形等向使用者传递信息，可用于管廊设施的管理使用。主要分为五部分：

(1) 安全标识：主要包括禁止标志、警告标志、指令标志、提示标志和消防安全标志等，见图 2-27。

(2) 导向标识：主要包括方位标志、方向标志、距离标志（里程）、临时交通标志、特殊节点标志（如：交叉段、倒虹段、各口部标志）等，见图 2-28。

(3) 管线标识：主要包括水、热、燃、电、信等专业管线标志，见图 2-29。

(4) 管理标识：主要包括结构类、设备类标志等，见图 2-30。

(5) 其他标识：临时作业区标志、告知标志、植入广告标志等。

图 2-27　安全标识示例图

图 2-28　导向标识示例图

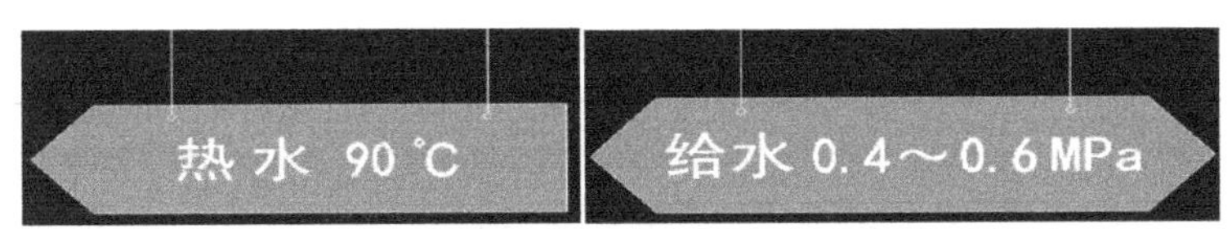

图 2-29　管线标识示例图

图 2-30　管理标识示例图

2. 标识的设置

(1) 综合管廊的主出入口内应设置综合管廊介绍牌，对综合管廊建设时间、规模、容纳的管线等情况进行简介。

(2) 纳入综合管廊的管线，应采用符合管线管理单位要求的标识进行区分，标识铭牌应设置于醒目位置，间隔距离应不大于 100m。标识铭牌应标明管线属性、规格、产权单位名称、紧急联系电话。

(3) 在综合管廊的设备旁边，应设置设备铭牌，铭牌内应注明设备的名称、基本数据、使用方式及其紧急联系电话。

(4) 综合管廊内部应设置里程标志，交叉口处应设置方向标志。

(5) 人员出入口、逃生口、管线分支口、灭火器材设置处等部位，应设置带编号的标识。

(6) 综合管廊穿越河道时，应在河道两侧醒目位置设置明确的标识。

3 施工技术管理

3.1 综合管廊地基处理、桩基与基坑支护技术

3.1.1 地基处理技术

1. 综合管廊地基处理分类及适用范围

综合管廊地基处理技术要求安全适用、经济合理、技术先进、节能环保。根据综合管廊地基处理的加固原理，综合管廊地基处理方法可分为以下四类（见表3-1）。

综合管廊常用地基方法分类表 **表3-1**

序号	分类	处理方法	适用范围
1	换填垫层法	垫层法	用于处理浅层非饱和软弱土层、湿陷性黄土、膨胀土、季节性冻土、素填土和杂填土
2	振密、挤密法	表层压实法	接近于最优含水量的浅层疏松黏性土、松散砂性土、湿陷性黄土及杂填土
		重锤夯实法	无黏性土、杂填土、非饱和黏性土和湿陷性黄土
		振冲挤密法	砂性土和黏粒含量小于10%的粉土
		砂桩	松砂地基和杂填土地基
3	置换法	碎石桩法	不排水抗剪强度大于20kPa的淤泥、淤泥质土、砂土、粉土、黏性土和人工填土
		石灰桩法	软弱黏性土
		CFG桩法	填土、饱和和非饱和黏性土、砂土、粉土等地基
		柱锤冲扩法	杂填土、黏性土、粉土黏性素填土、黄土等地基
4	胶结法	注浆法	岩基、砂土、粉土淤泥质土、黏土和一般人工填土，也可用于暗滨和托换
		高压喷射注浆法	砂土、粉土、淤泥和淤泥质土、黏性土、黄土、人工填土等，也可用于既有建筑的托换
		水泥土搅拌法	淤泥、淤泥质土、粉土和含水量较高且承载力不大于140kPa的黏性土

2. 常用技术施工方法

综合管廊常用地基处理技术有换填垫层法、振冲碎石桩法、CFG桩法，以下对这3种常用技术进行描述。

（1）换填垫层法

1）概述

在综合管廊建设中，当软土地基的承载力和变形满足不了设计要求，且厚度较小时，将管廊基础底面以下处理范围内的软土层部分或全部挖除，然后分层换填强度较高的砂（砂石、粉质黏土、灰土、矿渣、粉煤灰）或其他性能稳定、无侵蚀性的材料，并压实至所要求的密实度为止，这种地基处理方法称为换填垫层法。使垫层承受上部较大的应力，软弱土层承担较小的应力，以满足设计对地基的要求。

2）换填垫层法施工

垫层施工方法按密实方法分类：机械碾压法和平板振动法，施工时应根据不同的换填材料选择施工机械；换填处理深度通常宜控制在 3m 以内，但也不宜小于 0.5m。如果垫层太薄，则换填垫层的作用也不显著。

垫层施工分层铺填厚度、每层压实遍数等宜通过试验确定；除接触下卧软土层的垫层底部应根据施工机械设备及下卧层土质条件确定厚度外，一般情况下，垫层的分层铺填厚度可取 200～300mm。为保证分层压实质量，应控制机械碾压速度。

对垫层底部存在古井、古墓、洞穴，旧基础、暗塘等软硬不均的部位时，应先予以清理后，再用砂石逐层回填夯实，经检验合格后，方可铺填上一层砂石料。

严禁扰动垫层下卧层及侧壁的软土。为防止践踏、受冻、浸泡或暴晒过久，坑底可保留 200mm 厚土层暂不挖去，待铺砂石料前再挖至设计标高；如有浮土，必须清除；当坑底为饱和软土时，必须在土面接触处铺一层细砂起反滤作用，其厚度不计入垫层设计厚度内。

砂石垫层的底面宜铺设在同一标高上，如置换深度不同，基底土层面应挖成阶梯或斜坡搭接，并按先深后浅的顺序施工，搭接处应夯压密实；垫层竣工后应及时施工基础和回填基坑。

当地下水位高于基坑底面时，宜采用排水或降水措施，还应注意边坡稳定，以防止坍土混入砂石垫层中。

3）质量检验

垫层的施工质量检验必须分层进行，而且应在每层的压实系数符合设计要求后铺填上层土。

采用环刀法检验垫层的施工质量时，取样点应位于每层厚度的 2/3 处；对大基坑每 50～100m^2 不应少于 1 个检验点；对于基槽，每 10～20m 不应少于 1 个点。采用贯入仪或动力触探检验垫层的施工质量时，每分层检验点的间距应小于 4m。

采用载荷试验检验垫层承载力时，每个单体工程不宜少于 3 点；对于大型工程则应按单体工程的数量或工程的面积确定检验点数。为保证载荷试验的有效影响深度不小于换填垫层处理的厚度，载荷试验压板的边长或直径不应小于垫层厚度的 1/3。

（2）振冲碎石桩法

1）概述

在综合管廊地基中设置由碎石组成的竖向增强体（或称桩体）形成碎石桩复合地基达到地基处理的目的，均称为碎石桩法。碎石桩桩体具有很好的透水性，有利于超静孔隙水压力消散，碎石桩复合地基具有较好的抗液化性能。对于处理不排水抗剪强度小于 20kPa 的饱和黏性土和饱和黄土地基，应在施工前通过现场试验确定其适用性。

2）振冲法碎石桩施工工艺

布置桩位→设备就位→启动水泵和振冲器→振冲造孔→清孔→成孔验收→填料→振密成桩→检查验收。

3）技术要点

技术准备：要重点做好下列准备工作：收集场区的工程地质、水文地质资料，研究场地地基土的物力力学性质、地下水位及动态；熟悉施工图纸，组织参加技术交底；编制振冲碎石桩施工方案并经审批后向操作人员交底；组织机械设备进场，安装振冲设备组合安装地点，检查设备完好情况；进行振冲碎石桩现场施工试验，以确定水压、振密电流和留振时间等各种施工参数；做好场地高程测量工作，计算地面平均高程，确定碎石桩桩顶标高和振冲桩孔深度；确定施工顺序，碎石桩施工顺序一般可以按一个方向推进，但对易液化的粉土地基，应采取跳打或围打。

布置桩位：采用经纬仪或全站仪，经过基准桩确定施工范围，确定桩位基线，布置桩点，对桩点采用可靠的标识进行标记。

设备就位：检查起重机稳定情况，起吊振冲器对准桩位（误差应小于 50mm）。

振冲造孔：吊机放下振冲器，使其贯入土中，一般采用 0.5～2.2m/min 的速度下沉，造孔过程中应保持振冲器呈悬垂状态，以保证成孔垂直。当电流值超过电机额定电流时，应减速或暂停振冲器下沉或者上提振冲器，等电流值下降并满足要求后再继续造孔。造孔中，若孔口不返水，应加大供水量。施工中设专人记录造孔时的电流值、造孔速度及返水情况。当造孔达到设计深度时即可终止，并将振冲器上提 300～500mm。造孔时返出的水和泥浆要做好围挡、汇集、沉淀。

清孔：造孔终止后，当返水中含泥量很高，孔口被泥土淤塞或孔中有高强黏性土，成孔直径缩小时一般需要清孔。清孔方法是把振冲器提出孔口，保证填料畅通。

填料：清孔后即向孔内填料，填料方式有连续填料和间断填料两种。连续填料时，振冲器停留在设计孔底 300～500mm 以上位置，向孔内不断回填石料，并在振动中提升振冲器，整个制桩过程中石料均处于满孔状态。间断填料时，应将振冲器提升出孔口，每往孔内倒 0.15～0.5m^3 石料，下降振冲器至填料中振捣一次，如此反复至制桩结束。

振密成桩：依靠振冲器水平振动力将填入孔中的石料不断挤向侧壁土层中，同时使填料挤密，直到满足设计要求的电流值、留振时间和填料量。无论采用哪种填料方式，都必须保证振密从孔底开始，以每段 300～500mm 的长度逐段自下而上直至桩顶设计标高。成桩以后，应先停止振冲器运转，再停止供水泵。

4）材料要求

振冲碎石桩使用的填充料为天然级配砂石料、碎石料、矿渣或其他不溶于地下水、不受侵蚀影星的性能稳定的硬性骨料，不宜使用风化易碎的石料；填料粒径宜为 20～200mm，含泥量不超过 5%。30kW 的振冲器宜选用粒径 20～80mm，最大粒径不宜超过 100mm；55kW 的振冲器宜选用 30～100mm，最大粒径不宜超过 150mm；75kW 的振冲器宜选用粒径 40～150mm，最大粒径不宜超过 200mm 的填料。

5）质量检验

各类碎石桩的质量检验均应重视检查施工记录。如振冲碎石桩法要检查成桩各段密实电流、留振时间和填料是否符合设计要求。沉管碎石桩法要检查各段填料量以及提升和挤压时间是否符合设计要求。

考虑到成桩过程对桩间土的扰动和挤压作用，除砂土地基外，质量检验都应在施工结束后间隔一段时间进行，原则上应待桩间土超静孔隙水压力消散，土体结构强度得到恢复时进行质量检测。对于粉质黏土地基，间隔时间可取 21～28d；对于粉土地基，可取 14～21d。

6）应注意的质量问题

选用自然级配填料做桩体材料时，应采取严格的检验措施，控制最大粒径和级配，以防在边振边填施工过程中填料难以落入孔内，以及不容易振密桩体、振实度差的现象发生。

为避免振冲器造成电流过大，造成孔壁土石坍塌，可采取减慢振冲器下沉速度、减少振动力等措施；当密实度电流难以达到时，应采取继续填料和提拉振冲器加速填料的措施，防止因土质软而出现填料不足的质量问题。

为避免缩孔、堵塞孔道，可采用先固壁、后填料和强迫填料的方法；对易液化的砂土底层，应适当加大桩距，避免“串桩”。

（3）水泥粉煤灰碎石（CFG）桩

1）施工工艺及技术要点

水泥粉煤灰碎石桩又称 CFG 桩，是由水泥、粉煤灰、碎石、石屑或砂等混合料加水拌和形成的高黏结强度桩，和桩间土、褥垫层一起组成水泥粉煤灰碎石桩复合地基。不仅可以全桩长发挥桩的侧阻作用，当桩端所在土层承载能力较好时也能很好地发挥端阻作用，从而表现出很强的刚性桩性状，使得复合地基的承载力得到较大提高。

原材料包括砂、石、水泥、粉煤灰和外加剂，施工前应进行配合比试验，施工时按配合比配制混合料。长螺旋钻孔、管内泵压混合料成桩施工的混合料坍落度宜为 160～200mm，振动沉管灌注成孔所需混合料坍落度宜为 30～50mm，振动沉管灌注成桩后桩顶浮浆厚度不宜超过 200mm。

①施工准备

核查地质资料，结合设计参数，选择合适的施工机械和施工方法；进行满足桩体设计强度的配合比试验，确定各种材料的施工用配比；平整场地，清除障碍物，标记处理场地范围内地下构造物及管线；测量放线，定出控制轴线、打桩场地边线并标识；清除地表耕植土，根据地质资料，进行成桩工艺试验和试桩，竖向全长钻取样芯，检测密实度、强度等参数，确定施工工艺和参数。

②施工顺序

CFG 桩施工一般优先采用间隔跳打法，也可采用连打法。具体采用何种施工组织方法，应根据现场条件、地质、环境、施工组织顺序等综合确定。

连打法容易造成相邻桩被挤碎、变形、缩颈、位移等情况，在黏性土中则容易造成地表隆起；跳打法则不会出现连打法容易出现的上述现象，但必须注意，在已经成桩中间打桩时，可能对已打桩造成被振裂或振断破坏，因此需慎重选择补打间隔时间。

③主要施工技术要点

a. 沉管：根据设计桩长、沉管入土深度确定机架高度和沉管长度，并进行设备组装。桩机就位，检测并调整桩管垂直，垂直度偏差不大于 1%；若采用预制钢筋混凝土桩尖，桩尖需埋入地表以下 300mm 左右，以确保桩尖位置准确；为避免沉桩作业时对相邻桩造成影响，应注意控制沉管时间应尽量短；沉管时每米记录激振电流变化情况，并对土层变化情况予以记录。

b. 投料：在沉管过程中用料斗进行空中投料，沉管到设计标高且停机后需尽快完成投料，直至管内混合料顶面与钢管料口齐平。

c. 拔管：首次投料启动电动机，留振 5～10s 再开始拔管；拔管速率按工艺试验并经监理、设计批准的参数执行，一般控制在1.2～1.5m/min。拔管速度要适中，过快造成局部缩颈或断桩，过慢由于振动时间过长，会造成桩顶浮浆增厚，桩体离析，但对于淤泥质土，拔管速度可适当放慢；拔管过程不应反插留振，如投料不足，可在拔管时空中投料；成桩桩顶标高应高出设计桩顶标高500mm左右，且浮浆厚度不应超过200mm，确保桩有效长度；

d. 桩头处理：沉管拔出地面、确认成桩符合设计要求后，用粘性土封顶，桩机移位，进行其他桩施工；桩头达到设计强度后，进行清土、截桩施工，桩顶以下500mm左右应该凿除，且不得造成桩顶标高以下桩体受损或扰动桩间土体，以确保桩体质量，

2）质量检验

水泥粉煤灰碎石桩施工完毕，一般28d后对水泥粉煤灰碎石桩和水泥粉煤灰碎石桩复合地基进行检测，检测包括低应变对桩身质量的检测和静载试验对承载力的检测。

检测数量：静载荷试验应分部位进行，检测数量取水泥粉煤灰碎石桩总桩数的1%，且不少于3点；低应变检验数量取水泥粉煤灰碎石桩总桩数的10%。选择试验点应随机抽取，并具有代表性。

水泥粉煤灰碎石桩复合地基载荷试验按《建筑地基处理技术规范》JGJ 79“附录B复合地基静载荷试验要点”执行。同时还需注意试验时褥垫层的底标高与桩顶设计标高相同，褥垫层底面要平整，褥垫层铺设厚度为6～10cm，铺设面积与荷载板面积相同，褥垫层周围要求有原状土约束。

3.1.2 桩基施工

综合管廊常用PHC桩、预制方桩作为桩基基础。

1. PHC桩沉桩施工工艺流程

（1）施工顺序：一般宜采用先长桩后短桩，先大径后小径的原则，自中间分两边进行。

（2）测放桩位：测放的桩位经测量监理复测无误后方可进行沉桩，并且每天施工前要检查即将施打的桩位与邻桩之间的尺寸是否正确。

（3）桩机就位：检查桩机，确保设备正常运转后移动设备就位、对中、调直。

（4）插桩：首先用吊车取桩，起吊前在桩身上划出以米为单位的长度标记并将开口桩尖焊接到底桩上（短桩无桩尖），起吊支点宜在桩端（无桩尖）0.3L处；将桩吊起后，缓缓将桩一端送入桩帽中，对位准确后，再用两台经纬仪双向调整桩的垂直度，通过桩机导架的旋转、滑动及停留进行调整；插入时的垂直度偏差不得超过0.5%，确保位置及垂直度符合要求后先利用桩锤的自重将桩压入土中。

（5）沉桩：因地层较软，初打时可能下沉量较大，宜低锤轻打，随着沉桩加深，沉速减慢，起锤高度可渐增。在整个打桩过程中，要使桩锤、桩帽、桩身保持在同一轴线上。打桩时，要检查落锤有无倾斜偏心，特别是要检查桩垫桩帽是否合适。如果不合适，需更换或补充软垫。每根桩宜连续一次打完，不要中断。

（6）接桩施工：接桩采用端板式焊接接头。当下节桩的桩头距地面0.6～0.8m左右时，开始进行接桩。先将焊接面清刷干净，再在下节桩头上安装导向箍引导就位，当PHC桩对好后，对称点焊4～6点加以固定，然后拆除导向箍。由2名电焊工手工对称施

焊，焊接层数应大于等于二层，内层焊渣必须清理干净后再焊下一层，要保证焊缝饱满连续。焊接具体操作与要求按《钢结构工程施工质量验收规范》GB 50205 中的有关条款之规定执行。焊好的桩接头应自然冷却不宜少于 8min 后方可锤击沉桩。

（7）在沉桩过程中碰到下列情况应暂停打桩，查明原因后再按处理方案施工：①沉桩过程中桩的贯入度发生突变；②桩头混凝土剥落、破碎；③桩身突然倾斜、跑位；④地面明显隆起、临桩上浮或桩位水平移动过大；⑤贯入度或锤击数与试验成果明显不符；⑥桩身回弹曲线不规则。

（8）成果记录整理：打桩过程中应详细记录各种作业时间，每打入 0.5～1m 的锤击数、桩位置的偏斜、最后 10 击的平均贯入度和最后 1m 的锤击数等。按规范要求整理成表并进行质量评价，必要时进行静载与动载试验。

2. 控制要点

（1）允许施工终压力下，桩端达不到持力层。沉桩的挤土效应，或者桩端持力层的覆土很厚，致使施工时 $Q_{uk} > P_{fmax}$，都会出现桩端达不到持力层的情况，处理的方法一般是采用预钻孔取土。根据《建筑桩基技术规范》JGJ 94 相关规定，预钻孔沉桩，孔径约比桩径小 50～100mm，深度宜为桩长的 1/3～1/2。

（2）相邻基桩桩底标高相差过大。造成这种情况的原因很多，也很复杂，压桩的挤土效应、预钻孔取土深度取值不当、持力层面起伏变化过大等因素，都会引起桩端参差不齐。需要进行研究、完善施工方法和措施，避免达不到要求补桩，使工程造价提高。

3. 质量检验

（1）施工前应检查进入现场的成品桩，接桩用电焊条等产品质量。

（2）施工过程中应检查桩的贯入情况、桩顶完整状况、电焊接桩质量、桩体垂直度。

（3）施工结束后，应做承载力检验及桩体质量检验。

3.1.3 基坑支护技术

综合管廊的埋深、管廊与道路及周边建（构）筑物的平面布置关系以及管廊与道路的先后施工顺序，是决定管廊基坑支护的关键因素。管廊标准段的基坑开挖深度一般在 7.0m 左右；在一些特殊部位如穿越涵洞处、两条管廊的交叉节点及个别附属设施如污水提升泵站等，基坑开挖深度会深一些，但是多数也在 14.0m 以内。

1. 基坑支护设计安全等级

《建筑基坑支护技术规程》JGJ 120 规定基坑支护设计时，应综合考虑基坑周边环境和地质条件的复杂程度、基坑深度等因素，确定支护结构的安全等级，见表 3-2。对同一基坑的不同部位，可采用不同的安全等级。

支护结构的安全等级 **表 3-2**

安全等级	破坏后果
一级	支护结构失效、土体过大变形对基坑周边环境或主体结构施工安全的影响很严重
二级	支护结构失效、土体过大变形对基坑周边环境或主体结构施工安全的影响严重
三级	支护结构失效、土体过大变形对基坑周边环境或主体结构施工安全的影响不严重

多地结合自身地域特点和要求，对上述规程的基坑分级作了细化规定。如天津市标准

《建筑基坑工程技术规程》DB29-202，根据基坑深度、周围环境条件及破坏后果，将基坑工程划分为三个支护设计等级，见表3-3。

支护结构设计等级　　表3-3

设计等级	划分标准
甲级	基坑开挖深度大于等于14.0m，在基坑影响范围内有必须保护的建筑物、道路、立交桥、地铁、煤气或天然气管道、大型压力水管、大型重力流管线或有压管等建(构)筑物及管线，破坏后果很严重
乙级	除甲级和丙级以外的基坑
丙级	基坑开挖深度小于5.0m，周围环境无特别保护要求，破坏后果不严重的基坑

上海市标准《基坑工程技术规范》DG/TJ08-61，考虑因素更多，划分更加详细。根据基坑开挖深度等因素，将基坑工程安全等级分为三级：

(1) 基坑开挖深度大于等于12m或基坑采用支护结构与主体结构相结合时，属一级安全等级基坑工程；

(2) 基坑开挖深度小于7m时，属三级安全等级基坑工程；

(3) 除一级和三级以外的基坑均属二级安全等级基坑工程。

该规范还根据基坑周围环境的重要性程度及其与基坑的距离，将基坑工程环境保护等级分为三级，见表3-4。

基坑工程的环境保护等级　　表3-4

环境保护对象	保护对象与基坑的距离关系	基坑工程的环境保护等级
优秀历史建筑、有精密仪器与设备的厂房、其他采用天然地基或短桩基础的重要建筑物、轨道交通设施、隧道、防汛墙、原水管、自来水总管、煤气总管、共同沟等重要建(构)筑物或设施	$s \leqslant H$	一级
	$H < s \leqslant 2H$	二级
	$2H < s \leqslant 4H$	三级
较重要的自来水管、煤气管、污水管等市政管线、采用天然地基或短桩基础的建筑物等	$s \leqslant H$	二级
	$H < s \leqslant 2H$	三级

注：1. H 为基坑开挖深度，s 为保护对象与基坑开挖边线的净距；

2. 基坑工程环境保护等级可依据基础各边线的不同环境情况分别确定；

3. 位于轨道交通设施、优秀历史建筑、重要管线等环境保护对象周边的建筑工程，应遵照政府有关文件和规定执行。

以上分级划分标准和划分等级各有不同，但无论行业标准，还是地方标准，可以看出一级（甲级）基坑最重要，二级（乙级）基坑次之，最后是三级基坑。就同一管廊工程的基坑而言，可能包含各个不同等级的基坑，也可能只有一个等级的基坑。

2. 管廊基坑支护结构的种类

管廊基坑支护，综合考虑施工便捷、成本经济、安全高效等因素，常用到的支护形式主要有土钉墙支护、型钢水泥土搅拌墙支护、钢板桩支护、排桩支护。地下连续墙支护是比较昂贵的支护形式，只有在特殊部位（如：两条管廊的交叉节点等）基坑深度10m以上、周边环境要求较高、防水抗渗要求严格等情况下才适用，通常情况下不宜用于管廊标准段基坑支护。

(1) 土钉墙支护

土钉墙适用于地下水位以上或者经人工降水后的人工填土、黏性土和弱胶结砂土地层，不适用于淤泥质土、淤泥土、新近填土、膨胀土及含水丰富的粉细砂、中细砂、中粗砂等地层。对于变形要求较为严格的基坑（如一级基坑）、一般深度超过 10m 的基坑、对支护构件越出红线有严格控制的场地或地区、基坑边坡潜在滑动面有建筑物、重要管线时，都不适宜采用土钉墙支护；对于非软土地层，深度大于 10m、小于 15m 的基坑，或周边环境对基坑变形控制较为严格的基坑，可采用土钉墙与预应力锚杆结合的复合支护。

（2）型钢水泥土搅拌墙支护

型钢水泥土搅拌墙，通常称为 SMW 工法墙，即在连续套接的三轴水泥土搅拌桩内插入 H 型钢，形成的复合挡土隔水结构，适宜在场地狭窄、严禁遗留刚性地下障碍物的情况下采用，插入的型钢在基坑使用寿命结束之后可以回收，具有节约投资的特点。在设置常规支撑的情况下，搅拌桩直径为 650mm 的型钢水泥土搅拌墙，一般开挖深度不大于 8.0m；搅拌桩直径为 850mm 的，一般不大于 11.0m；搅拌桩直径为 1000mm 的，一般不大于 13.0m。

型钢水泥土搅拌墙支护，适用土层范围较广，包括填土（包括经真空预压处理后的滨海吹填地基）、淤泥质土、黏性土、粉土、砂性土、饱和黄土等，如果采用预钻孔工艺，还可以用于较硬质地层（如坚硬砂砾地层），但一般不适用于淤泥、泥炭土、有机质土、地下水具有腐蚀性的地层，典型支护示意见图 3-1。

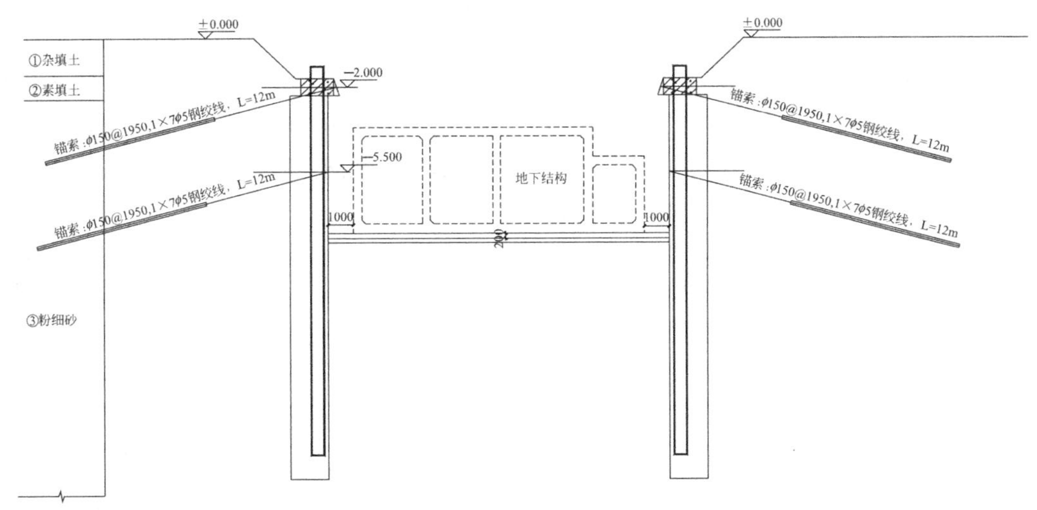

图 3-1　型钢水泥土搅拌墙支护断面

对于基坑渗漏高度敏感的基坑，比如邻近运行中地铁区间的基坑、水力联系丰富的邻江（河湖）基坑，可采用 TRD 工法或 CSM 工法成墙，然后在墙中插入型钢形成新型型钢水泥土搅拌墙，具有水泥土搅拌均匀、墙体连续等厚度、隔水性能好等特点。

（3）钢板桩支护

钢板桩支护比较常见，常用的钢板桩有两类：一类是以拉森桩为代表的带有锁口的钢板桩，通过锁口的连接，形成既能挡土又能挡水的连续的钢板桩墙；一类是以热轧 H 型钢或工字钢为支挡结构，多以一丁一顺形式排列的挡土结构，不起隔水作用。

对管廊基坑而言，一般根据基坑深度、土层差异和周边环境的不同，一般采用在钢板桩内侧设置单道钢支撑或多道钢支撑（以不超过三道钢支撑为宜），以限制基坑侧壁位移、保障基坑安全。在地下水位较高的地区，多在一丁一顺型钢支挡结构外侧设置搅拌桩隔水帷幕。钢板桩在完成支护基坑的使命后可拔出，因此是一种可重复利用的支护结构。

钢板桩几乎适用于除土质坚硬密实或含有较多漂石地层外的其他所有地层，热轧H型钢或工字钢支护一般适用于深度7m以内的基坑，拉森桩支护一般适用于深度10m以内的基坑。

(4) 排桩支护

排桩支护体是利用常规的各种桩体，例如钻孔灌注桩、预制桩及混合式桩等，按一定间距或连续咬合排列，形成的支护结构，一般适用于中等开挖深度（6～10m）或再略微深一些（≤20m）的基坑围护。不同组合形式可起挡土作用或同时起到挡土、止水的作用。常用且挡土效果明显的有钻孔灌注桩、预制桩；挡土隔水效果明显的有钻孔灌注桩＋搅拌桩（或旋喷桩）、预制桩＋搅拌桩（或旋喷桩）；根据基坑深度及支护结构承受荷载不同，有悬臂式排桩支护和单撑（单锚）或多撑（多锚）排桩支护。

(5) 无支护放坡开挖

管廊工程中，当场地允许并能保证土坡稳定时，可采用无支护放坡开挖。放坡开挖的分级数量、放坡系数、缓台宽度、是否设置抗滑桩、坡面防护措施等，均须根据水文地质条件、坡顶荷载经计算确定，有时需要考虑雨期施工、周边绿化灌溉等不利因素的影响；隔水方式须参照当地工程经验。土坡的稳定受地下水的影响，因此当地下水位位于开挖面以上时，应采取降水措施；采用一级放坡时，一般坡顶设置降水井，多级放坡时在坡顶和缓台均宜设置降水井，以充分降水固结边坡，同时起隔水作用，阻止周边的地下水进入基坑；当设置隔水帷幕时，帷幕底部应进入相对不透水层或开挖面以下一定深度，基坑内降水井应浅于帷幕底≥1.5m，防止地下水绕流。

一般来讲，软土地区一级放坡的基坑深度不超过4.0m，二级放坡的基坑深度不超过7.0m，边坡坡度一般不大于1∶1.5，多级放坡的缓台宽度不应小于1.5m。对水文地质条件较好的地区，可根据计算结果并结合当地工程经验确定边坡坡度等参数，一般坡度都可比软土地区减小。

(6) 内支撑系统及锚杆

除放坡开挖的基坑和土钉墙支护的基坑，一般管廊基坑的支护体系由内支撑或锚杆与围护结构共同组成。对支护构件越出红线有严格控制的场地或地区不适宜使用锚杆，当地下环境不允许残留锚杆杆体时，应采用可拆芯式锚杆。

1) 内支撑系统

内支撑系统一般由水平支撑、竖向支撑（竖托柱、桩）、冠梁及围檩（腰梁）组成，水平支撑的跨度<10.0m时，可不考虑设置竖向支撑。水平支撑可采用钢或钢筋混凝土，也可根据实际情况采用钢和钢筋混凝土的组合；竖向支撑由竖托柱及其下的竖托桩组成，常用的竖托柱分钢格构柱和钢管柱两类，竖托桩一般为灌注桩，可利用主体结构工程桩；冠梁一般为钢筋混凝土结构；围檩一般与水平支撑对应，钢支撑常用型钢组合围檩（多用于SMW工法桩和钢板桩围护），特殊情况下也可采用钢筋混凝土支撑及围檩，并浇筑为一体。

对管廊工程而言，一般内支撑为钢支撑，并且采用对撑体系。钢支撑具有自重轻、安装拆除方便、施工速度快、可重复使用的优点，并且安装后能立即发挥作用；面积较大的深基坑一般第一道采用钢筋混凝土支撑，第二道采用钢支撑，以提高支撑系统的整体刚度。

管廊对撑杆件的水平间距在满足设计计算的同时，要尽量满足土方开挖的要求。当采用钢筋混凝土围檩时，对撑水平间距不宜大于 9.0m；采用钢围檩时，对撑水平间距不宜大于 5.0m，在支撑端部设置八字撑，八字撑宜左右对称，与围檩的夹角不大于 60°。

2）锚杆

面积较大的管廊基坑支护常用的是灌浆型预应力钢绞线锚杆，也有的是预应力钢绞线锚杆和高强钢筋锚杆组合。锚杆由锚头、自由段和锚固段三部分组成：锚固段是由水泥浆或水泥砂浆将杆体包裹并与土体粘结在一起而形成的锚固体；自由段设置套管将杆体和浆液隔离，以便自由段利用弹性伸长将拉力传递给锚固体；锚杆杆体使用较多的是钢绞线，也有高强螺纹钢筋。锚杆可与土钉墙、SMW 工法墙、钢板桩、排桩支护的任一种组合，共同组成基坑支护体系，其优点是非常明显的：

①能够提供开阔的施工空间，极大地方便土方开挖和主体结构施工；与土钉结合，可适用于较深（非软土地层，深度大于 10m、小于 15m）的基坑；

②对周围土体的扰动小，在锚杆以下土层开挖前，即可提供抗力，并且在预应力的作用下，可控制变形发展；

③锚杆的作用部位、方向、间距、密度和施工时间可根据周边环境及需要灵活调整；对于不允许地下残留杆体的场地，可采用可拆芯式锚杆；对越出红线有严格限制时，可采用扩孔锚杆、二次注浆等，在不降低承载力的前提下，缩短锚杆长度；

④代替钢或钢筋混凝土支撑，可节省大量钢材和混凝土，减少消耗，是绿色施工技术；

⑤锚杆的抗拔力需通过试验来验证，保证设计的安全性。锚杆不宜在淤泥、淤泥质土、泥炭、泥炭质土及松散填土层内使用。

3. 基坑支护的工作内容

一项工程的基坑支护包括支护设计、支护结构施工、降水及土方开挖、基坑监测等工作内容。

基坑支护设计须具有资质的设计单位完成，一项完整的基坑支护设计包括竖向围护结构、基坑周边的隔水层（隔水帷幕）、水平支撑（或拉锚）、降水井（或排水沟）、局部深坑支护设计、基坑支护与开挖施工及监测要求等。基坑支护设计之前应收集下列资料：

1）岩土工程的勘察报告；

2）用地红线图、建筑总平面图、地下结构平面图和剖面图；

3）邻近建（构）筑物和地下设施的类型、分布情况、结构概况；

4）场地周围地下管线的分布、埋深、类型等资料。

支护结构施工指由专业施工队伍完成的竖向围护结构、隔水层（止水帷幕）、水平支撑（或拉锚），以及局部地基加固等。SMW 工法墙、排桩类竖向围护结构及隔水帷幕，均须在土方开挖前完成，并达到设计要求的强度；土钉、锚杆与土方开挖穿插进行，先沿基坑周边开挖满足土钉、锚杆施工的工作面（工作面宽度按相应位置土钉、锚杆长度加合理工作宽度确定），深度为坡面土钉或锚杆中心线以下 200mm，待土钉或锚杆完成并养护达到设计要求的强度，再开挖基坑周边下一层土方。

常用的基坑降水形式主要有轻型井点降水和管井降水两类。管廊基坑开挖深度常超过5m，均应进行基坑监测。基坑监测由具有资质的独立于施工方和建设方的第三方单位完成，监测对象包括7个方面：支护结构、地下水状况、基坑底部及周边土体、周边建筑、周边管线及设施、周边重要的道路、其他应监测的对象。根据《建筑基坑工程监测技术规范》GB 50497，仪器监测的项目见表3-5。

建筑基坑工程仪器监测项目表 表3-5

监测项目＼基坑类别		一级	二级	三级
围护墙(边坡)顶部水平位移		应测	应测	应测
围护墙(边坡)顶部竖向位移		应测	应测	应测
深层水平位移		应测	应测	宜测
立柱竖向位移		应测	宜测	宜测
围护墙内力		宜测	可测	可测
支撑内力		应测	宜测	可测
立柱内力		可测	可测	可测
锚杆内力		应测	宜测	可测
土钉内力		宜测	可测	可测
坑底隆起(回弹)		宜测	可测	可测
围护墙侧向土压力		宜测	可测	可测
孔隙水压力		宜测	可测	可测
地下水位		应测	应测	应测
土体分层竖向位移		宜测	可测	可测
周边地表竖向位移		应测	应测	宜测
周边建筑	竖向位移	应测	应测	应测
	倾斜	应测	宜测	可测
	水平位移	应测	宜测	可测
周边建筑、地表裂缝		应测	应测	应测
周边管线变形		应测	应测	应测

4. 支护结构施工

(1) 土钉墙施工

土钉有钢筋土钉和钢管土钉，有击入式土钉和钻孔植入土钉；击入式有冲击打入、静力压入和自钻植入，成孔方式有人工洛阳铲成孔和机械成孔，机械成孔又分为干成孔和湿成孔两大类，因此其施工工艺随土钉和施工机械的不同而不同。下面以干成孔钢筋土钉墙支护为例作简要说明。

1) 施工工艺流程

土钉：开挖工作面→修整边坡→测放土钉位置→钻机就位→钻孔至设计深度、清孔→安装土钉→压力灌浆→移至下一孔位。在完成一段土钉之后，即可进行面层喷射混凝土施工。

面层喷射混凝土：面层平整→绑扎钢筋网片、干配混凝土料→安装泄水管→喷射混凝土→养护。

2）施工要点

①挖土及修坡

土钉应按照设计规定分层、分段开挖，做到随时开挖随时支护，随时喷射混凝土，在完成上层作业面的土钉与混凝土以前，不得进行下一层土的开挖。

②钻孔

a. 采用干作业法钻孔时，要注意钻进速度，避免卡钻。要把土充分倒出后再拔钻杆，这样可减少孔内虚土，方便钻杆拔出。

b. 在钻进过程中随时注意速度、压力及钻杆平直，待钻至规定深度后根据情况用气或水反复冲洗钻孔中泥砂，直至清洗干净，然后拔出钻杆。

c. 钻进时要比设计深度多100～200mm，以防深度不够。

③土钉的安设

土钉应由专人制作，接长采用电弧焊，按间距1000～2000mm设对中架，钻孔后应立即插入土钉以防塌孔。

④注浆

a. 注浆通常采用简便的重力式注浆，使用钢管或PVC管插入孔内注浆。条件许可时也可采用压力注浆，此时应设置止浆塞，注满后保持压力1～2min，注浆压力0.4～0.6MPa。

b. 灌注材料采用水泥浆，水灰比宜为0.45～0.55，宜采用32.5普通硅酸盐水泥，为加快凝固，可掺速凝剂，但使用时要搅拌均匀，搅拌时间不小于2min，整个灌注过程宜在4min内完成，每次搅拌的浆液要做2h内用完。

c. 每次注浆完毕，应用清水冲洗管路，以便下次注浆时能够顺利进行。

⑤喷射混凝土

a. 按照设计要求修整边坡，坡面的平整度允许偏差为±20mm，喷射前松动部分应予以清除。土钉墙顶的地面应做混凝土护面，宽度1m左右，在坡面和坡脚应采取适当的排水措施。

b. 在喷射混凝土前，面层内的钢筋网片应牢固固定在边坡壁上，并应符合下列要求：

（a）钢筋使用前必须调直、除锈；

（b）钢筋与坡面的间隙不应小于20mm，符合保护层要求，可用短钢筋插入土中固定；

（c）钢筋网片采用绑扎方式，网格允许偏差10mm，钢筋搭接长度不小于一个网格的边长，并不小于30d钢筋直径。

3）喷射混凝土的厚度为80～100mm，强度等级不小于C20，优先选用早强型硅酸盐水泥和普通硅酸盐水泥，采用湿法喷射时水灰比宜为0.42～0.5，现场过磅计量。喷射作业应分段、分片进行，同一段应自下而上，喷头与受喷面距离宜控制在0.8～1.5m范围内，射流方向垂直指向喷射面，为保证喷射混凝土厚度达到规定值，可在边壁上垂直插入短钢筋作为标志。喷射混凝土终凝2h后，应进行养护，24h后应喷水养护。

当喷射混凝土厚度超过 100mm 时，应分层喷射。先在坡面喷射不超过 40mm 厚的混凝土，然后安装钢筋网片，第一层混凝土终凝后再喷最后一层混凝土。

（2）型钢水泥土搅拌墙施工

型钢水泥土搅拌墙（SMW 工法墙）由三轴水泥土搅拌桩、插入其中的型钢、冠梁组成，在水泥土未结硬之前插入 H 型钢，搭接施工的相邻桩的施工间歇时间不宜超过 12h，不应超过 24h。

1）施工工艺流程

测量放样→开挖沟槽→设置导向定位型钢→三轴搅拌桩机就位，校正复核桩机水平度和垂直度→拌制水泥浆液，开启空压机，送浆至桩机钻头→采用两搅两喷工艺，钻头喷浆、气并切割土体下沉至设计桩底再返回桩顶→H 型钢垂直起吊、定位，校核垂直度→插入、固定 H 型钢→下一循环施工→三轴搅拌机退场，清理涌土→冠梁施工→（挖土、安装内支撑，管廊主体结构施工，回填土）→拔除 H 型钢。

2）施工要点

①开沟槽

a. 根据测定的水泥土搅拌桩中心线，使用挖掘机沿中心线纵向开掘导向沟槽，以满足桩机就位及存放上返泥浆的要求。沟槽宽度以搅拌桩宽度加 350～400mm 为宜，深度以 1200～1500mm 为宜。

b. 场地遇有地下障碍物时，应破除干净并回填压实，重新开挖沟槽。如遇较深的暗浜区，应对浜土的有机物含量进行调查，若影响成桩质量则应清除换土。

②安装定位型钢

在平行导向沟的槽边设置定位 H 型钢，定位型钢必须放置固定好，必要时相互点焊连接固定，保持上表面大致水平，在定位型钢上标出搅拌桩和型钢插入位置。定位型钢规格一般按表 3-6 选用。

定位型钢选用 **表 3-6**

搅拌桩直径（mm）	上定位型钢		下定位型钢	
	规格	长度（m）	规格	长度（m）
650	H300×300	8～12	H200×200	2.5
850	H350×350	8～12	H200×200	2.5
1000	H400×400	8～12	H200×200	2.5

③桩机就位

桩机就位、移动前应全方面观察，发现有障碍物应及时清除，移动结束后检查定位情况并及时纠正，就位平面误差±20mm。桩机应平稳，开钻前用水平尺将平台调平，并调直机架，确保机架垂直度不大于 1/250。

④喷浆、搅拌成桩

a. 水泥宜采用强度等级不低于 P·O42.5 级的普通硅酸盐水泥，材料用量和水灰比应结合土质条件和机械性能等指标通过现场试验确定，并宜符合表 3-7 的规定，在填土、淤泥质土等特别软弱的土中以及在较硬的砂性土、砂砾土中钻进速度较慢时，水泥用量宜适当提高。

搅拌桩材料用量及水灰比表 **表 3-7**

土质条件	单位被搅拌土体中的材料用量		水灰比
	水泥(kg/m³)	膨润土(kg/m³)	
黏性土	≥360	0～5	1.5～2.0
砂性土	≥325	5～10	1.5～2.0
砂砾土	≥290	5～15	1.5～2.0

b. 在施工中根据地层条件、搅拌桩深度，确定并严格控制钻机下沉速度和提升速度，确保搅拌时间。钻头下沉速度宜为 0.5～1m/min，提升速度宜为 1.0～2.0m/min，均应匀速下钻、匀速提升，下沉和提升过程中均应喷浆搅拌，对含砂量大的土层，宜在搅拌桩底部 2～3m 范围内上下重复喷浆搅拌一次。当邻近保护对象时，搅拌下沉速度宜控制在 0.5～0.8m/min，提升速度宜控制在 1m/min 内；喷浆压力不宜大于 0.8MPa。

⑤插入、固定 H 型钢

a. 型钢接头位置应避开支撑位置或开挖面附近等型钢受力较大处；相邻型钢的接头竖向位置宜相互错开，错开距离不宜小于 1m，且型钢接头距离基坑底面不宜小于 2m；单根型钢中焊接接头不宜超过 2 个。接头焊缝不应低于Ⅱ级。在腹板中心距 H 型钢顶端 200mm 处开一个圆形孔，孔径约 100mm，作为插入型钢时的吊装孔。

b. 对于要拔出的 H 型钢，插入前要在型钢表面均匀涂刷减摩剂，并晾干。基坑开挖后，设置支撑钢牛腿时，须清除型钢外露部分的涂层，方能电焊。地下结构完成后拆除支撑，清除钢牛腿和牛腿周围的混凝土，并磨平型钢表面，重新均匀涂刷上减摩剂，否则型钢难以拔出。

c. 待水泥土搅拌桩施工完毕后，吊机应立即就位，准备吊放 H 型钢。型钢必须保持垂直状态，垂直度偏差不大于 1/200。型钢宜在搅拌桩施工结束后 30min 内插入。

(a) 插入型钢前，在桩机定位型钢架上安装插入 H 型钢的导向架，然后将 H 型钢底部中心对正桩位中心，沿导向架依靠自重缓慢、垂直插入水泥土搅拌桩内。最后将 H 型钢穿过吊筋搁置在导向架上，待水泥土搅拌桩达到一定硬化时间后，将吊筋与导向架、沟槽定位型钢撤除。

(b) 若 H 型钢依靠自重插放达不到设计标高时，则需施加静力（必要时加震锤）辅助下沉，下插过程中跟踪控制 H 型钢垂直度。严禁采用多次重复起吊型钢并松钩下落的插入方法，也不得采用自由落体式下插，防止 H 型钢的标高、平面位置、垂直度超差。

⑥冠梁施工

型钢水泥土搅拌墙的顶部应设置封闭的钢筋混凝土冠梁，冠梁宜与第一道支撑的围檩合二为一。型钢顶部高出冠梁顶面不应小于 500mm，型钢与冠梁间的隔离材料应采用不易压缩的材料。

⑦拔除 H 型钢

在围护结构完成使用功能，管廊外壁与搅拌墙之间回填密实后，可拔除 H 型钢。根据基坑周边环境，可采用跳拔、限制每日拔除数量等措施，减小对环境的影响。一般利用吊车配合液压千斤顶拔除，搅拌墙外侧场地应具有超过吊车回转半径 6m 的施工作业面顶升夹具将 H 型钢夹紧后，用千斤顶反复顶升夹具，直至吊车配合将 H 型钢拔出。拔出过程中吊车应对逐渐升高的型钢跟踪提升，直至全部拔出，运离现场。型钢拔出后留下的空隙应及时注浆填充。

(3) 拉森钢板桩施工

拉森钢板桩和型钢钢板桩的沉桩机械种类繁多，目前在管廊工程中应用较多的是振动液压打桩机，使用该机械施工拉森钢板桩和型钢钢板桩的方法基本相同，本小节仅讲述拉森钢板桩的施工。

1) 施工工艺流程

钢板桩准备→放设沉桩定位线→根据定位线控设沉桩导向槽→整修平整施工机械行走道路→打桩→（基坑支撑→挖土→管廊结构施工→填土）→拔除钢板桩。

2) 施工要点

①打桩前准备

打桩前，在板桩的锁口内涂油脂，以方便打入拔出。施打前一定要熟悉地下管线、构筑物的情况，进行必要的迁改、清理。测量出钢板桩的轴线，可每隔一定距离设置导向桩，导向桩直接使用钢板桩，然后挂绳线作为导线，打桩时利用导线控制钢板桩的轴线。

②钢板桩施打

a. 钢板桩用吊机带振锤施打，其主要设备是吊机（或去掉挖斗的挖掘机）加上高频液压振动锤。在插打过程中随时测量监控每块桩的斜度不超过 1%，当偏斜过大不能用拉齐方法调正时，拔起重打。

b. 最初的第一、二根钢板桩要确保沉桩精度，以保证后续沉桩竖直以及基坑开挖时的防水效果。用两台经纬仪在两个方向控制其垂直度，现场准备导链等常用工具，以保证对其随时纠偏，每完成 3m 测量校正 1 次，确保在同一纵直线上。

c. 管廊工程钢板桩施打较多采用屏风式打入法，屏风式打入法不易使板桩发生屈曲、扭转、倾斜和墙面凹凸，打入精度高，易于实现封闭合拢。施工时，将 10～20 根板桩成排插入导架内，使它呈屏风状，然后再施打。通常将屏风墙两端的一组板桩打至设计标高或一定深度，严格控制垂直度并用电焊固定在围檩上，然后在中间按顺序分 1/3 或 1/2 板桩高度打入。

屏风式打入法的施工顺序有正向顺序、逆向顺序、往复顺序和复合顺序等。施打顺序对板桩垂直度、位移、轴线方向的伸缩、板桩墙的凹凸及打桩效率有直接影响。因此，施打顺序是板桩施工工艺的关键之一。其选择原则是：当屏风墙两端已打设的板桩呈逆向倾斜时，应采用正向顺序施打；反之，用逆向顺序施打；当屏风墙两端板桩保持垂直状况时，可采用往复顺序施打；当板桩墙长度很长时，可用复合顺序施打。

钢板桩打设的允许偏差如表 3-8 所示。

钢板桩打设的允许偏差 **表 3-8**

项目	允许偏差	项目	允许偏差
钢板桩轴线偏差	±100mm	钢板桩垂直度	≤1%
钢桩顶标高	±100mm		

③钢板桩拔除

拔桩采用液压振动锤，利用振动锤产生的强迫振动，扰动土质，破坏板桩周围土的黏聚力以克服拔桩阻力，依靠附加起吊力将桩拔除。

a. 拔桩机械在满足拔桩要求的前提下，要尽量远离钢板桩，减小钢板桩所受的侧压力，以便顺利拔桩。

b. 对封闭式板桩墙，拔桩起点应离开角桩 5 根以上。可根据沉桩时的情况确定拔桩起点，必要时也可用跳拔的方法。拔桩的顺序最好与打桩时相反。

c. 对引拔阻力较大的板桩，采用间歇振动的方法，每次振动 15min，振动锤连续振动不超过 1.5h。

d. 可在桩侧堆积中砂或细砂，边振动拔桩边沉入砂子，将桩孔填满。

（4）长螺旋钻孔压灌桩施工

长螺旋钻孔压灌桩是采用长螺旋钻机钻孔至设计标高，在提钻的同时利用混凝土泵通过钻杆中心通道将混凝土从钻头底压出，边压灌混凝土边提升钻头直至成桩，然后利用专用装置将钢筋笼一次插入混凝土桩体，形成钢筋混凝土灌注桩；后插入钢筋笼的工序应在压灌混凝土工序后连续进行。与普通水下灌注桩相比，长螺旋钻孔压灌桩不需要泥浆护壁，无泥皮、无沉渣、无泥浆污染，施工速度快。

该桩型根据不同的机械，插入钢筋笼的方式有两种：一种是挂在专用振动钢管外压入；一种是套在振动装置的环箍内侧压入。

该桩适用于一般地层，尤其地下水位以上的黏性土、粉土、砂土、砾石、非密实的碎石类土、强风化岩等地质条件。当卵石粒径较大或卵石层较厚时，应分析长螺旋钻孔机钻进成孔的可能性。

该桩型常采用隔桩跳打的施工方法，特别是桩间距小于 1.3m 的饱和粉细砂及软土层部位，以避免相邻桩壁受挤压坍塌造或缩颈，以及影响先施工支护桩混凝土的正常凝结硬化。

1）施工工艺流程：场地平整及桩点确定→钻机就位→钻进→第一次提钻清土→钻进→停钻→提钻压灌→停灌提钻清土→下钢筋笼、振捣→养护，成桩步骤如图 3-2 所示。

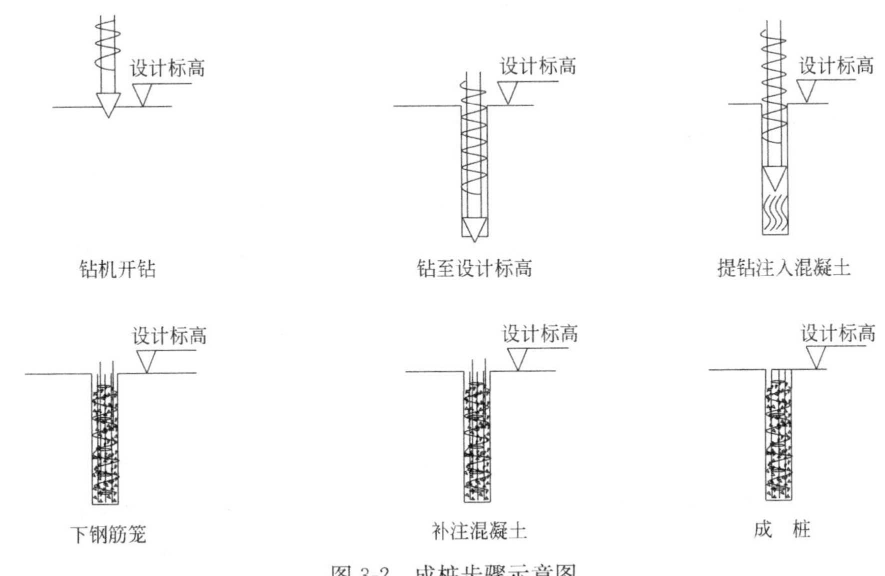

图 3-2　成桩步骤示意图

2）施工要点

①场地平整及桩点确定：桩顶标高确定后要先平整场地，平整后的标高为桩顶标高加虚桩高度，因此如果自然地坪高于此值，则需挖除多余部分。

②钻机就位：钻机按桩点就定后，使钻头尖与桩位点垂直对准，并调整好钻杆的垂直度，如发现钻尖离开点位要重新调整，重新稳点，钻头与桩位偏差不得大于20mm。

③泵输送管道检查：首先将混凝土泵输送管、钻杆内的残渣清洗干净，为防止泵送混凝土过程中输送管路堵塞，应先在地面打砂浆进行润管。

④开钻：开钻时钻头插入地面不小于100mm，钻机启动空转10s后开始匀速下钻。

⑤钻进：钻进过程中随时观察地下土层变化，是否与地质勘察报告一致，如发现异常情况、不良地质情况或地下障碍时要停止钻进，商议解决办法后继续施工。

支护桩平面位置允许偏差：沿基坑侧壁方向100mm，垂直基坑侧壁方向150mm；孔深允许偏差：0～＋300mm。

⑥泵送混凝土：钻机钻到设计孔底标高后，开始提钻200～500mm泵送混凝土，边提钻边泵送混凝土直至设计标高（提钻速率按试桩工艺参数控制），控制提钻速率与混凝土泵送量相匹配，保持料斗内混凝土的高度不低于400mm，并始终保持灌注混凝土面超出钻头1～2m。混凝土宜采用和易性较好的预拌混凝土，初凝时间不少于6h。灌注前坍落度宜为220～260mm。

当遇土质为易塌孔的饱和粉土等地层时，可直接压灌混凝土而不预先提钻。

混凝土灌注充盈系数不得小于1.0。

冬期施工时，混凝土的入孔温度不得低于5℃，混凝土输送管道采取保温措施；当气温高于30℃时，可在混凝土输送泵管上覆盖两层湿草袋，每隔一段时间洒水湿润，降低混凝土输送泵管温度，防止管内混凝土失水离析，堵塞泵管。

⑦插入钢筋笼：将预制的钢筋笼抬吊到孔口，利用钻机自备吊钩放入孔中，安装专用振机，钢筋笼顶部与振动装置应进行连接。钢筋笼应保证垂直、居中插入桩混凝土中。

振动钢管法插入钢筋笼：先依靠钢筋笼与振动钢管的自重缓慢插入，插入速度宜控制在1.2～1.5m/min，当依靠自重不能继续插入时，开启振动装置，使钢筋笼下沉到设计深度，断开振动装置与钢筋笼的连接，缓慢连续振动拔出钢管。钢筋笼应连续下放，不宜停顿，下放时禁止采用直接脱钩的方法。用仪器测定标高后固定钢筋笼。

专用插筋器法插入钢筋笼：将钢筋笼套在插筋器的环箍内侧，利用插筋器和钢筋笼的自重缓慢插入混凝土中（插筋器始终在钢筋笼顶，不进入混凝土中），如果依靠自重不能继续插入时，开启插筋器对钢筋笼施加振动力，使下沉到设计深度，断开专用插筋器与钢筋笼的连接，并在桩顶固定钢筋笼。

⑧清理孔口：钢筋笼固定后，清理干净孔口，确保混凝土初凝前孔口无虚土掉入，桩顶保护长度不应小于0.3m。

（5）预应力矩形空心桩的施工

钢筋混凝土预制桩用于基坑支护的主要有板桩支护、预应力管桩支护和预应力矩形桩支护，总体而言应用都较少。预应力矩形桩用于基坑支护是近些年发展起来的，与传统的管桩和灌注桩相比，具有桩身质量好、抗弯刚度大、施工方便、不需要截桩、绿色环保、施工工期短、造价低等优点，与常规钻孔桩相比可节省造价20％～40％，与管桩相比，在同样的支护桩净间距下能提供较大的水平承载力。其单桩最长可达 15m，还可以通过焊接接长，常见的断面 375mm×500mm，内孔 210mm，最深已用于深度 10m 的基坑支护，常用于一般深度（5～7m）的基坑支护，可满足管廊的埋深要求。预制桩的打桩方法主要有锤击法、振动法及静力压桩法，具体施工参见 3.1.2 桩基施工。

（6）预应力钢绞线锚杆施工

基坑支护常用的是预应力钢绞线锚杆和高强度钢筋锚杆，钢筋锚杆承载力较小，钢绞线锚杆承载力较大，本节主要简述预应力钢绞线锚杆施工方法。锚杆正式施工前应按规范进行钻孔、注浆与锁定的试验性作业，考核施工工艺及施工设备的适用性；施工中应对锚杆位置、钻孔直径、钻孔深度和角度、锚杆杆体长度和杆体插入长度进行检查，也应对注浆压力、注浆量和锚杆预应力等进行检查。

1）钻孔

根据不同的土质情况，选用适宜的锚杆钻孔机械，在穿越填土、砂卵石、碎石、粉砂等松散地层以及地层受扰动导致水土流失会危及邻近建筑物或公用设施的稳定时，常用套管护壁的跟管钻进工艺，多使用回转钻机，在坚硬地层中，多用带金刚石钻头和潜水冲击器的旋转钻机。回转钻机成孔时，水压力控制在 0.15～0.30MPa，连续注水，钻进速度 300～400mm/min，钻进至规定深度后，应彻底清孔，至出水清澈为止。当锚杆处于地下水位以上时，可采用不护壁的螺旋钻孔干作业成孔，对黏土、粉质黏土、密实性和稳定性较好的砂土等土层都适用。

孔深允许偏差 50mm，孔径允许偏差 5mm，孔距允许偏差 100mm，成孔倾斜角允许偏差 5%。

2）杆体制作及安放

锚杆钢绞线一般为整盘包装，应采用切割机切割下料，不得使用电弧切割。杆体自由段应设置隔离套管（一般为聚丙烯防护套），不得用涂抹黄油代替。为保证钢绞线安放在钻孔的中心，防止自由段产生过大挠度和插入钻孔时不搅动土壁，并保证钢绞线有足够的水泥浆保护层，在钢绞线的表面设置定位器，定位器的间距在锚固段为 2m 左右，在自由段为 4～5m。杆体外露尺寸应满足腰梁（冠梁）、台座尺寸及张拉锁定的要求；在推送过程中，用力要均应，避免损坏锚固配件和防护层，推送困难时，宜将锚索抽出查明原因后再推送，必要时对钻孔重新清洗。

在杆体组装、存放、搬运过程中，要做好防护，轻拿轻放，防止筋体锈蚀、防护体系损伤、泥土或油渍的附着和过大的残余变形。

3）注浆

预应力钢绞线锚杆采用水泥砂浆或素水泥浆一次注浆法。注浆管要与锚索一起送入孔底，注浆管一般为 10～25mm 的 PVC 软塑料管，管口距孔底 150mm，随着浆液的注入，逐步把注浆管拔出，但管口要始终埋在浆液中，直到孔口。待浆液流出孔口时，用软质材料填实孔口，并用湿黏土封堵孔口，严密捣实，再以 2～4MPa 的压力进行补灌，稳压数分钟。

自由段护管与孔壁间的间隙多与锚固段同时注浆。也有的在锚固段与自由段之间设置堵浆器，防止浆液进入自由段，并可对锚固段多次注浆，提高锚杆效果。

4）张拉锁定

当锚固体的强度达到设计强度的80%且大于15MPa以上时，可以进行张拉、锁定，一般在注浆7～10d后进行。钢绞线多采用夹片式组合锚头如JM12、QM系列等，配套的千斤顶可用YCQ-100、YCQ-200等，也可采用转接器形成螺丝端杆锚头。

锚杆张拉应按荷载分级进行，正式张拉前应取0.1～0.2的拉力设计值，对锚杆预张拉1～2次，使杆体完全平直，各部位接触紧密。锚索张拉一般要求定时分级加荷载进行，第一级张拉力可为设计的0.5倍，停留时间不少于5min；第二级张拉力可为设计的0.75倍，停留时间不少于5min；第三级张拉力可为设计的1.1倍，停留时间不少于5min，张拉时由专人操作机械，做好张拉记录。当锚索预应力没有明显衰减时，即可锁定到设计锁定值。

3.2 管廊结构建造技术

3.2.1 明挖现浇施工

1. 明挖现浇法概述

明挖现浇法是指综合管廊工程施工时，从地面向下分层、分段依次开挖，直至达到结构施工要求的尺寸和高程，然后在基坑中进行综合管廊主体结构和防水施工，最后回填至设计高程。

明挖现浇法具有施工简便、安全、经济、质量易保证等诸多优点，广泛适用于多种地质条件下的综合管廊施工，但是其施工时占地面积大，对周围环境和交通影响较大，一般要求有比较开阔的作业场地。

2. 明挖基坑施工技术

（1）基坑开挖总体要求

1）基坑开挖前，应根据工程地质与水文资料、结构和支护设计文件、环境保护要求、施工场地条件、基坑平面形状、基坑开挖深度等，确定开挖方案，并遵循“分层、分段、分块、对称、平衡、限时”和“先撑后挖、限时支撑、严禁超挖”的原则。

2）基坑开挖前，支护结构应严格按照支护专项方案进行施工，并验收合格，确保基坑开挖和结构施工安全；确保基坑邻近建筑物或地下管道正常使用。

3）基坑开挖时，应对支护结构和周边环境进行动态监测，实行信息化施工。

4）基坑开挖应对基坑施工影响范围内的混凝土管桩、CFG桩等及时分段截桩，或采取必要的临时加固措施，避免桩身自由高度过大受到碰撞而受损。

（2）放坡开挖

基坑土方开挖根据施工情况合理确定分段，分层开挖。为确保基坑施工安全，一级放坡开挖的基坑应按要求验算边坡稳定性，开挖深度一般不超过4.0m；多级放坡开挖的基坑，应同时验算各级边坡的稳定性和多级边坡的整体稳定性，开挖深度一般不超过7.0m；采用一级或多级放坡开挖时，放坡坡度一般不大于1∶1.5；采用多级放坡时，放坡平台宽度应严格控制不得小于1.5m，如图3-3所示。

当基坑边坡裸露时间较长，地下水位较高，为防止边坡受雨水冲刷和地下水侵入，可采取必要的护坡措施。

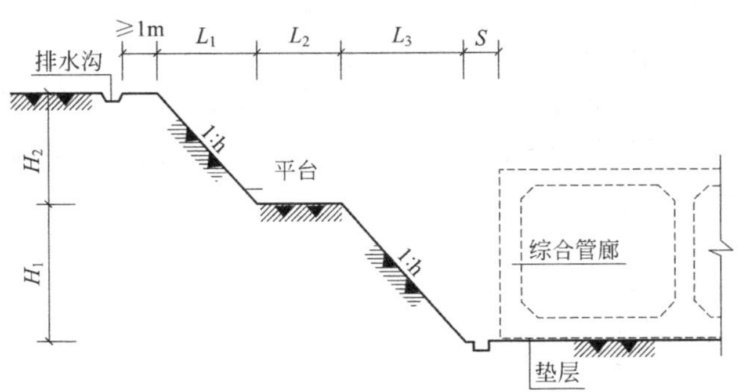

图 3-3 多级放坡挖土示意图

基坑周边使用荷载不得超过设计限值，基坑周边 1.2m 范围内不宜堆载，3m 以内限制堆载，坑边严禁重型车辆通行。当支护设计中已考虑堆载和车辆运行时，必须按设计要求进行，严禁超载。

(3) 有支撑的基坑开挖

应先开挖周边环境要求较低的一侧土方，再开挖环境要求较高的一侧的土方，根据基坑平面特点采用分块、对称开挖的方法，限时完成支撑或垫层。管廊标准段一般多为狭长形基坑，宜选择合适的斜面分层分段挖土方法；当采用斜面分层分段挖土方法时，一般以支撑竖向间距作为分层厚度，斜面可采用分段多级边坡的方法，多级边坡间应设置安全加宽平台，加宽平台之间的土方边坡不应超过二级，各级土方边坡坡度一般不应大于 1∶1.5，斜面总坡度不应大于 1∶3。

管廊与管廊交汇处、管廊与其他地下构筑物交汇处，基坑开挖面积一般较大，可根据周边环境、支撑形式等因素，选用岛式开挖、盆式开挖、分层分块开挖等方式。

(4) 基坑降排水

基坑降水应根据场地的水文地质条件、基坑面积、开挖深度、土层的渗透性等参数，选择合理的降排水类型、设备和方法，并编制专项的降水方案。常用的降排水方法和适用条件如表 3-9 所示。

常用的降排水方法和适用条件 **表 3-9**

降水方法＼适用范围	降水深度(m)	渗透系数(cm/s)	适用地层
集水明排	<5	$1\times10^{-7}\sim1\times10^{-4}$	含薄层粉砂的粉质黏土、黏质粉土，砂质粉土，粉细砂
轻型井点	<6		
多级轻型井点	6～10		
管井	>6	$>1\times10^{-6}$	含薄层粉砂的粉质黏土，砂质粉土，各类砂土，砾砂，卵石

3. 现浇管廊结构施工

现浇管廊结构施工主要包括模板及支撑系统分项、钢筋分项、现浇混凝土分项。

(1) 模板工程及支撑系统

综合管廊模板可采用木胶板、竹胶板、塑料模板、组合钢模板或具有早拆功能的组合铝合金模板等。模板安装流程：验线→墙体垂直参照线及墙角定位→安装导墙板、墙板及校正垂直度→安装顶板模板龙骨→安装顶板模板及调平→整体校正、加固→检查验收；墙体模板安装前应采用定位钢筋等定位措施，确保墙面的垂直度与墙体的结构尺寸；模板表面应清理干净，涂抹适量的脱模剂；龙骨在安装期间一次性用单支顶调好水平；对于管径较大的穿墙套管，模板宜采用非标钢模板加工。

1）常规模板支撑体系

支撑体系可采用碗扣式脚手架、扣件式脚手架、轮扣式脚手架、门式脚手架等，因管廊规格尺寸变化较少，脚手架选用的规格及尺寸相对稳定，局部特殊部位可采用扣件式脚手架进行处理。

扣件式钢管脚手架杆体及配件少，配合十字扣件、转向扣件、连接扣件，可选组合多种多样；扣件可以作用于架子管的任意部位并且便于调整，斜拉杆可以随便调整和应用于任何部位。

碗扣式脚手架横杆和立杆的作用力在轴心，结构合理，安全；横杆的插板放于立杆的扣碗中，配件不易丢失，损耗小；搭建速度高于扣件式钢管脚手架，承受力相对扣件式钢管脚手架提高15%以上，租赁价格便宜，造价低。

轮扣式脚手架与碗扣式脚手架类似，它没有活动零件，运输、储存、搭设、拆除方便快捷，标准化的规格尺寸配合可靠的双向自锁能力，使架体外观简洁、工整，工人搭设质量便于控制，租赁价格便宜。轮扣式脚手架整体刚度较大，在某一节点破坏时，对整体结构的安全性影响较大，要求对架体验收工序进行严格把控；通过工程实践应用，横杆、竖杆上的轮扣焊接质量应重点检查。

2）管廊现浇移动模架支撑体系

现浇移动模架支撑体系是指在现浇混凝土管廊的墙板和顶板施工时，管廊内模及支撑体系采用模块化、单元化、可人工辅助或自行整体移动并可重复周转使用的一体化现浇模架支撑体系，见图3-4。

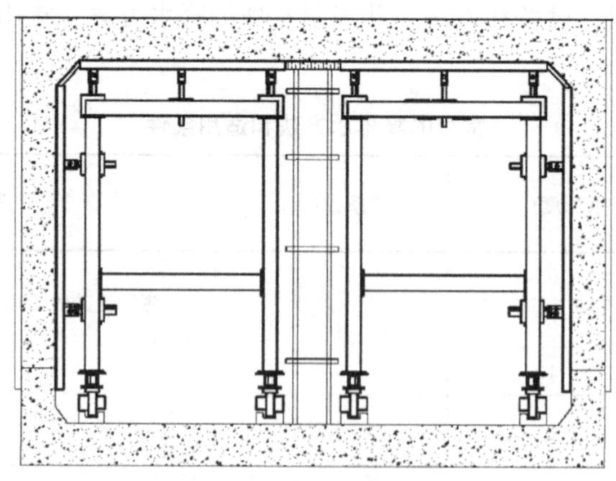

图3-4　移动模架支撑体系

根据管廊通常呈线形分布、截面相同、水平长距离布置的特点，采用设计合理的移动模架支撑体系浇筑混凝土，该施工方法可减少施工中模板及支撑架体安装人工劳动强度、节省施工周转材料、提高模架体系周转使用率，并符合绿色环保施工的要求。

移动模架支撑体系构成：

移动模架支撑体系由多个可拼装组合的模块化可移动支撑架体组成。模块化可移动支撑架体由舱室墙体内侧模和顶板底模与“井”字形支撑架体组成，模板为整体式大面积铝模板（或钢框复合模板），与“井”架通过可操控伸缩杆件连接，“井”架骨架下设可移动滑轮和架体稳定固定装置，滑动轮下铺行走辅助槽钢轨道。

根据管廊节段设计长度和舱室截面设计宽度，舱室截面宽度在2m以下的移动模架体系由单模块纵向拼装组成，宽度2m以上的由两个模块架体与快拆支撑杆件（快拆支撑杆件设在两模块支撑体之间）组成横向组合单元，再由各组合单元按现浇节段长度纵向拼装组合组成。管廊现浇外模板采用与内模相同的大面积模板，通过内外模连接与支撑杆及内模形成完整的现浇模架体系。

移动模架体系的内墙板与顶板钢模通过可伸缩连杆与“井”架骨架相连，通过电动控制系统实现墙板、顶板按顺序脱模。“井”架骨架下移动滑轮设计有电动驱动装置，滑动轮下铺设槽钢轨道，可实现按组合单元体逐个移动或多个联合整体同步移动。

(2) 钢筋工程

1) 材料要求

进场钢筋原材料或半成品必须具有出厂质量证明资料，每捆（或盘）都应有标志。进场时，分品种、规格、炉号分批检查，核对标志、检查外观，并按有关规定进行见证取样，封样后送检，检验合格后方可使用。

2) 钢筋加工与存放

钢筋加工成半成品后要按部位、分层、分段和构件名称、编号等整齐堆放，同一部位或同一构件的钢筋要集中堆放并有明显标识，标识上注明构件名称、使用部位、钢筋编号、尺寸、直径、根数、加工简图等。

3) 钢筋连接与安装

①底板钢筋安装：标注钢筋位置线→吊运钢筋到使用部位→绑扎底板下层钢筋→放置垫块和摆放马凳→绑扎底板上层钢筋→侧墙钢筋。

②侧墙及顶板钢筋安装：清理施工缝→标注钢筋位置线→吊运钢筋到使用部位→绑扎侧墙钢筋→支撑架及模板支设→绑扎顶板下层钢筋→放置垫块和摆放马凳→绑扎顶板上层钢筋。

③管廊预埋铁件设置多，入廊管线支吊架相互位置尺寸要求较高，采取预埋件与模板固定的方式，提高埋件安装质量。

4) 穿墙管（盒）安装施工

综合管廊穿墙管（盒）处是综合管廊防水重点部位，穿墙预埋防水套管应加焊止水翼环或采用丁基密封胶带、遇水膨胀止水胶止水；穿墙管与止水翼环四周满焊，焊缝饱满均匀；采用丁基密封胶带、遇水膨胀止水胶时应固定牢靠。如图3-5所示。

当穿墙管线较多，采用穿墙套管群盒或钢板止水穿墙套管群方法集中出线时，穿墙套管群盒或钢板止水穿墙套管群应焊接固定牢固。

穿墙管（盒）在混凝土浇筑前就位，并应采取措施保证穿墙管（盒）的设计中心线位置和高程。混凝土浇筑前穿墙管两头应临时封堵，混凝土浇筑过程中应防止碰触、错位。

(3) 混凝土工程

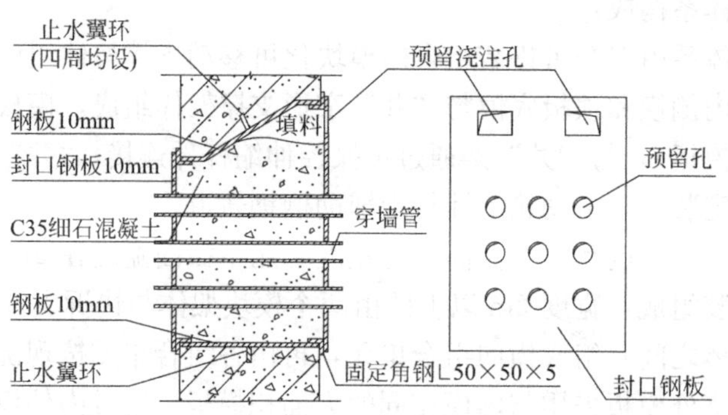

图 3-5　穿墙盒防水示意

管廊混凝土结构施工，要按不同部位的抗渗等级，合理设置施工缝。

1）变形缝的设置应符合下列规定：

①现浇混凝土综合管廊结构变形缝的最大间距宜为 30m，预制装配式综合管廊宜为 40m。

②结构纵向刚度突变处以及上覆荷载变化处或下卧土层突变处，应设置变形缝。

③变形缝的缝宽不宜小于 30mm。

④变形缝应贯通全截面，接缝处应按《地下工程防水技术规范》GB 50108 及《给水排水工程混凝土构筑物变形缝设计规范》T/CECS 117 设置橡胶止水带、填缝材料和嵌缝材料等止水构造。

⑤在管廊混凝土构件接缝处、通风口、投料口、出入口、预留口等部位，是渗漏设防的重点部位，应采取预制、预埋措施解决渗漏问题。

2）变形缝施工要点

①变形缝两侧混凝土分成两次间隔浇筑，一侧管廊混凝土浇筑完成后，必须确定预埋止水带无损伤，方可进行下一段管廊浇筑。详见图 3-6、图 3-7。

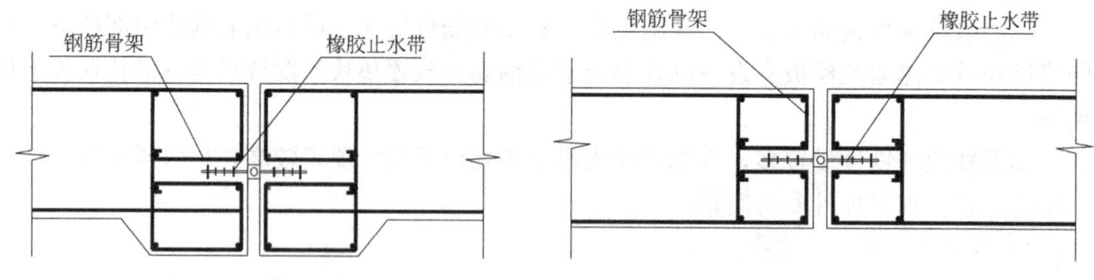

图 3-6　底板变形缝实例图

图 3-7　侧墙及顶板变形缝实例

②根据结构设缝位置、平面尺寸、竖向尺寸，确定止水带的加工长度及形式，优先采用定制整体式止水带；有接头的橡胶止水带，接头采用热胶叠接，接缝平整、牢固，不得有裂口、脱胶现象。止水带中心线应和变形缝中心线重合，止水带不得穿孔或用铁钉固定，并采取可靠措施防止在混凝土浇筑时止水带发生偏移。

③浇筑混凝土前，可在底板变形缝顶面安放宽 30mm、高 20mm 木板条。浇筑完混凝土，在强度能保证其表面及模板不因拆除木板条而损坏时，将木板取出，以形成整齐的凹

槽，方便密封膏施工，保证其质量。通过木板条的使用，预留出的凹槽整齐、方正，无变形或者出现深浅不一现象，而且橡胶板两侧的清理工作容易操作，与直接埋放聚苯板的方法相比，工程效果更显著，施工质量更加稳定。

④结构施工完毕后统一进行变形缝与水接触面的处理，处理时宜先将变形缝用特制钢丝刷将凹槽两侧混凝土刷出新槎，用空压机吹干净，然后按照设计要求进行伸缩缝内填塞施工，施工过程中随时清理干净凹槽内土及杂物，清理干净后在凹槽侧立面粘贴塑料胶条，防止污染墙体，胶条要顺直、平行。设计采用密封膏灌注时，密封膏灌注通过专用密封膏压力枪压入凹槽内，对已压入凹槽内的密封膏使用腻子刀整平、压实，在混凝土表面处密封膏微凸出 5mm 左右，宽度比缝宽每边大 10mm 左右并与混凝土粘结牢固。但地下水位较高时，变形缝处宜安放遇水膨胀橡胶条，防止地下水渗入变形缝内，从而发生渗漏现象，影响施工质量。

3）施工缝

①综合管廊的水平施工缝宜设置在底板面以上 500mm 处，地板和顶板不得设施工缝。如图 3-8 所示。

②施工缝若处理不妥当，会造成管廊渗漏，对构筑物的外观以及构筑物日后的正常运行有重大影响。为保证墙体混凝土施工质量，不渗漏、外形美观，所有外墙壁水平施工缝均在混凝土施工时按设计要求埋置钢质止水板或设置止水凸槽，钢质止水板与结构钢筋点焊固定。

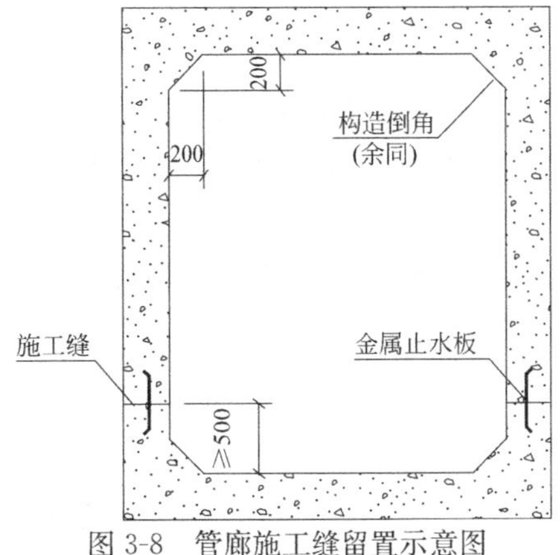

图 3-8　管廊施工缝留置示意图

③底板混凝土浇筑完毕后，应对水平施工缝进行凿毛处理。

④墙壁施工缝以上的模板安装过程中容易造成模板下端与墙壁有缝隙，由此导致浇筑混凝土时混凝土浆会从缝隙处渗漏出来，造成混凝土漏浆现象，严重时可形成蜂窝、麻面的混凝土质量通病。为防止这种现象发生，可在支墙壁模板前，施工缝以下 30mm 处粘贴双面胶条，安装模板时模板下沿部分与双面胶条贴紧。

⑤侧墙施工缝通常设计选用平缝，为了优化施工缝结构，增大施工缝抗渗能力，延长渗水路径，施工缝可设置成凹凸形施工缝。

3.2.2 预制拼装施工技术

综合管廊预制拼装技术是指明挖施工条件下，将分块或分节段在工厂预制的综合管廊结构主体，现场拼装安装的一种快速绿色施工技术。

1. 国内预制综合管廊的现状

国务院办公厅《关于推进城市地下综合管廊建设的指导意见》（国办发〔2015〕61 号）明确要求“根据地下综合管廊结构类型、受力条件、使用要求和所处环境等因素，考虑耐久性、可靠性和经济性，科学选择工程材料，主要材料宜采用高性能混凝土和高强钢筋。推进地下综合管廊主体结构构件标准化，积极推广应用预制拼装技术，提高工程质量和安全水平。”

综合管廊采用预制拼装工艺在国内应用相应标准尚不健全，上海、厦门、哈尔滨、长沙、郑州、十堰等多个城市近几年开始采用预制拼装方法施工综合管廊。主要的拼装工艺包括纵向锁紧型承插拼装法、柔性承插拼装法、胶接预应力拼装法、叠合板式预制拼装法、分舱预制与现浇结合拼装法等。

上述拼装方法在国内城市地下综合管廊工程中的应用还没有进入到大规模市场化阶段，综合管廊在适应垂直或水平特殊节点变化、各类管线分支口与拼装节段如何结合、节段拼接缝防水以及拼装成段的管廊体抗浮等方面有待提高。

2. 预制综合管廊的优势

与传统现浇技术比较，预制综合管廊具有以下优势：以预制构件为主体的管廊结构，降低了材料消耗，具有优异的整体质量，抗腐蚀能力强，使用寿命长；可实现标准化、工厂化、批量化预制件生产，不受自然环境影响，充分保证管廊结构尺寸的准确性，保证管廊安装的准确性，充分保证主体质量；减少施工周转材料、提高生产效率、节能环保。预制综合管廊是综合管廊建设领域技术进步的一个方向。

3. 预制综合管廊的适用条件

预制综合管廊一般适用于土层的分布、埋深、厚度和性质变化较小且地下水位较低的场地；对于含淤泥等软弱地层的区域，需采取针对性的基坑支护、基础加固措施。

4. 预制综合管廊的分类

预制综合管廊一般采用闭合框架结构，分为一舱、两舱和三舱较多，结构尺寸超过一定范围则不宜预制与运输。预制综合管廊可分类如下：

1）按材质可分为：钢筋混凝土管廊、钢制管廊、竹制管廊、钢塑组合管廊等，如图 3-9所示。

(*a*) (*b*) (*c*) (*d*)

图 3-9 管廊按材质划分

(*a*）钢筋混凝土管廊；(*b*）钢制管廊；(*c*）竹制管廊；(*d*）钢塑组合管廊

2）按节段组合类型可分为：全尺寸、上下分节、叠合板、分块管廊等类型，如图3-10所示。

(a) 　　(b)

(c) 　　(d)

图 3-10　管廊按节段组合类型划分

(a) 全尺寸管廊；(b) 上下分节管廊；(c) 叠合板管廊；(d) 分块管廊

3）按形状可分为：矩形、圆形、多弧段异形、马蹄形等形状管廊，如图 3-11 所示。

(a)

(b)

图 3-11　管廊按形状划分（一）

图 3-11　管廊按形状划分（二）

（a）矩形管廊；（b）圆形管廊；（c）多弧段异形管廊；（d）马蹄形管廊

5. 预制混凝土管廊施工技术

（1）管廊预制

1）质量验收标准

施工质量验收标准可按照现行国家标准《混凝土结构工程施工质量验收规范》GB 50204、《给水排水管道工程施工及验收规范》GB 50268 中的有关条款执行。

防水密封及胶接材料，应符合《地下防水工程质量验收规范》GB 50208 的规定。

对于胶接接头的接缝材料宜采用环氧树脂胶粘剂，应满足《工程结构加固材料安全性鉴定技术规范》GB 50728 中结构胶粘剂的有关检验与评定标准。

2）预制混凝土管廊制作工艺

本书主要介绍全断面预应力拼装管廊节段的制作工艺，见图 3-12。

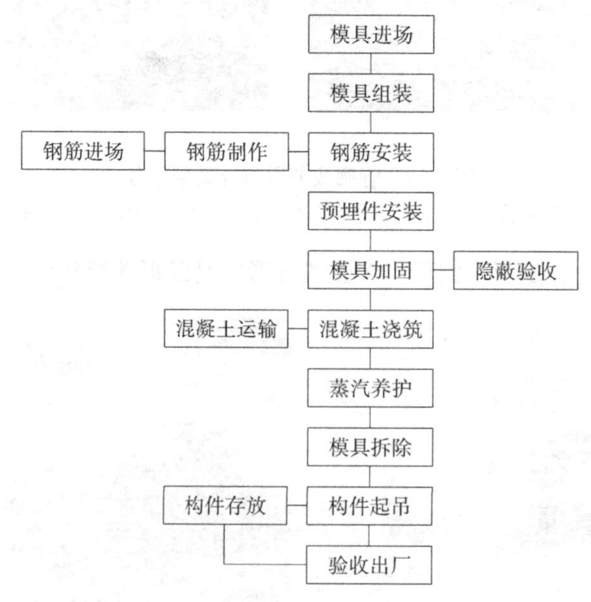

图 3-12　预制管廊制作流程图

3）预制管廊工序要点及质量控制措施

①钢筋加工及立模

钢筋的绑扎、焊接应符合《城市综合管廊工程技术规范》GB 50838 的规定。钢筋绑扎完毕后，垫上专用的保护层垫块，检查所有预埋件安装准确后，再进行内外侧模板装配。内外侧模板采用工厂订制的钢模，尺寸必须完全符合设计图纸各部位形状、尺寸要求，并具有足够的强度和刚度，在使用前必须涂刷脱模剂。

合模前应检查模具内外模四角、承插口四角无屈曲、变形情况，所有的定位、对拉卡具的位置安装准确。合模后必须再次检查模板间接缝的密封性，必要时可采用玻璃胶密封。

②混凝土浇筑

全面检查完钢筋、预埋件、模板等各项准备工作并批准后，方可浇筑混凝土。混凝土运输至现场后，先检查混凝土强度等级及坍落度满足要求后，进行泵送浇筑，采用分层浇筑方式，切不可单面浇筑过高。浇筑到模口位置时应减慢浇筑速度，充分振捣模口部分，并进行抹面处理。

采用附着式振捣器和插入式振捣器相结合的方法，确保混凝土振捣密实，并时刻派专人检查附着式振捣器与侧模间的栓接是否稳固。插入式振捣器应避免触及钢筋和模板，快插慢拔，严格控制振捣时间及振捣范围，特别注意钢筋密集处和模板各拐角处的振捣，以防漏振。安排专人控制下料位置，做到关键部位不缺料，以防出现空洞。混凝土初凝后，严禁开启附着式振动器，严禁再用插入式振捣器扰动模板、钢筋和预埋件。夏季施工时，应注意浇筑过程不宜拖得过长，结束后混凝土表面不宜失水过早。浇筑完成后，对洒落在模具和地面上的混凝土及时进行清理。

③养护

混凝土浇筑完成后，吊装蒸养罩，罩住模具，检查四周及底部是否有未压实部位。按照蒸养工艺进行蒸养，如发现有跑气现象，应及时修补蒸养罩。蒸养结束后，吊走蒸养罩，具备条件后模具开模。

④存放

当混凝土强度符合设计要求后，方可进行综合管廊预制节段的运输和吊装，如设计无具体要求时，不应低于设计强度的 75%以上。存放管廊的场地必须经过硬化，设有排水设施，管廊底支点处用枕木支好，存放高度不超过两层，层与层之间应用枕木垫好。

（2）胶接＋预应力管廊拼装施工技术

首先，将运输至现场的综合管廊预制节段通过吊装设备吊放到管廊基槽底部预设的临时支撑上（包括整段综合管廊的所有节段），调整端块精确定位，安装螺旋千斤顶作为临时支座，进行接缝涂胶施工，每道接缝涂胶完毕后将该节段精确定位并张拉临时预应力，以免接缝受扰动后开裂；整段管廊安装就位后，张拉预应力钢束，张拉完毕后进行管道压浆，对综合管廊和垫层之间的间隙进行底部灌浆，待灌浆层达到一定强度，解除临时预应力措施，使整段管廊支撑在灌浆层上，设备前移架设第二段预制管廊；最后浇筑各段端部现浇段混凝土，处理变形缝，使各段综合管廊体系连续。

1）拼装具体步骤

①步骤一

确认拼装设备（设备的预埋件和受力点经设计部门确认后实施）→从前往后依次吊装

各节段（整段综合管廊的所有节段），如图 3-13 所示。

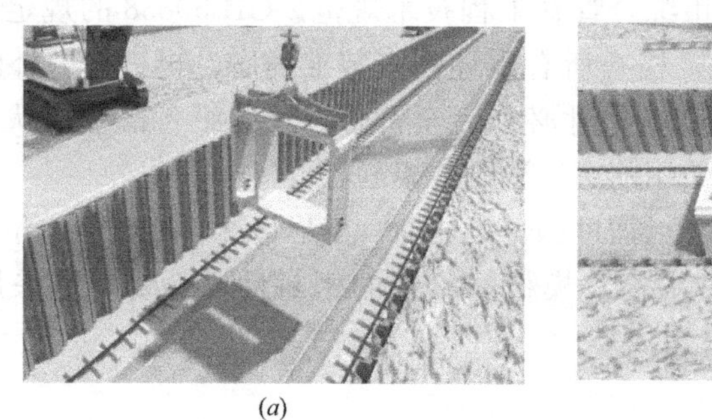
(a)

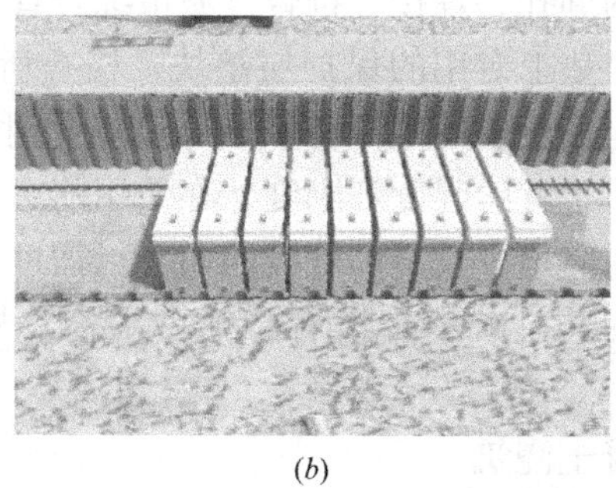
(b)

图 3-13　步骤一

（a）首节段吊装；（b）精确定位吊装其他节段进入基坑

②步骤二

调整第一段后端端块并精确定位，调整螺旋千斤顶作为临时支座，依次进行接缝涂胶施工，每道接缝涂胶完毕后将该管廊节段精确定位并张拉临时预应力，以免接缝受扰动后开裂，严格控制接缝胶面厚度和保证胶面完全密切结合。

涂胶过程中必须密切注意并采取措施保证预应力管廊的紧密对接；单面涂刷厚度 3mm，双面涂刷每个面 1.6mm；临时预应力的张拉力将根据现场实际涂胶情况作相应调整，保证结合面压应力均匀。如图 3-14 所示。

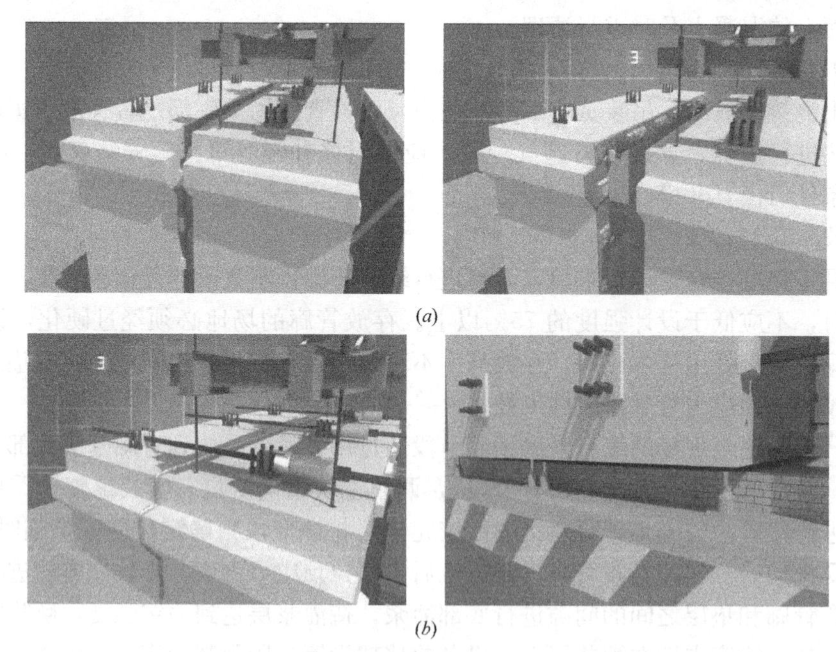
(a)

(b)

图 3-14　步骤二

（a）试拼检查、刷涂结构胶；（b）张拉临时预应力

③步骤三

依次张拉预应力钢束，张拉完毕后，进行管道压浆对综合管廊和垫层之间的间隙进行

底部灌浆，待灌浆层达到一定强度，解除临时预应力措施，使整段管廊支撑在灌浆层上，依同法循环拼装下一段，如图 3-15 所示。

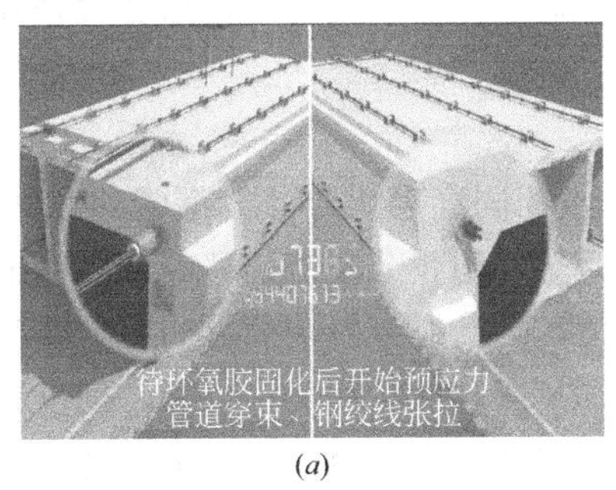

(a)

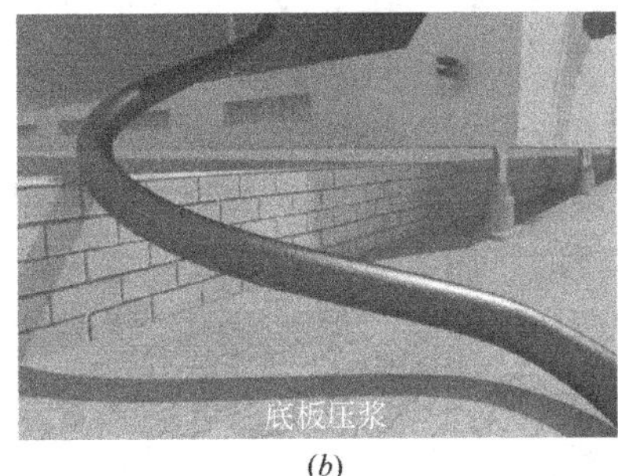

(b)

图 3-15　步骤三

(a) 大节段永久预应力张拉底部压浆；(b) 底部压浆移除千斤顶

④步骤四

依次形成各大节段，并浇注各大节段间现浇段混凝土，处理变形缝，使各段综合管廊体系连续，形成完整的综合管廊主体结构。如图 3-16 所示。

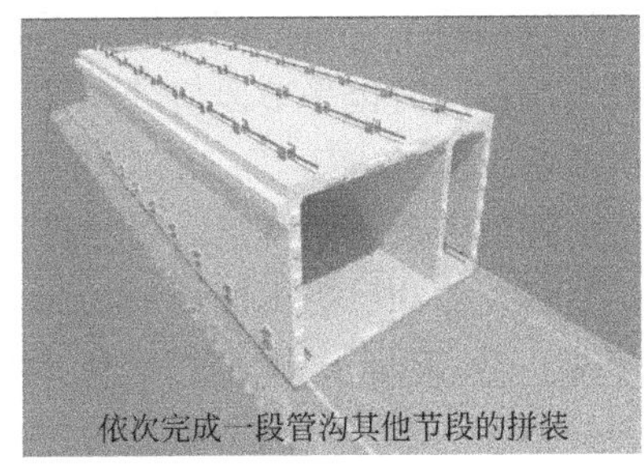

图 3-16　管廊大节段间连接示意图

2) 施工工艺及注意事项

①首节段定位与固定

管廊节段安装前，精心制作用于节段安装纠偏的环氧树脂垫片。垫片使用前用清洁剂清洗表面油污并晾干，分类放置于木箱内，用油漆在木箱外表面标记，防止在节段安装时混用。

首节段作为整段管廊拼装的基准面，其准确定位对于后续节段拼装就位非常关键。由于管廊节段在预制过程已在节段顶面固定位置埋设了控制点，并提供了控制点的理论拼装坐标，通过测量节段面的控制点来准确定位后再松开吊机，管廊自重由临时支撑上的螺旋千斤顶支撑。控制点埋设如图 3-17 所示。

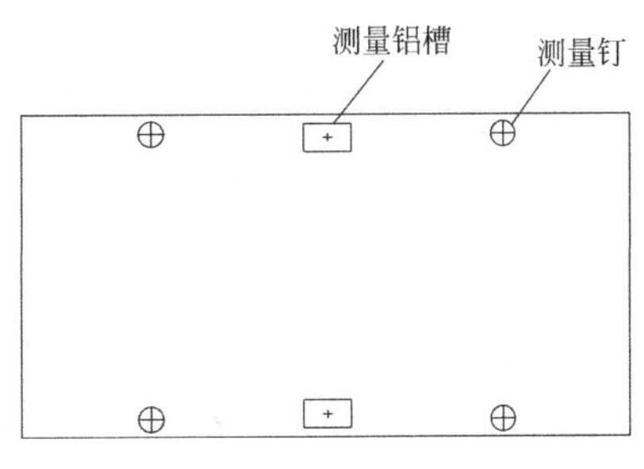

图 3-17　控制点埋设图

准确定位后，为了防止首节段在后续拼装时被撞发生偏移，采用以下方法固定首节段：

首节段后方有管廊段固定时，将首节段与前一段管廊的末节段的内外侧横向钢筋上竖向焊接 4 根槽钢，再用槽钢斜撑将两个节段上的竖向槽钢焊接固定；首节段后方无管廊段固定时，临时吊一段管廊节段（或其他重物）在后面，而后按首节段后方有管廊段的固定方法固定。

②后续节段拼装

管廊节段采用起重设备起吊至与已拼装节段相同高度后停止，缓慢向已拼装节段靠拢，在快靠拢时，用木楔在两节段接缝间临时塞垫，防止节段撞伤。等节段稳定后，通过吊具的三向调整功能对起吊节段的位置调整，使其与已拼节段端面目测基本匹配。

取出垫木，缓慢驱动起重设备，将起吊管廊节段与已拼装节段拼接，到位后观察上下接缝是否严密、有无错台，通过微调消除或降低存在的偏差至符合要求，完成节段的试拼工作。

管廊节段试拼的目的是提前将节段拼装就位时的空间位置进行确定，以缩短涂胶后的节段拼接时间，防止因设备操作、人员经验不足或相互协调不好而使得节段在较长时间内不能精确就位，从而导致胶体在临时预应力张拉前或张拉过程中塑性消失或硬化。

③涂胶

a. 准备工作

涂胶是节段拼装工法中的一个关键环节，其材料和施工质量好坏直接关系到节段能否粘接成为一个整体，还决定了今后综合管廊的耐久性，同时也是节段接缝非常关键的防渗措施，故在正式施工和作业之前，必须做好各项准备工作。

(a) 选择合格的胶粘剂，要根据工程当地的气候条件及现场可能需要的操作时间来要求产品的初凝时间，否则可能出现管廊节段未就位好胶体却已凝固的现象。

(b) 为保证管廊节段顺利粘结，涂胶前需将接缝处混凝土表面的污迹、杂物、隔离剂清理干净。

(c) 因为雨水淋湿管廊节段面会使胶体无法粘结在节段体上，过强的阳光直射可能导致局部环氧树脂过早初凝，必要时应准备活动棚防雨、防晒，以免影响施工质量。

(d) 预应力孔道口周围用环形海绵垫粘贴，避免管廊节段挤压过程胶体进入预应力孔道，造成孔道堵塞影响穿索。

b. 涂胶材料

节段之间的胶粘剂可采用环氧树脂胶，环氧粘结材料采用双组分成品，应不含对钢筋有腐蚀和影响混凝土结构耐久性的成分。

c. 搅拌

搅拌过程应尽可能靠近涂刷粘接剂的地方，这样可以避免运输过程消耗适用时间。要将张拉设备、搅拌设备、电气设备准备充分后方可开始搅拌。环氧树脂、固化剂必须在容器中搅拌均匀。

d. 涂胶施工

涂胶总的原则是快速、均匀并保证涂胶厚度。为了保证管廊节段在环氧胶的作用下把两节段粘贴密实，在设备起吊节段到安装位置时，对拼装节段的两匹配面再一次检查和清理。

正常情况下，采用双面涂胶，每个面涂胶厚度 1.6mm，在预应力孔道和混凝土结构边缘附近，要保留 20mm 的区域无环氧胶粘剂。另外，在凹槽剪力键位置不涂胶，以减小整段管廊的长度误差。为了保证在环氧胶失去活性前完成涂抹并张拉临时预应力，涂胶作业采用人工穿戴橡胶手套涂抹快速作业，并在环氧胶施胶结束后，用特制的刮尺检查涂胶质量，将涂胶面上多余的环氧胶刮出，厚度不足的再一次进行施胶，保证涂胶厚度。

e. 注意事项

(a) 环氧胶粘剂涂抹过程中要注意自身的安全防护，作业过程中必须使用橡胶手套、佩戴眼罩和口罩，不得用手直接触摸环氧胶粘剂，未固化的环氧和固化剂在与皮肤接触时，会产生伤害，因此必须使用护肤油和肥皂，绝对不能使用溶剂来去除皮肤上的环氧制品。

(b) 在涂刷胶粘剂之前，完全清除粘结面上的污物、油迹，如果粘结面有潮湿的迹象，用干净的布擦至表面干燥，粘结面不可有明水。

(c) 涂胶之前要先试拼装以检查接缝大小是否一致，对于偏大的地方环氧胶要抹厚一些。

(d) 环氧胶保存时要避免阳光直射。

④临时张拉

临时张拉主要有两个作用：一是固定管廊节段，保证在永久预应力张拉前，节段之间不会相对错动；二是提供胶体凝结所需的压力。

(a) 主要材料及设备：临时张拉材料采用精扎螺纹钢，张拉设备可以采用张拉千斤顶；精轧螺纹钢连接器为 JLM 型连接器。

除了主要设备、材料，还需加工制作置于管廊节段顶板预留孔洞处起临时张拉支座作用的钢锚块，以及安装在每段管廊首尾两个端节段上起稳定作用的联系横梁。

(b) 施工方法：在节段涂胶过程中，同时做好临时张拉前的准备工作，包括安装临时张拉钢锚块并穿精轧螺纹钢，与前一节段的精轧螺纹钢用连接器接好。涂胶完，立即开始张拉，顶板和侧壁的精轧螺纹钢须两侧同步张拉。

(c) 注意事项：

a) 保护好精轧钢棒和连接器，严禁在精轧钢和连接器旁进行焊接作业，如有损坏需及时更换。

b) 临时预应力筋张拉结束后，及时清理挤出的环氧胶，保证管廊外观整洁，并用通孔器清理预应力孔道。

⑤永久预应力张拉

预应力张拉束均为纵向预应力钢束，用张拉千斤顶进行张拉，预应力张拉按张拉作业指导书进行。

⑥测量与调整

在管廊节段拼装线型误差超出允许偏差值时，采用调整临时预应力张拉顺序和垫环氧树脂片（或薄铜片）的方式进行调整。环氧调整垫片（或薄铜片）厚度为 2～5mm，布置于管廊节段侧壁上、下位置，垫片总面积应保证管廊混凝土满足局部承压要求。加入垫片调整的结合面，环氧胶涂沫刷厚度随之加厚，使之超出垫片厚度约 1～2mm。施工中优先考虑调整临时预应力张拉顺序的方法对管廊节段线型调整。

⑦孔道压浆

张拉完应及时进行孔道压浆，压浆前须先进行孔道注水湿润，单端压浆至另一端出现浓浆止。孔道压浆按压浆作业指导书进行。

⑧对管廊和垫层之间的间隙进行底部灌浆

在综合管廊安装完成之后，紧贴综合管廊边缘用止水橡胶条立模。初步计算所需的浆体体积，灌注实际浆体数量不应与计算值产生过大的误差，确保灌浆时不漏浆且密实、饱满。灌浆料采用强度等级 M40 的水泥浆，将拌制好的 M40 水泥浆直接从进浆孔注入，直至灌浆材料从周边出浆孔流出为止。利用自身重力使垫层混凝土与管廊底面之间充满水泥浆体。

3）安装进度

一跨（约 30m 长）预制综合管廊节段拼装周期如表 3-10 所示。

一跨预制管廊节段拼装周期表 **表 3-10**

工序	工期(d)	备注	工序	工期(d)	备注
设备过孔	0.5	不占用主工序时间	水泥浆养护	2	
管廊节段吊装、胶拼	2		总计	5	
张拉、压浆(含灌浆)	1				

综合管廊拼装应及时浇筑各段管廊端部现浇段混凝土，处理变形缝，使各段综合管廊体系连续。

4）管廊节段拼装质量保证措施

设备是管廊节段拼装的“模具”，就位后要严格检查设备的中心线及水平度，其中心线与管廊的中心线应保持一致。

为了减小后拼管廊节段时因地基变形而影响先拼节段的高程，在正式胶拼前，将所有节段吊装完成，在保证胶拼空间的前提下，胶接部位尽可能接近其设计位置。胶拼时，控制好第一节管廊节段的位置、方向、高程的准确是保证整段管廊拼装精度的关键，施工中要加强测量控制，严格控制其位置和角度。每一节段定位前后都要对线形（高程、中线等）进行精确测量，及时汇总监控数据并进行分析、总结规律，为下一节段的拼装提供参数。

预应力张拉时，严格按设计要求的指标控制，保证张拉到位；张拉完成后及时注浆，以避免钢绞线松弛。

5）防水施工

胶接＋预应力拼装接口防水主要采用端面结构胶，如图 3-18 所示。

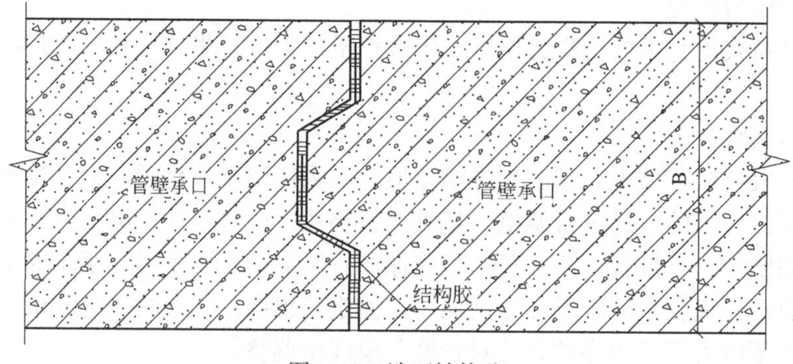

图 3-18　端面结构胶

施工时，要保持管廊结构本体干燥，避免潮湿环境下施工；管廊结构拼装基面应干净，无灰尘、锈渍、油污等。

结构胶的性能跟使用温度有较大关系，因为温度影响双组分结构胶的固化速度与最终固化程度。5～40℃范围使用较好，超过 40℃，固化加快，操作时间缩短，应注意减少每次的配制量，配好后立刻使用。低于 5℃，固化较慢，固化程度也受影响，最好采取适当加温措施，例如可采用红外线灯、电炉或水浴等增温方式将结构胶在使用前预热至 20～40℃左右。

结构胶应涂抹均匀并覆盖整个匹配面，涂抹厚度以 3mm 为宜。结构胶涂抹时应采取措施对预应力孔道进行防护，应确保在施加应力后，结构胶能够在全断面均匀挤出；固化过程中要避免扰动构件，固化完全后再进行处理和施工。

(3) 承插式拼装施工技术

承插式拼装主要包括柔性承插式拼装和锁紧承插式拼装。柔性承插式拼装主要采用双胶圈，两道橡胶圈之间设有注浆孔，安装后可进行接口防水检验，后期若有渗漏可进行注浆补救。锁紧承插式拼装主要是在拼装完成后，在每节段之间预留锁紧口，利用锁紧螺栓或预应力钢绞线进行锁紧，然后封锚形成大节段。两种拼装方法工艺基本类同，主要如下：

1) 拼装工艺流程

安装工艺主要包括：试拼装、防水胶圈安装、安装就位承插对接并压紧、不同大节段间非标准断面进行现浇混凝土连接形成完整综合管廊主体结构（对锁紧承插式拼装：预应力张拉封锚形成大节段、锁紧承插式大节段张拉、封锚），具体如图 3-19 所示。

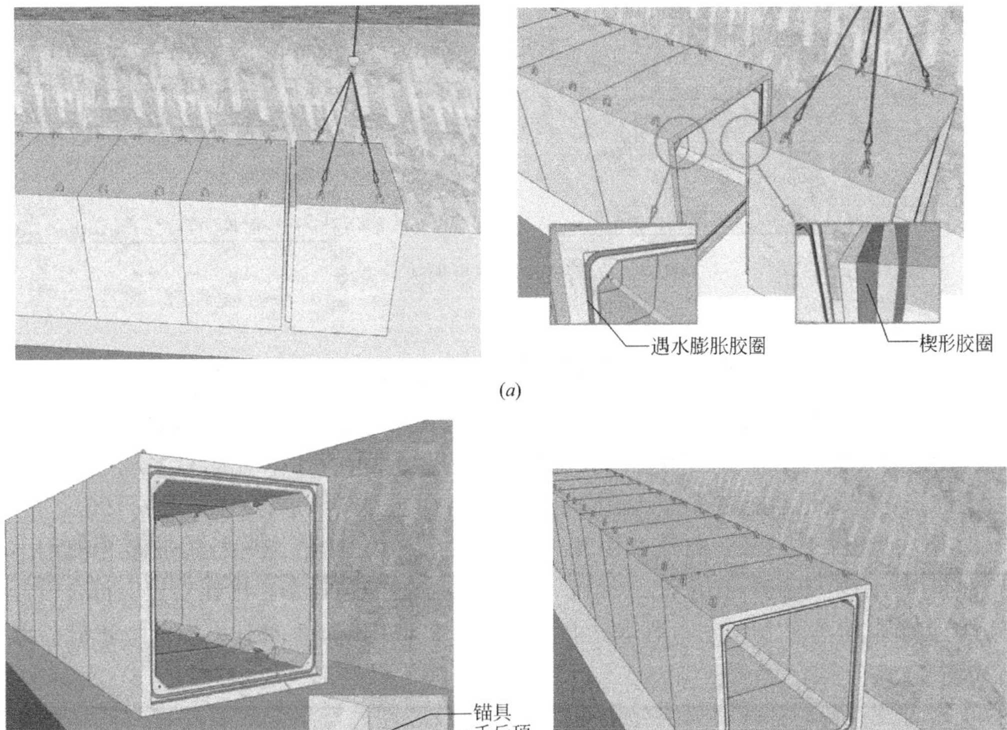

图 3-19　拼装工艺流程

(a) 柔性承插式管廊试拼及防水胶圈安装示意图；(b) 锁紧承插式管廊对接锁紧及大节段张拉封锚示意图

2）注意事项

与胶接＋预应力拼装方法相比，主要事项以及防水处理没有太大的差别，其中承插式应重点注意的事项有以下几点：

①承插接口采用双胶圈，两道橡胶圈之间设有注浆孔，安装后可进行接口防水检验，后期若有渗漏可进行注浆补救。

②为适应综合管廊在平面、立线的布置需求，设计竖弯、平弯的特殊弯头管节，可实现更小的转弯半径。

③混凝土垫层的平整度对管廊节段拼装质量影响较大，应加强控制；施工时一般在预制节段底座与混凝土垫层之间设置一层砂垫层，确保管廊底座与混凝土垫层之间的充分接触，避免应力集中。

3）承插接口防水施工

承插接口防水主要采用楔形弹性密封圈、遇水膨胀胶圈、腻子复合密封条等防水材料，在接口上进行布设，管节之间拼装后，防水材料与管节挤压密实，起到防水的作用，如图 3-20 所示。

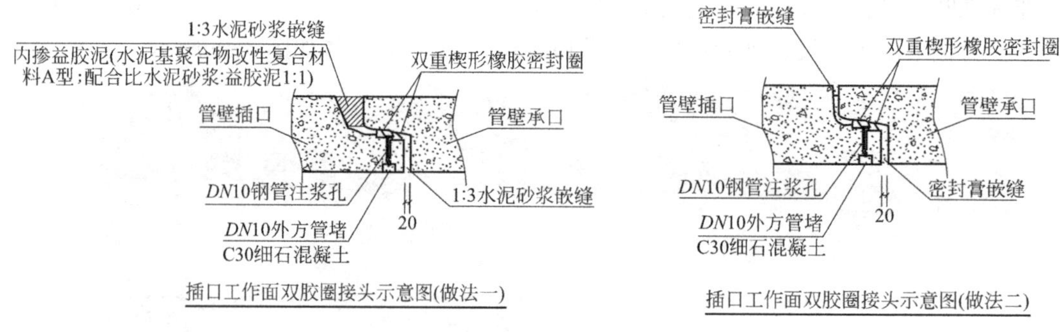

图 3-20　承插接口防水做法示意图

①密封材料材质要求

a. 弹性橡胶密封圈材质宜采用氯丁橡胶、三元乙丙橡胶或聚异戊二烯橡胶。其主要性能指标：硬度、拉伸强度、拉断伸长率、压缩永久变形等性能参数应符合设计和《橡胶密封件给、排水管及污水管道用接口密封圈材料规范》GB/T 21873 的有关规定；防霉等级大于二级，抗老化性能应符合箱涵使用寿命要求。

b. 遇水膨胀胶圈（条）材质采用氯丁橡胶或丁基橡胶，宜与弹性橡胶复合使用。其主要性能指标有：体积膨胀倍率、硬度、拉伸强度、拉断伸长率，性能参数应符合设计和《高分子防水材料　第 3 部分：遇水膨胀橡胶》GB/T 18173.3 的有关规定，防霉等级大于二级。

c. 密封胶（膏）宜采用双组分聚硫建筑密封胶或单、双组分聚氨酯密封胶，性能参数应符合设计和《聚硫建筑密封胶》JC/T 483、《聚氨酯防水涂料》GB/T 19250 的有关规定，防霉等级大于二级。

②密封材料施工要求

a. 楔形弹性橡胶圈：安装基面应干燥、洁净、平整、坚实，不得有疏松、起皮、起砂现象，凸起处应凿除后同凹坑、气孔一起用水泥浆填平；胶圈长度以安装后胶圈紧贴混凝土面为准，胶圈长度应刚好是管廊构件端面粘贴位置的周长；胶圈安装位置偏差不超过2mm；安装时应采用生产厂家配套粘接材料使胶圈紧密粘结于预制管廊插口面上，尤其重点关注管廊插口底部胶圈与管廊构件是否粘结紧密，如图 3-21 所示。

b. 遇水膨胀胶圈：安装基面应干燥、洁净、平整、坚实，不得有疏松、起皮、起砂现象；胶圈长度以安装后紧贴混凝土面为准，不得有空鼓、脱离现象；胶圈应根据设计的管廊端面粘贴位置的周长进行采购，现场对接采用冷接，对接应密实，不得出现脱开现象；胶圈在安装前不应出现破损和提前膨胀的部位，一旦出现应割除，并在割除部位重新粘结胶圈。

c. 腻子复合密封条：内层采用发泡泡沫材料，具有较高的回弹性；外层采用高分子腻子型材料，腻子具有良好的自粘性能和最佳的蠕变性能，对混凝土凹凸表面具有很好填充性能，对管廊节段因安装原因而产生的不均匀间隙有较高的补充性，从而达到良好的密封性能；腻子复合密封条具有重量轻、粘结性强的特性，安装简便，但是必须采取紧锁装置。

6. 钢制综合管廊施工技术

（1）管廊制作

1）主要材料要求

①钢制综合管廊的主要材料为波纹钢管，螺旋波纹钢管采用连续热镀锌钢板及钢带时，其性能、尺寸、外形、重量及容许偏差应符合现行国家标准《连续热镀锌薄钢板及钢带》GB/T 2518 的规定。

②螺旋形波纹钢管、拼装波纹钢管的材料采用碳素结构钢或低合金高强度结构钢时，其质量应符合现行国家标准《碳素结构钢》GB/T 700 或《低合金高强度结构钢》GB/T 1591 的规定，其尺寸、外形、重量及容许偏差应符合现行国家标准《热轧钢板和钢带的尺寸、外形、重量及容许偏差》GB/T 709 的规定。波纹钢板常用的波形如图 3-22 所示。

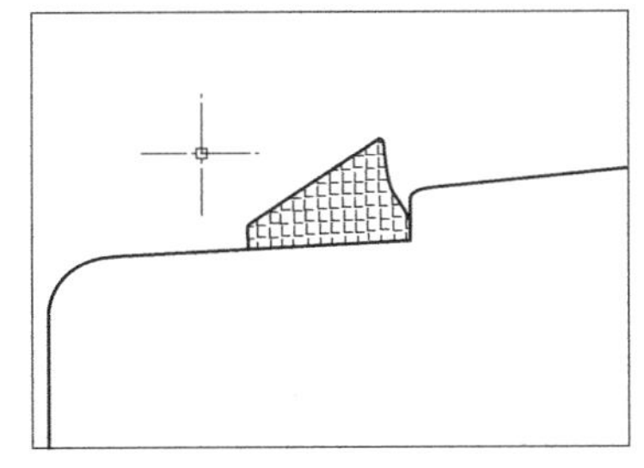

图 3-21 楔形弹性橡胶圈安装示意图

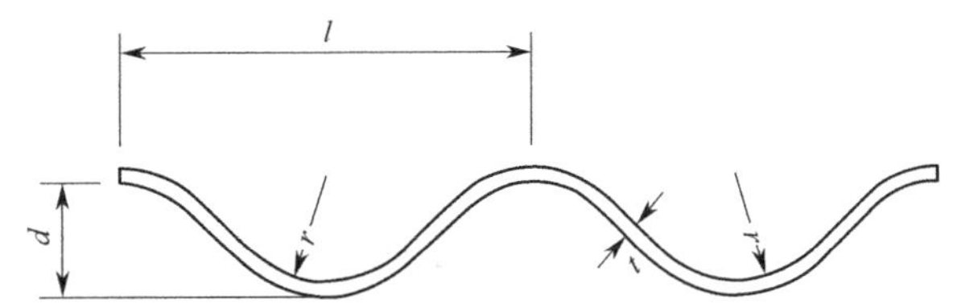

图 3-22 波形钢板的横向波形尺寸示意图

③常用尺寸见表 3-11。

波纹钢板常用的波形尺寸（mm） **表 3-11**

波距(l)	波高(d)	壁厚(t)	波峰波谷半径(r)
68	13	2.0～4.2	17.5
125	25	2.0～4.2	40
150	50	3.0～10.0	28
200	55	3.0～8.0	53
300	110	4.0～10.0	70
380	140	5.0～10.0	76
400	150	5.0～8.0	81

④钢制管廊结构连接件应满足下列规定：

a. 波纹钢板拼装时应采用高强度螺栓连接，高强度螺栓应符合国家现行标准《钢结构用高强度大六角头螺栓》GB/T 1228、《钢结构用高强度大六角螺母》GB/T 1229、《钢结构用高强度垫圈》GB/T 1230、《钢结构用高强度大六角头螺栓、大六角螺母、垫圈技术条件》GB/T 1231 或《钢结构用扭剪型高强度螺栓连接副》GB/T 3632、《钢结构用扭剪型高强度螺栓连接副技术条件》GB/T 3633 的规定。

b. 管箍、法兰盘的材料应同钢制管廊主体材料一致，其质量应符合现行国家标准《碳素结构钢》GB/T 700 或《低合金高强度结构钢》GB/T 1591 的规定。

⑤波纹钢板连接处应采取密封措施。

密封材料应具有弹性、不透水性、耐腐蚀、耐老化性能，并应填塞紧密。低温条件下密封材料应具有良好的抗冻、耐寒性能。密封材料应满足相应国家现行标准的要求，且应根据现行国家标准《建筑密封材料试验方法》GB/T 13477 进行评价，合格后方能使用。

2）构造要求

①钢制管廊结构

接口连接方式可分为法兰连接（图 3-23）和管箍连接（图 3-24）两种。

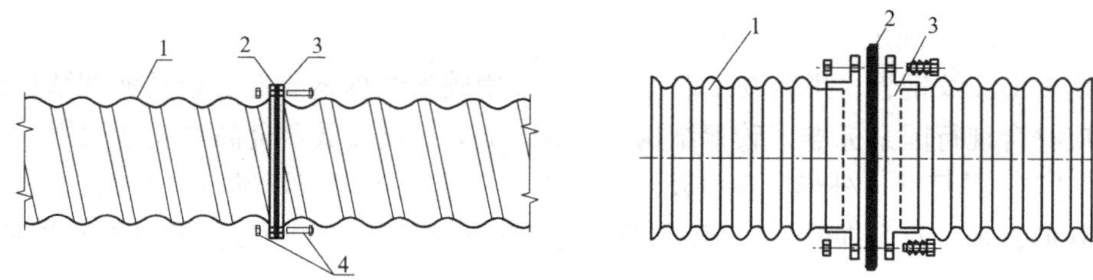

图 3-23　波纹钢管法兰连接示意图

1—波纹钢管管体；2—密封材料；3—法兰；4—高强螺栓连接副

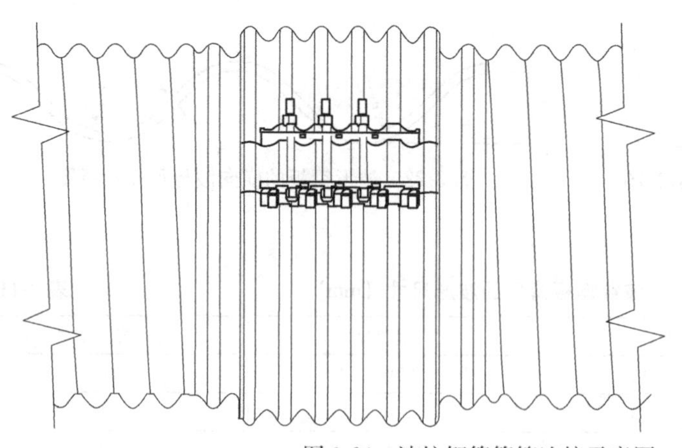

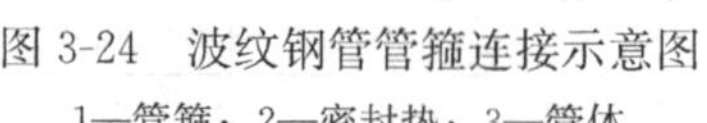

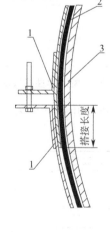

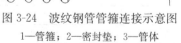

图 3-24　波纹钢管管箍连接示意图

1—管箍；2—密封垫；3—管体

②管廊内部地坪采用混凝土等刚性材料时，不应直接浇筑在波纹钢管（板）上，可采用柔性材料进行隔离，如图 3-25 所示。

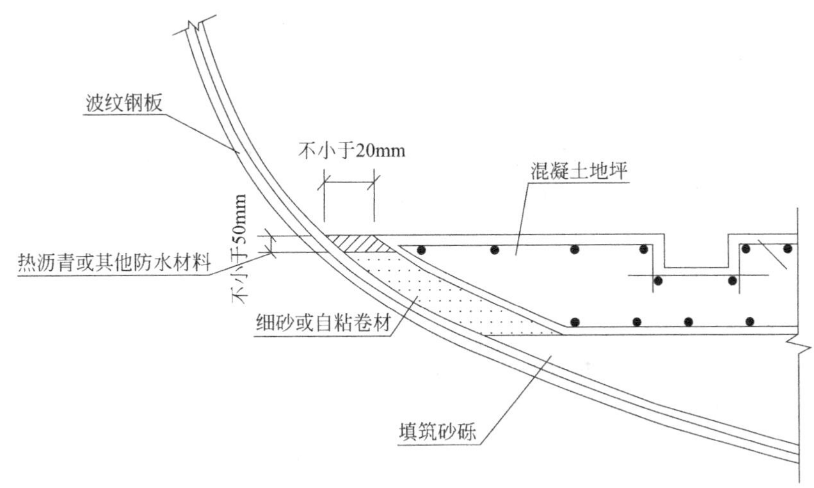

图 3-25　波纹钢管（板）与混凝土地坪连接节点

③钢制管廊与混凝土端墙连接时，可在波纹钢管（板）上焊接 T 形板或使用螺栓进行连接（图 3-26），当波纹钢管（板）壁厚较薄时，应采用相应的构造措施，以免焊接时引起板壁的变形或穿孔。T 形板大小及螺栓长度按实际工程确定。

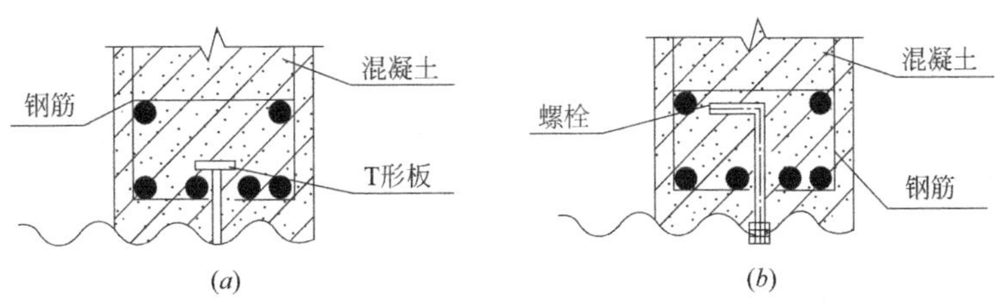

图 3-26　波纹钢管（板）与混凝土连接节点

3）波纹钢管（板）及钢构件的制作、运输、堆放

波纹钢管（板）及钢构件制作应按设计和施工图、工艺标准和施工组织设计制作安装，并应进行工序检查。波纹钢管（板）及钢构件施工除执行《装配式钢制综合管廊工程技术标准》的规定之外，还应遵循国家现行法规和有关标准的规定。

①波纹钢管（板）及钢构件制作前，应进行设计图纸的自审和会审工作，并应按工艺规定做好各道工序的工艺准备工作。

a. 波纹钢板件制作工艺流程如下：

平板→压波→钻边孔（冲孔）→型弯→冲端孔→二次弧压弯→镀锌。

b. 钢结构支架制作工艺流程如下：

型材→下料→组合→焊接→镀锌。

c. 制作要点：

（a）轧制波纹钢板前，应对平板尺寸进行检查，并进行导向定位。可采用滚压及模压加工装备进行轧制，其尺寸偏差应符合现行标准的有关规定。

（b）波纹钢管（板）及钢构件下料误差应在 5mm 范围，切口应平滑无卷边、毛刺。

（c）波高、波距用精度符合要求的卡尺、深度尺进行检测。

（d）内弧有效弧弦长用符合精度要求的直尺或钢卷尺测量波纹板的两端螺孔间的间

距进行检测。

(e) 波纹钢管（板）及钢构件的热浸镀锌或其他涂层质量应符合设计图纸要求及现行标准的规定。

(f) 钢结构支架下料、焊缝的尺寸偏差、外观质量和内部质量，应按现行国家标准《钢结构工程施工质量验收规范》GB 50205 和《钢结构焊接规范》GB 50661 的有关规定进行检验。

②波纹钢管（板）及钢构件的运输和堆放：

a. 运输

大型或重型构件的运输应根据行车路线和运输车辆性能编制运输方案。构件的运输顺序应满足构件安装进度计划要求。运输构件时，应根据构件的长度、重量、截面形状选用合适的车辆，运输时车辆上的支点、两端伸出的长度及绑扎方法应保证构件不产生永久变形，防止损伤涂层。

b. 堆放

构件装卸时，应按重心吊点起吊，并应有防止损伤构件的措施。构件堆放场地应平整、坚实，无水坑、冰层并应有排水措施，构件应按种类、型号、安装顺序分区堆放，构件底层垫块要有足够的支撑面。

4）防腐要求

钢制管廊结构应根据地质条件、容纳管线种类、结构形式、施工条件和维护管理条件进行防腐蚀设计。钢制管廊结构防腐蚀设计应满足结构使用年限100年的要求，表面涂有多种涂层，涂层之间应有良好的配套性和相容性；防腐蚀材料的选用应符合国家环保与安全法规的有关规定；防腐蚀的技术条件、施工与验收等应满足其对应国家现行规范的要求。

钢制管廊结构中波纹钢管（板）的内外壁、管箍、法兰盘及其附属钢构件和高强度螺栓、螺母均应进行防腐蚀设计。在施工过程中磨损的涂层应及时进行修补，修补用涂层应与原使用涂层相同或匹配。

(2) 波纹钢板片拼装式钢制管廊现场安装施工工艺

波纹钢板片拼装式钢制管廊的每个径向断面都由多个板片拼装而成。

安装流程：施工放样→端口浇筑及垫层填筑→管廊主体安装→内部支架附属安装→内外壁喷涂沥青涂层→管廊回填。

1）施工放样

施工前组织测量人员根据设计文件放出管涵轴线，打好中边桩，在管廊基础范围边缘撒上白色灰线，测出原地面高程。

2）基础垫层填筑

钢制管廊径向截面全部由波纹钢板组成封闭结构的，称为闭口截面钢制管廊（参见图3-9 管廊按材质划分（b）所示）。

①闭口截面钢制管廊的基础应为整个波纹钢管提供均匀的支承力。基础材料采用级配砂石，对材料的最大粒径和粉黏粒含量进行控制，最大粒径不宜超过50mm，且不能超过钢板波矩的1/2；0.075mm 以下粉黏粒含量不得超过3%。

②闭口截面钢制管廊的基础应均匀、坚固，基础的最小厚度与宽度应符合表3-12的规定，以保证提供足够的空间组装波纹钢管及进行周边结构性回填材料的回填压实。

闭口截面钢制管廊基础的最小厚度与宽度　　表 3-12

地质条件		基础最小厚度	基础宽度
碎石土、卵石土、砂砾、粗砂		表层夯实可直接将地基作为基础	
中砂、粗砂	孔径 $D \leqslant 2100$mm	300mm	$D+3$m
	孔径 $D>2100$mm	0.2D 和 500mm 的较大值	
岩石地基		200～400mm，但当其填土厚度大于5m 时，填土每增高 1.0m，基础厚度增加 40mm，增加后的基础厚度不宜大于 800mm	$D+3$m
软土地基		(0.3～0.5)D 且不小于 500mm	(2～3)D

注：D 为闭口截面钢制管廊横向最大孔径。

③闭口截面钢制管廊的基础宜设置预拱度，其大小应根据地基可能产生的下降量、管廊底纵坡和填土厚度等因素综合确定，一般在基础上预留填土厚度 0.5%～1%的预拱度。

④开口截面钢制管廊的基础宜采用混凝土基础，基础混凝土内预埋钢板连接件与波纹钢板连接如图 3-27 所示，钢板连接件应与波纹钢板垂直连接。

3）管廊主体安装

①管廊安装前要求准确放出管廊的轴线和端口位置，拼装时要注意端头管廊节板和中间管廊节板的位置，管廊的安装必须按照正确的轴线和图纸所示的坡度进行。

②管廊安装应紧贴在基础垫层上，使管廊能受力均匀；基础顶面坡度与设计坡度一致。

③安装时，每安装 5m 长度进行一次管廊节的位置校正。如出现偏位，采用千斤顶在偏位的方向向上顶管廊节进行纠偏。安装过程中随时监测整段管廊长度尺寸；安装长度允许偏差控制在±1%；螺栓的紧固力矩不低于 300N·m。波纹钢板拼装完毕后，应在纵向和横向连接处各自随机选取螺栓总数的 3%，用扭矩计量器检查，若抽查的螺栓紧固力不达标数超过所检查螺栓数的 10%，则必须对全部螺栓重新进行检查并重新拼装。

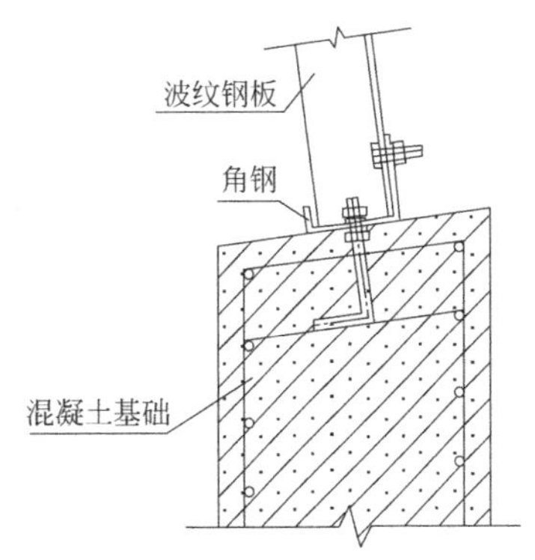

图 3-27　钢制管廊混凝土基础

④安装时，在管廊结构的拼装节点部位搭设作业平台并采取高空作业安全措施，以方便施工操作。

⑤管廊主体全部拼装完成并检查验收全部安装参数符合标准规范和设计要求后，在管身内侧安装附属配件。

⑥相邻波纹板的连接应采用搭接拼装，并用高强度螺栓连接，不得采用焊接。钢波纹板件搭接拼装时，沿管廊轴向相邻板片的搭接节点应进行错位搭接。

⑦拼装前在相邻波纹板间及螺栓处粘贴密封材料，密封材料的性能指标应符合现行标准的有关规定。

⑧结构长度方向同一截面角块拼装节板两侧的拼装节点按一侧外包，一侧内贴的形式组装。

4）内外壁防腐

①主体结构拼装成型后，在回填前应对外壁进行二次防腐处理。防腐选用改性热沥青及其他防腐性能好的防腐涂料，其性能指标应符合现行标准的有关规定。

②对于有防火等级要求的管廊结构内壁及支架，应进行防火涂装，其防火涂层性能指标应符合现行标准的有关规定。

③防腐蚀要求：

钢制管廊材料均为金属，波纹板片等均采用热浸镀锌防腐处理，其镀锌层附着量为 700g/m^2，连接螺栓镀锌层附着量为 350g/m^2。管身安装好后，在现场对外壁增涂热沥青防腐涂层，涂刷厚度 1～2mm，以加强防腐蚀的作用。对于外侧底部需刷涂沥青的板片，应在未安装之前将板片外侧涂刷沥青后再进行底部板片的安装。

5）回填施工

①钢制管廊两侧回填范围不应采用大型机械直接进行填筑、压实。

②钢制管廊两侧回填保持均匀对称、分层摊铺、逐层压实，每层厚度宜为 150～250mm（图 3-28），其压实度不应小于 92%，两侧夯实高度差不超过一层夯实厚度；由偏土压引起的钢制管廊变形应采取措施消除，校正截面形状后重新实施夯实。

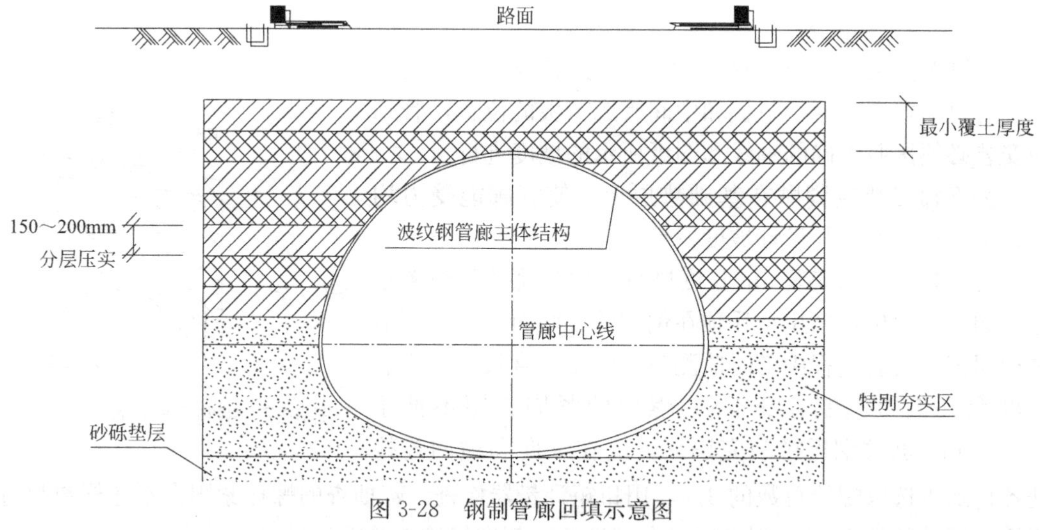

图 3-28　钢制管廊回填示意图

③在回填夯实过程中，从综合管廊外缘向外 2.0m 以内的范围内，应严格控制除夯实机械以外的重型机械的运行。夯实侧面时，夯实机械应与综合管廊的长度方向平行行驶；夯实综合管廊上方回填土时，应垂直于综合管廊的长度方向行驶。

④对于闭口截面钢制管廊两侧楔形部回填，可根据地质和设计要求选择采用如下方法：

a. 采用粗砂“水密法”振荡器密实。

b. 采用级配良好的砂石（含水量要求比最佳含水量大 2%左右），人工用木棒在管身外由外侧向内侧两侧对称进行夯实，木棒为截面 150mm×150mm，单次冲击力要达到 90N/次，每个凹槽部位都必须夯实到位。

c. 采用流态粉煤灰回填或水泥浆体浇注。

d. 采用最大粒径不超过 3cm 的级配砂石回填，然后用小型夯实机械斜向夯实，确保管底的回填质量。

e. 对于大直径（3m以上）圆形钢制管廊、管拱钢制管廊，可以采用素混凝土或气泡混合轻质混凝土回填，待其固化后再实行其外延部分的正常回填。注意设计中应考虑浇筑过程对结构的影响。

对于并列的钢制管廊（图3-29），因为空间原因管间距设置较小时，其管间空隙下部也可采用素混凝土或气泡混合轻质土填实，待其固化后再实行上部和顶部的正常回填。

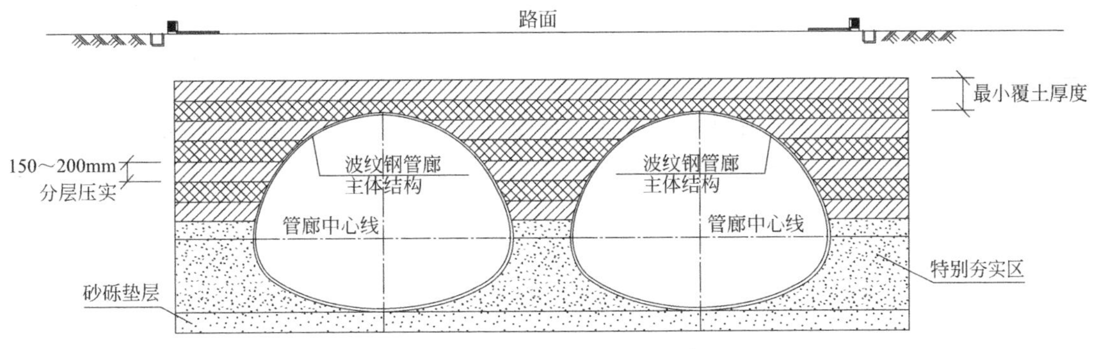

图3-29　并列钢制管廊回填示意图

f. 钢制管廊回填时，基坑应满足如下要求：

（a）沟槽内砖、石、木块等杂物应清除干净；

（b）沟槽内不得有积水；

（c）保持降排水系统正常运行，不得带水回填。

g. 钢制管廊顶部到最小覆土厚度以内应按结构性回填部分的要求进行施工。

h. 结构性回填部分宜采用级配砂石或者透水性好的材料。结构最小厚度不得小于1m，且不小于最大跨度的十分之一。钢制管廊开挖基坑两侧应采取可靠的支护措施，保证基坑两侧土体对钢制管廊结构受力不产生影响。

钢制管廊顶部1m范围内应采用人工回填，大型碾压机不得直接在管廊顶板上部施工。在最小填土高度范围内，应禁止夯实机械以外的重型机械在综合管廊上方通行，不得堆放重物。

3.2.3 非开挖施工技术

综合管廊结构施工在遇到穿越河流、铁路、房屋以及繁华市区地段、无法明挖建造或埋设时，就需要进行暗挖方法。暗挖施工综合管廊结构推荐盾构法和顶管法。

1. 盾构施工

盾构施工指利用盾构机在地下土层中掘进，同时拼装预制管片作为支护体，在支护体外侧注浆作为防水及加固层的施工方法。盾构机出发和接收均需要容纳盾构设备的相应空间，通常称为“出发井”和“接收井”，常为钢筋混凝土地下结构，需专门设计。

我国采用盾构法建设综合管廊的历史不长且多为配合性局部工程，如天津市刘庄桥海河改造工程中的地下共同过河隧道、南京云锦路电缆隧道莫双线220kV地下工程、上海南站过江电缆隧道工程等。在当前新一轮城市地下综合管廊建设热潮中，特殊地段的综合管廊采用盾构法施工是备选项之一。

（1）盾构综合管廊的适用范围

盾构施工方法可大幅度减少对城市环境及交通影响，社会效益明显，目前得到很多城市建设部门的重视。按照盾构机直径大小，可分为大、中、小型盾构。具体分类见表 3-13。

盾构机分类 **表 3-13**

直径 D(m)	型号	适用范围
$D \leqslant 3.5$	小型	市政管道工程
$3.5 < D \leqslant 9$	中型	地铁区间隧道
$D > 9$	大型	地铁车站或地下通道

城市地下管线的非开挖施工，一般认为直径大于 3m 的隧道结构采用盾构法施工比较经济，3m 以下的微型隧道采用顶管法施工比较合适。

(2) 盾构综合管廊的断面选型

城市综合管廊盾构施工与地铁隧道、公路隧道、火车隧道不同，横向截面直径多在 3～4m 左右，一般采用圆形断面形式，其断面主要有单舱和多舱综合管廊。

(3) 盾构选型

盾构选型应从安全性、适应性、技术先进性、经济性等方面综合考虑，所选择的盾构形式要能尽量减少辅助工法并确保开挖面稳定和适应围岩条件，同时还要综合考虑以下因素：

1) 盾构选型应以工程地质、水文地质为主要依据，综合考虑周围环境条件、综合管廊断面尺寸、施工长度、埋深、线路的曲率半径、沿线地形、地面及地下构筑物等环境条件，以及周围环境对地面变形的控制要求、工期、环保等因素；

2) 参考国内外已有工程实例及相关的盾构技术规范、施工规范及相关标准；

3) 可以合理使用辅助施工法；

4) 满足隧道的施工长度和线形要求，配套设备、始发设施等能与盾构的开挖能力配套。

(4) 盾构施工的关键技术

关键技术主要包括隧道端头加固、盾构的始发与接收、盾构防水施工、盾构测量技术以及盾构监测等。

1) 盾构隧道端头加固施工

端头加固是盾构始发、到达技术的一个重要组成部分，直接影响到盾构能否安全始发、到达。盾构始发、到达是最容易发生盾构机“下沉、抬头、跑偏”，导致掌子面产生失稳、冒水、突泥等事故。端头加固的失败是造成事故多发的最主要原因。端头加固可单独采用一种工法，也可采用多种工法相结合的加固手段，这主要取决于地质情况、地下水、覆盖层厚度、盾构机型、盾构机直径、施工环境等因素，同时考虑安全性、施工方便性、经济性、进度等要求。

为了保证盾构机正常始发或到达施工，需对盾构始发或到达段一定范围内的土层进行加固，其加固范围在平面上为隧道两侧 3m，拱顶上方厚度为 3m，沿线路方向长 9～12m，与一般地基加固不同，端头加固不仅有强度要求，还有抗渗透性要求。

常用的加固方法有搅拌桩加固、旋喷桩加固、注浆加固、冻结法加固等。

2) 盾构始发、接收技术

①盾构始发阶段

盾构机始发是指利用反力架及临时拼装的管片承受盾构机前进的推力，盾构机在始发基座上向前推进，由始发洞门进入地层，开始沿所定线路掘进所做的一系列工作。盾构始发是盾构施工过程中开挖面稳定控制最难、工序最多、比较容易产生危险事故的环节，因此进行始发施工各个环节的准备工作至关重要。其主要内容包括安装盾构机反力架及始发基座、盾构机组装就位空载调试、安装密封圈、组装负环管片、盾体前移、盾体进入地层。

为了更好地掌握盾构的各类参数，将开始掘进的 100m 作为试推段，试推阶段重点是做好以下几项工作：

a. 用最短的时间掌握盾构机的操作方法、机械性能，改进盾构的不完善部分。

b. 了解隧道穿越的土层地质条件，掌握这种地质下的土压平衡式盾构的施工方法。

c. 加强对地面变形情况的监测分析，掌握盾构推进参数及同步注浆量参数。

d. 做好掘进时的复测工作，做到每十环进行一次复测，及时纠偏。

盾构始发施工前，首先须对盾构机掘进过程中的各项参数进行设定，施工中再根据各种参数的使用效果及地质条件变化在适当的范围内进行调整、优化，从而确定正式掘进采用的掘进参数。设定的参数主要有：土压力、推力、刀盘扭矩、推进速度及刀盘转速、出土量、同步注浆压力、添加剂使用量等。

②盾构接收阶段

盾构的接收相对于区间隧道的施工有其特殊性和重要性，盾构机的接收是指从盾构机推进至接收井之前 50m 到盾构机被推上接收基座的整个施工过程。当盾构机施工进入盾构接收范围时（距接收井 50m），应对盾构机的位置进行准确测量，明确接收隧道中心轴线与隧道设计中心轴线的关系，同时应对接收洞门位置进行复核测量，确定盾构机的贯通姿态及掘进纠偏计划。在考虑盾构机的贯通姿态时需注意两点：一是盾构机贯通时的中心轴线与隧道设计中心轴线的偏差；二是接收洞门位置的偏差。综合这些因素在隧道设计中心轴线的基础上进行适当调整。纠偏要逐步完成，坚持一环纠偏不大于 4mm 的原则。

盾构机到站接收掘进分 4 个阶段。在这 4 个阶段中，应采取不同的施工参数，参数大小及侧重点不同。盾构机进入接收段后，为保证纠偏和减少接收井的结构及洞门结构的压力，要避免较大的推力影响洞门范围内土体的稳定；逐渐减小推力，降低掘进速度和刀盘转速，控制出土量并时刻监视土舱压力值，土压的设定值逐渐减小。

a. 测量复核与姿态调整阶段

为确保盾构接收时的贯通精度，接收前 100～50m 要进行导线和高程测量多层复测，根据复测结果合理安排纠偏计划，保证 100m 外完成盾构姿态调整。复测按照规范严格进行并报监理及测监中心复核。同时对接收洞门进行测量，以确定其位置。

复核无误后，根据复测数据调整盾构机的姿态。盾构姿态轴线偏差控制到＋15mm 以内。当盾构姿态偏差很大时，应及时而又稳定的进行纠偏，纠偏应小量多次进行，以保证隧道的顺直度。为保证姿态调整和纠偏的质量，接收前 50～30 环以内的掘进速度控制在 20～30mm/min。

b. 距离洞门结构混凝土 30～2m 掘进阶段

该阶段的掘进速度和土舱压力与前阶段掘进一样，此段施工应一定加强注意调整盾构机的姿态，使盾构机的掘进方向尽量与原设计轴线方向一致，并且要在接收前的 20m 处，使盾构机保持水平姿态前进或略微仰头姿态前进，保证正常接收。

盾构机切口进入接收加固区后开启超挖刀，掘进速度由原来正常段的 20～30mm/min 减至 5～10mm/min，土舱压力由原来的 0.20～0.22MPa 逐渐减至 0.15～0.17MPa。当盾构机刀盘距离结构钢筋混凝土 2m 时，土舱压力由原来的 0.15～0.17MPa 逐渐减至 0.03～0.05MPa。应在密切监控地表和洞口的情况下逐步减少压力。在离洞门还有 20 环时，在 1 号车架处，对管片注双液浆，每隔 5 环注一次，封闭地下水通路。与此同时，对未脱出盾尾的管片，用钢带将管片连成整体，防止到达后，管片脱出盾尾掉落。

c. 盾构机距离洞门 2m～30cm 掘进阶段

因为不能确定开挖时的最小土舱压力，所以在开挖过程中只能根据地质等情况尽量使压力最小。掘进过程中密切注视洞口的情况，直至距离洞门 30cm 左右，不可能再掘进为止。此阶段速度一般为 1～5mm/min。将土舱内土尽量出空，开始洞门凿除，保留外排钢筋。然后，做好洞门防水帘布的安装及其他接收准备工作。

d. 盾构机距洞门 20cm 到进入接收井露出阶段

开始割除钢筋、破除最后一层混凝土，盾构机继续前进并拼装管片，此阶段由于洞门结构已经完全破除，速度根据实际情况决定，舱内无压力；刀盘完全露出土体后停止转动。盾构机停顿片刻，此时立即清除坍塌下来的土体及密封舱内的泥土。

洞门混凝土凿除、洞圈内止水钢板焊接完毕后，盾构开始推进。由于刀盘已在洞圈内，前方无土层存在，故此时推进无出土，每推进 1.5m 应立即拼装管片，从而缩短接收时间。推进至盾尾还剩 70cm 在槽壁内时停止推进，盾构一次接收结束。

一次接收后停止推进，立即在槽壁钢圈上与盾壳之间采用断焊方式焊接一整圈弧形钢板，钢板与洞圈采用断焊，当焊接完毕后用速凝水泥封堵弧形钢板、管片、钢圈之间的缝隙。

洞圈封堵完毕后，利用管片吊装孔进行壁后注浆，水泥浆液配比 1：1，注浆压力 0.2MPa。隧道内注浆通过钢板上、下、左、右 4 个位置的注浆孔在洞圈外进行补压注浆。

盾构正常推进阶段是千斤顶顶住管片向前前进，而此次推进已无管片。故使用顶管法，在千斤顶与管片之间加顶管使盾构机向前推进。当推进至盾尾离内衬墙 3.5m 处停止推进（共推进 4.2m），二次接收结束。

3）盾构防水施工技术

根据目前盾构法区间隧道渗漏水的情况，可将盾构法隧道的防水划分为以下四类；管片自防水、管片接缝防水、管片外防水、隧道接口防水。

以管片结构自身防水为根本，接缝防水为重点，确保隧道整体防水。管廊盾构施工可参照隧道施工的防水要求，一般顶部不允许滴漏，其他不允许漏水，结构表面可有少量湿渍，并满足下列要求：隧道漏水量不超过 0.05L/(m^2·d)，同时总湿渍面积不应大于总防水面积的 2‰，任意 100m^2 隧道内表面上的湿渍不超过 3 处，单一湿渍的最大面积不大于 0.2m^2，衬砌接头不允许漏泥砂和滴漏，拱底部分在嵌缝作业后不允许有漏水。

管片采用耐久性好的高性能自防水混凝土，通过外掺剂改性提高混凝土的抗渗性，混凝土管片抗渗等级≥P10，可满足自身防水要求。

管片接缝防水采用密封垫防水，管片密封垫沟槽内粘贴三元乙丙橡胶弹性橡胶密封垫，通过其被压缩挤密来防水。为了确保接缝两侧密封垫接缝宽度，要求管片环缝错台量不大于 10mm，错台率不大于 10%。

管片外防水主要采用管片壁后注浆技术及时充填管片与围岩之间的空隙，以达到防水及控制地层沉降的效果。一般注浆量为计算体积的 1.5～2.0 倍。

隧道接口防水采取的主要措施是多重防水，包括：联络通道与盾构管片之间的过渡处采用自粘式卷材进行封闭，自粘式卷材在钢管片表面收口部位的端部，设置二道遇水膨胀嵌缝胶；在盾构隧道与联络通道接口处初衬中预埋一圈环向小导管注浆，并在初衬与二次衬砌之间设置 ϕ50 环向软式透水管，二衬与管片间设置缓膨型遇水膨胀嵌缝胶；各结构自身的防水材料在接口处应进行自收口处理；加大接口处 25 环管片的同步注浆压力，并进行二次注浆及整环嵌缝处理。

(5) 盾构穿越特殊地质施工技术

盾构法施工综合管廊在穿越特殊地质条件时能体现出其施工优越性，主要包括针对穿越富水砂层、城区建筑物密集区域、穿越河流段的施工技术。

1) 盾构穿越富水砂层施工技术

盾构穿越砂层地段的关键是防止因喷涌、失水、扰动等原因造成的沉降，并做好上方建筑物的保护。在过砂层之前，对盾构机进行全面的检查及维修保养。进行土体改良，主要采用聚合物添加剂、膨润土等改良渣土，以改善渣土的和易性，增加止水效果，避免喷涌的发生。做好同步注浆和二次注浆工作。合理选择掘进模式和掘进参数，控制好盾构机的姿态。做好监测工作，及时反馈信息，同时对附近建筑物做好监测。

2) 盾构穿越建筑物施工技术

盾构穿越建筑物，从盾构始发开始就要做好穿越建筑物的准备，并以建筑物前 100m 范围相近地层掘进段为穿越试验段，对前期施工的参数设定及地面沉降变化规律进行摸索，分析盾构穿越土层的地质条件，掌握这种地质条件下盾构推进施工的方法。根据土体变形情况不断对施工参数的设定进行优化，以期达到最佳效果，控制好地面沉降，保证盾构以最合理的施工参数顺利、安全的穿越建筑物。

穿越施工前，对建筑物进行估算，然后根据计算结果来推算土压力，根据此计算来确定盾构进入建筑物的土压力设定值。在施工过程中，根据监测情况对设定值随时做出调整。盾构推进中的同步注浆是填充土体与管片之间的空隙和减少后期变形的主要手段，也是盾构推进施工中的一道重要工序。浆液压注要及时、均匀、足量，确保其空隙得以及时和足量填充。穿越建筑物过程中尽量保持较低匀速推进，确保盾构均衡的穿越建筑物，减少盾构推进对周边土体的扰动。在穿越建筑物过程中，可通过在刀盘上部的注浆孔压注水或膨润土来改良刀盘前方土体，增加土体的和易性。盾构机穿越建筑物施工过程中，应进行 24h 不间断连续施工，以避免盾构长时间停顿引起的后期沉降。施工人员重点做好同步注浆、二次补压注浆的监控工作。

3) 盾构穿越河流施工技术

盾构下穿河流地段易出现冒顶透水等事故，需要谨慎对待，提前采取措施。在盾构穿越河流前，对其周边环境进行详细调查，特别是河底的地质状况和水文地质情况。在施工前，对施工人员进行详细交底，对盾构机进行维修保养，确保设备性能良好，尤其是盾尾密封装置和螺旋机闸门等，要确保能随时发挥作用。

盾构穿越河流前后存在覆土的突变，因此在盾构掘进前应根据覆土深度的变化，及时对设定平衡压力进行调整。根据地质情况及隧道埋深等情况，进行切口平衡压力计算。严格控制出土量，确保盾构按压力平衡模式推进。盾构推进速度保持稳定，确保盾构均衡、匀速的穿越，减少盾构推进对前方土体造成的扰动，减少对河底及岸边结构的影响。

盾构推进中的同步注浆是填充土体与管片圆环间的间隙和减少后期变形的主要手段，也是盾构推进施工的一道重要工序。浆液压注要及时、均匀、足量，确保其空隙得以及时和足量的填充，每环的压浆量一般为理论空隙的 180％～250％。发现沉降变化较大时应进行二次注浆。二次注浆一般采用水泥浆，特殊情况可采用化学浆液，根据地层变形监测信息及时调整，确保压浆的施工质量。

2. 顶管技术

顶管法施工地下综合管廊，是在以后背为支撑条件下，顶管机头从工作井开始挖掘出洞，借助于主顶油缸及管道间中继间等的推力，由主顶千斤顶将顶管管片跟随顶管机顶进，并挖掘管头土体，重复顶进管节，把工具管或掘进机从工作井内穿过土层一直推至接收井后，将顶管机头吊起的过程。在此过程中把紧随工具管或掘进机后的管道埋设在两井之间，以期实现非开挖敷设地下管廊的施工方法，见图 3-30。

图 3-30　顶管施工

（1）顶管在地下综合管廊建设过程中的应用现状

1）顶管技术优势

①采用非开挖的顶管技术能够有效避免原有管线搬迁，大大降低管线维护成本，有效保持路面的完整性和各类管线的耐久性。

②采用顶管施工技术进行地下综合管廊建设，可有效避免频繁开挖路面对交通出行、道路安全造成的隐患，也能够彻底缓解城建工程与交通通行、市容美化之间的矛盾，保持了城市路容的完整和美观。

2）顶管技术在综合管廊应用现状

顶管施工地下综合管廊，根据截面形状可分为矩形顶管和圆形顶管，技术原理上基本相似。近年国内部分大断面矩形顶管案例见表 3-14。

近年国内部分大断面矩形顶管案例　　　　**表 3-14**

时间	应用项目	矩形顶管截面尺寸	一次最大顶进长度
2012 年	佛山地下步行街(四孔联排)	6.9m×4.6m	60.5m
2014 年	郑州下穿中州大道地下车行隧道	10.12m×7.5m	105m
2014 年	郑州双车道地下车行隧道	10.4m×7.5m	110m
2016 年	深圳轨交 9 号线地铁出入口通道	7.7m×4.3m	133.5m
2016 年	天津黑牛城地下人行通道与综合管廊链接通道	10.42m×7.5m	82.6m

（2）顶管施工工艺流程

泥水平衡顶管工艺主要包括四个主要环节，即：施工准备、设备安装、顶管机及管道顶进、顶管机进出洞口。施工流程见图 3-31。

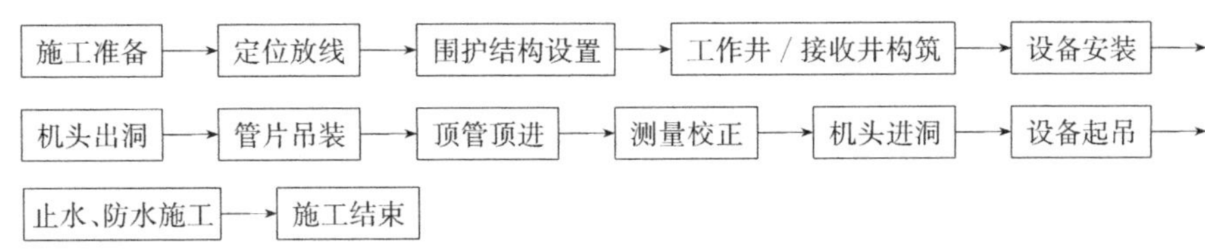

图 3-31　泥水平衡顶管施工工艺流程图

1）顶管工作井和接收井

工作井是安置并操作顶进设备的场地，同时也是掘进机出发并开始顶进的场地。千斤顶、后靠背、铁环等物就放置在工作井中。接收井是一段顶进的终端，并最后接收掘进机。

工作井和接收井的建设方法种类很多，钢板桩、沉井、地下连续墙以及 SMW 工法等多种施工方法都适用。

2）顶管掘进设备

顶管掘进机安放在最前端，对顶管工程起决定作用。掘进机形式多样，无论何种形式，顶管工程中方向是否正确、取土合格等都由它的功能决定。

3）主顶装置及中继间

主顶进装置是由四个系统工具组成，含：油管、操纵台、油泵及油缸。油管是传送压力的管道，操作台控制着油缸的回缩和推进，按操作方式可分为手动和电动两种，其中电动通过电液阀或电磁阀实现；油缸是顶力的发生地，一般围着管壁对称布置，它的压力来源于油泵，油泵与油缸之间用油管连接。常使用的压力一般在 32～42MPa 之间。

中继站的出现，让顶管施工的顶进距离有了大的发展，现在也成了长距离顶进中的必要设备，可以说没有这项技术，超长距离顶管就成了空谈。一般长距离顶管施工中，存有多个中继站，每个站内在管道四周布置许多小千斤顶。

4）后座墙

后座墙相当于挡墙的作用，是将顶力的反作用力传到后面土体而保证土体不发生破坏的墙体。它的结构形式因顶管工作坑的不同而选用不同的方式，一般在沉井工作坑或地下连续墙工作坑中直接就利用工作坑的一个面作为墙体。但在钢板桩工作坑中，需要在钢板与工作坑中的土体间浇筑形成一堵混凝土墙，厚度可根据工作顶力、墙体宽高等来确定，一般选为0.5～1.0m。这样做的目的就是将反作用力能均匀较好地传到土体中，一般顶管施工中千斤顶的作用面积较小，如直接将作用力作用到后座墙体上，可能造成局部损坏，因而在后背墙体和千斤顶之间还要置入一层200～300mm的钢板，通过它增大作用面积，从而将作用力均匀传到后座墙上，这块钢板简称后靠背。

5）顶管管片

顶进用管材是顶管工程中的主体，它的分类多样。一般简单分为单一管节和多管节。单一管节钢管的接口都是焊接成的，它具有焊接接口不易渗漏和刚性较大的优点，但使用范围有限，只能用于直线顶管。除此之外，PVC管及经过改造后的铸铁管也可用于顶管。多管节是指顶进多段管道，这种形式钢筋混凝土管居多，2～3m长度为一节，管道与管道之间用F、T、企口等形式连接止漏。

6）传输及注浆系统

挖掘土体的传输是顶管工程中的一个重要环节，顶管机形式不同输土区别较大。手掘式顶管施工中，一般采用人力掏土配合卷扬机等来出土；泥水式顶管施工中，一般有泥浆泵配合管道等输送；土压式顶管施工中，有土砂泵配合螺旋杆、电瓶运输车等来输送出土。

7）吊运系统

顶管施工，吊运下管设备是必须的。一般门式行车使用最广，它的优点是工作稳定、操作容易，缺点是移动不便，拆转费用高。另外有可自由行走的履带式和汽车式，这两种起重机占地范围小，转移起来灵活、方便，但应注意放置位置，不能太靠近工作井。

8）注浆系统

当顶管施工顶进距离长时，注浆减阻是其中的一项重要工艺，也是工程能否成功的关键性因素。主要有两个工作环节：拌浆、注浆。拌浆就是将注浆材料与水兑和，形成浆体材料；注浆是其中的主要工作，先将浆体材料放入注浆泵，再用注浆泵输送到各个管道，由管道再通到各个注浆孔。这其中控制压力和浆体含量主要是依靠注浆泵，管道由粗到细到孔，使浆体材料最后进入土体与管道之间的空隙。注浆孔的布置：一般应靠近管道边缘即管道端头，这样布置能使浆液先进入管道外壁与下一节管道的套环间再流入管道与土之间，之后浆体材料才不易流失。

9）测量纠偏系统

顶管施工中，测量是纠偏的基础，纠偏是保证顶管满足设计功能的必要措施。在顶管过程中，管道前进会产生与设计不统一的偏差问题，包含左右、高低偏差。

一般情况下，当顶进距离较短，可以使用水准仪和经纬仪进行测量。它们一般放置在工作坑的后部，分别可以测出左右和高低偏差。当在长距离顶管施工和机械顶管施工中，肉眼难以分辨，可以激光经纬仪来一次性判断其左右和高低偏差，其原理是通过直射在顶管机上的光点来判断。

3.2.4 综合管廊工程防护技术

地下管廊工程施工工艺、结构形式多样，构造较为复杂（交汇、分支路和连接通道、孔口繁多），用途也具有多样性（多种不同功能管线共存），加之建筑渗漏长期位列建筑

“通病”之首，这些都决定了管廊防护技术的复杂性。

1. 地下管廊防护分类

（1）地下管廊防水分类

明挖法施工管廊可采用结构自防水加全外包防水层做法，全外包防水层做法根据施工场地条件可分为外防外贴法和外防内贴法两种。对采用放坡基坑施工或虽设围护结构，但基坑施工场地较充足的情况，外墙宜采用外防外贴法铺贴防水层。外防外贴法是待管廊结构钢筋混凝土结构外墙施工完成后，直接把防水层做在外墙上（即结构墙迎水面），最后作防水层的保护层。在施工条件受到限制、外防外贴法施工难以实施时，采用外防内贴防水施工法。外防内贴法是管廊结构钢筋混凝土结构外墙施工前先砌保护墙，然后将卷材防水层贴在保护墙上或直接将卷材挂在围护结构上，最后浇注外墙混凝土。暗挖法防水做法是采用结构自防水的同时在初期支护与二次衬砌之间设置预铺防水卷材、防水涂料或塑料防水板形成衬垫防水系统，利用防水层将围岩内的水与二次衬砌隔离开来，见图 3-32。防水设防要求见表 3-15。

综合管廊防水设防要求 **表 3-15**

部位	主体结构							施工缝							后浇带					变形缝					
防水措施	防水混凝土	防水卷材	防水涂料			防水砂浆		遇水膨胀止水条（胶）	外贴式止水带	中埋式止水带	外抹防水砂浆	外涂防水涂料	水泥基渗透结晶防水涂料	预埋注浆管	补偿收缩混凝土	外贴式止水带	预埋注浆管	遇水膨胀止水条（胶）	防水密封材料	中埋式止水带	外贴式止水带	可卸式止水带	防水密封材料	外贴防水卷材	外涂防水涂料
二级防水	应选	选一种						选一至两种							应选	选一至两种				应选	选一至两种				

综合管廊混凝土结构自防水是根本防线，工程迎水面主体结构采用防水混凝土浇筑，同时再设置附加防水层的封闭层和主防层，施工缝、变形缝等接缝防水为重点，应辅以防水加强层防水。附加防水层可采用柔性卷材防水系统铺贴或涂膜防水系统。综合管廊防水的难点在于细部构造的防水，包括施工缝、变形缝、穿墙套管、穿墙螺栓等部位，这些部位如果处理不好，渗漏现象是非常普遍的。

（2）综合管廊防腐蚀

综合管廊防腐蚀所采取的技术措施应符合合理的年限要求，应根据场地的环境类别及作用等级进行防腐设计与施工综合管廊腐蚀重点关注下列四种情况：①地下水与海水有联系的场地；②新近填海造地的场地；③具有化学腐蚀性的工厂旧址场地；④地下水与土壤有腐蚀性的场地。地下管廊结构所处环境类别及其对钢筋和混凝土材料的腐蚀机理，按表 3-16 确定并采取相应防腐措施。

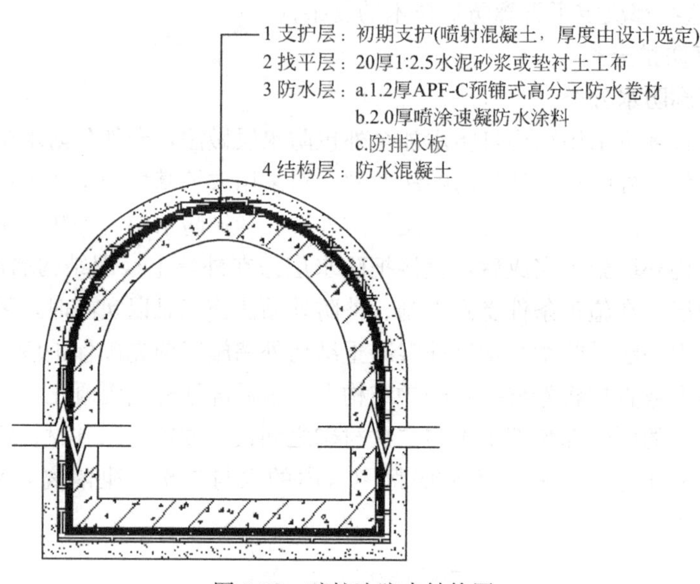

图 3-32 暗挖法防水结构图

环境类别及其腐蚀机理 **表 3-16**

环境类别	场地环境地质条件	腐蚀机理
Ⅰ	干旱区直接临水；干旱区强透水层中的地下水	1. 保护层混凝土碳化引起钢筋锈蚀； 2. 氯盐等盐类引起钢筋锈蚀； 3. 化学腐蚀物质引起钢筋锈蚀
Ⅱ	干旱区弱透水层中的地下水；各气候区湿、很湿的弱透水层	
Ⅲ	各气候区稍湿的弱透水层；各气候区地下水位以上的强透水层	

由于地下水位标高起伏等原因，处于干湿交替循环环境，极易发生侵蚀。不断重复循环的干湿过程就会导致在混凝土和罩面层区内盐分浓度迅速增加，盐分侵蚀使混凝土质量恶化。有条件的地下管廊宜避开有污染土层或地下水干湿交替区域。地下水和土层环境腐蚀性作用类型及其等级划分按表 3-17 确定，对地下管廊结构的腐蚀性判断标准按《岩土工程勘察规范》GB 50021 的规定执行。

环境腐蚀性作用类型及等级划分 **表 3-17**

环境腐蚀性作用类型	环境腐蚀性作用等级划分			
水、土对混凝土结构的腐蚀	微腐蚀	弱腐蚀	中腐蚀	强腐蚀
水、土对钢筋混凝土结构中钢筋的腐蚀				
水、土对钢结构的腐蚀				

地下管廊防腐蚀应遵循预防为主，防护结合的原则。采取在混凝土表面涂覆保护性的、不起吸附作用的防腐蚀材料，也能起到停止盐类侵蚀的保护作用。处在受碱液作用环境时，结构主体应采用硅酸盐水泥或普通硅酸盐水泥，不得选用高铝水泥或以铝盐酸盐成分为主的膨胀水泥，并不得采用铝酸盐类膨胀剂。采用的防腐蚀材料应符合国家标准《建筑防腐蚀工程施工规范》GB 50212 规定。地下结构防腐要求参见表 3-18。

地下结构防腐要求　　　　表 3-18

腐蚀性等级	防腐措施
强	1. 环氧沥青、聚氨酯沥青贴玻璃布，厚度≥1mm； 2. 树脂玻璃鳞片涂层，厚度≥500μm； 3. 聚合物水泥砂浆，厚度≥15mm
中	1. 环氧沥青或聚氨酯沥青涂层，厚度≥500μm； 2. 聚合物水泥砂浆，厚度≥10mm； 3. 树脂玻璃鳞片涂层，厚度≥300μm
弱	1. 环氧沥青或聚氨酯沥青涂层，厚度≥300μm； 2. 聚合物水泥砂浆，厚度≥5mm； 3. 聚合物水泥砂浆两遍

注：1. 当表中有多种防护措施时，可根据腐蚀性介质的性质和作用程度、基础的重要性等因素选用其中一种；
2. 地下管廊表面附加防腐措施可结合防水措施统一考虑，防水材料应能符合防腐要求。

2. 地下管廊防护施工技术

（1）结构自防护

地下管廊结构主体为防水混凝土自防水结构，防水混凝土一般分为普通防水混凝土、外加剂防水混凝土和膨胀水泥防水混凝土三大类。在选择防水材料时，应综合考虑建筑物的性质、构造、施工方案、施工条件等各方面因素，并考虑耐久性、可靠性和经济性，选择合适的材料。主体防水材料对减少地下水对地下管廊的侵蚀破坏，避免地下管廊的渗漏起到关键性的作用。

综合管廊结构自防水混凝土设计抗渗等级应符合表 3-19 的规定。

防水混凝土设计抗渗透等级　　　　表 3-19

管廊埋置深度 H(m)	设计抗渗等级	管廊埋置深度 H(m)	设计抗渗等级
$H<10$	P6	$20\leqslant H<30$	P10
$10\leqslant H<20$	P8	$H\geqslant 30$	P12

注：试配混凝土的抗渗等级要比设计要求提高 0.2MPa

（2）防水卷材施工

地下管廊工程防水卷材选用推荐见表 3-20。

防水卷材选用推荐　　　　表 3-20

<table>
<tr><th>部位</th><th colspan="2">防水材料选用推荐</th><th>备注</th></tr>
<tr><td rowspan="3">管廊底板</td><td rowspan="3">迎水面</td><td>1.2mm 厚 APF-C 预铺式高分子自粘胶膜防水卷材(非沥青)(预铺反粘)</td><td rowspan="2">1. 南北适用；
2. 对基面要求低，特别适用于赶工期及雨期施工；
3. 施工后不用做保护层</td></tr>
<tr><td>4mm 厚 APF-600 预铺防水卷材(预铺反粘)</td></tr>
<tr><td>2mm 厚 APF-3000 压敏反应型自粘高分子防水卷材(单面空铺)</td><td>1. 南北适用</td></tr>
<tr><td rowspan="2">管廊侧壁</td><td>外防外贴</td><td>2mm 厚 APF-3000 压敏反应型自粘高分子防水卷材(单面)</td><td>1. 南北全季及北方春夏秋季适用；
2. 建议采用湿铺工艺</td></tr>
<tr><td>外防内贴</td><td>1.2mm 厚 APF-C 预铺式高分子自粘胶膜防水卷材(预铺反粘)</td><td>1. 南北适用</td></tr>
</table>

续表

部位	防水材料选用推荐		备注
管廊顶板	无种植	2mm 厚 APF-3000 压敏反应型自粘高分子防水卷材(单面)	1. 南北全季及北方春夏秋季适用; 2. 施工方法灵活,可根据实际情况选用湿铺或干铺施工
		3mm 厚 APF-600 湿铺防水卷材(单面湿铺)	1. 南北全季及北方春夏秋季适用
	有种植	第一道:2mm 厚 APF-3000 压敏反应型自粘高分子防水卷材(双面湿铺或干铺) 第二道:4mm 厚弹性体改性沥青聚酯胎耐穿刺防水卷材(热熔)	1. 南北全季及北方春夏秋季适用; 2. 施工方法灵活,可根据实际情况选用湿铺或干铺施工

1) 防水卷材施工工艺

①基层处理

a. 基层表面不得有明水，松散的混凝土、浮浆、杂物、油污施工前应进行清除。

b. 基层表面应平整，平整度用 2m 靠尺检查，间隙不超过 5mm。不能满足要求时打磨处理。

c. 基层表面的凸出物应从根部凿除，凿除部位用聚氨酯密封膏刮平、压实，凹陷处酥松表面凿除后用高压水冲洗，待槽内干燥后，用聚氨酯密封膏填充压实。基层表面大于 0.3mm 的裂缝应先凿出深 1cm、上口宽 1cm 的三角形凹槽，然后用聚氨酯密封膏嵌缝密封。

d. 所有阴阳角部位均应做成 50mm×50mm 的倒角或圆弧，材料采用 1 ∶ 2.5 水泥砂浆。

②防水卷材铺设

a. 铺贴卷材严禁在雨天、雪天、五级及以上大风中施工，自粘法施工的环境气温不宜低于 5℃，施工过程中下雨或下雪时，用塑料薄膜对已铺卷材进行覆盖。

b. 已铺设的自粘卷材的保护膜，在防水保护层施工前撕掉，撕掉后立即施工防水保护层，避免对已铺设卷材造成污染。

c. 底板垫层混凝土部位的卷材可采用空铺法或点粘法施工，其粘结位置、点粘面积应按设计要求确定；侧墙采用外防外贴法的卷材及顶板部位的卷材应采用满粘法施工。

d. 卷材与基面、卷材与卷材间的粘结应紧密、牢固；铺贴完成的卷材应平整、顺直，搭接尺寸应准确，不得产生扭曲和皱折。

e. 卷材搭接处和接头部位应粘贴牢固，接缝口应封严或采用材性相容的密封材料封缝。

f. 铺贴立面卷材防水层时，应采取防止卷材下滑的措施。

g. 铺贴双层卷材时，上下两层和相邻两幅卷材的接缝应错开 1/3～1/2 幅宽，且两层卷材不得相互垂直铺贴。

h. 立面卷材铺贴完成后，应将卷材端头固定或嵌入墙体顶部的凹槽内，并用密封材料封严。

i. 排除卷材下面的空气，应辊压粘贴牢固，卷材表面不得有扭曲、皱折和起泡现象。

j. 应先铺平面，后铺立面，交接处应交叉搭接。

k. 混凝土结构完成，铺贴立面卷材时，应先将接槎部位的各层卷材揭开，并应将其表面清理干净，如卷材有局部损伤，应及时进行修补。

l. 卷材接槎的搭接长度，合成高分子类卷材应为100mm。当使用两层卷材时，卷材应错槎接缝，上层卷材应盖过下层卷材。

2）防水卷材加强层

①以下部位设置加强防水层（见图3-33）

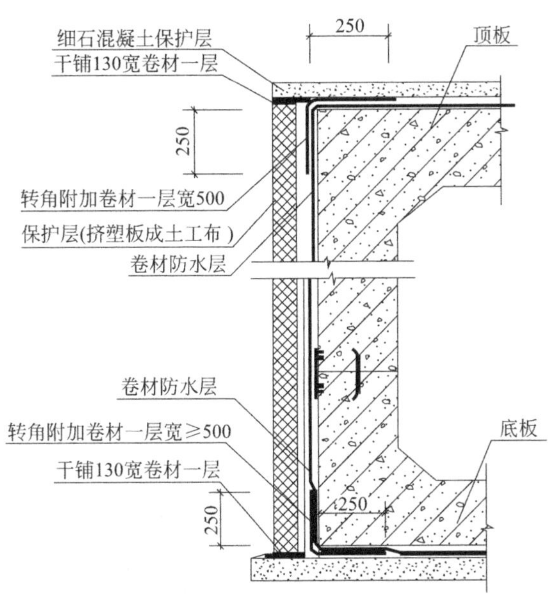

图3-33 顶底板外墙交角防水构造

a. 结构阴角、阳角；

b. 水平施工缝、环向施工缝；

c. 环向变形缝。

②防水卷材加强层尺寸

a. 从角点（阴角、阳角、变坡点）、接缝（施工缝、变形缝）位置一边500mm，长度方向通长布置。

b. 环向、纵横向交叉时应进行搭接，搭接长度100mm。

（3）防水涂料施工

防水涂料选用推荐见表3-21。

防水涂料选用推荐表 **表3-21**

部位	防水材料选用推荐		备注
管廊底板	迎水面	2mm厚喷涂速凝橡胶沥青防水涂料	1. 南北全季及北方春夏秋季适用； 2. 适合复杂基面施工
		2mm厚KS-929单组分湿固化聚氨酯防水涂料（喷涂或刮涂）	1. 南北全季及北方春夏秋季适用； 2. 适合复杂基面施工
		第一道：1.2mm厚蠕变型橡胶沥青防水涂料（喷涂或刮涂） 第二道：1.2mm厚APF-3000压敏反应型自粘高分子防水卷材（参见“防水卷材施工”）	1. 南北适用； 2. 适合复杂基面施工

续表

部位	防水材料选用推荐		备注
管廊侧壁	外防外贴	2mm 厚喷涂速凝橡胶沥青防水涂料	1. 南北全季及北方春夏秋季适用； 2. 适合复杂基面施工
		2mm 厚 KS-929 单组分湿固化聚氨酯防水涂料（喷涂或刮涂）	1. 南北全季及北方春夏秋季适用； 2. 适合复杂基面施工
		第一道：1.2mm 厚蠕变型橡胶沥青防水涂料（喷涂或刮涂） 第二道：1.2mm 厚 APF-3000 压敏反应型自粘高分子防水卷材（参见“防水卷材施工”）	1. 南北适用； 2. 适合复杂基面施工
	外防内贴	2mm 厚喷涂速凝橡胶沥青防水涂料	1. 南北全季及北方春夏秋季适用； 2. 特别适合复杂基面无法施工卷材的情况
管廊顶板	无种植	2mm 厚喷涂速凝橡胶沥青防水涂料	1. 南北全季及北方春夏秋季适用； 2. 特别适合复杂基面无法施工卷材的情况
		2 厚 KS-929 单组分湿固化聚氨酯防水涂料（喷涂或刮涂）	1. 南北全季及北方春夏秋季适用； 2. 适合复杂基面施工
		第一道：1.2mm 厚蠕变型橡胶沥青防水涂料（喷涂或刮涂） 第二道：1.2mm 厚 APF-3000 压敏反应型自粘高分子防水卷材（参见“防水卷材施工”）	1. 南北适用； 2. 适合复杂基面施工
	有种植	第一道：2mm 厚蠕变型橡胶沥青防水涂料（喷涂或刮涂） 第二道：4mm 厚弹性体改性沥青聚酯胎耐穿刺防水卷材（搭接边热熔）（参见“防水卷材施工”）	1. 南北适用； 2. 适合复杂基面施工； 3. 干燥、潮湿基面均可施工

管廊侧墙外表面以及顶板上面主要用水泥基渗透结晶型防水涂料，起外包防水作用。管廊结构内表面采用水性渗透结晶型涂料 CSPA，起防腐与加强防水作用。管廊防水涂料施工前，涂料混凝土外缘表面需清理干净，不得留有尘土污垢和集水，然后全面、均匀涂喷防水涂料两次。防水涂料每m^2用量不得少于 1.5kg，厚度≥1.0mm。

1）防水涂料施工工艺

防水涂料常用施工方法有三种：刮涂施工法、刷涂施工法、喷涂施工法。

水泥基渗透结晶型防水涂料一般采用刮涂施工法或刷涂施工法，水性渗透结晶型涂料采用喷涂施工法。

刮涂施工法：是指用抹灰的方法将按要求调配好的涂料、浆料均匀涂布在需要做防水涂层的基面上。

刷涂施工法：是指用大的软质排刷（或厂家专用刷子）将拌好的涂料浆料刷涂在需要做防水涂层的基面上。

喷涂施工法：是指用喷浆机将拌好的涂料、浆料喷涂在需要做防水涂层的基面上。

2）防水涂料施工注意事项

①使用防水涂料的基面应干净，无浮层、油污、旧涂膜、尘土污垢及其他杂物，以提供充分开放的毛细管系统，有利于涂料的渗透和结晶体的形成；若常规清理不行，则可采用钢丝刷刷洗、高压水冲等方法进行处理。

②对所有要涂刷防水涂料的混凝土，必须仔细检查是否有结构上的缺陷，如裂缝、蜂

窝麻面状的劣质表面、施工缝接口处的凹凸不平等，均应修凿、清理，进行堵缝、补强、找平处理，再进行大面积涂刷。

③施工前必须用清水彻底湿润工作面，形成内部饱和，以利于防水涂料借助水分向混凝土结构内部渗透。但要注意湿润的表面不能有多余的浮水，冬期施工应做一段湿润一段。

④不能在结冰或上霜的表面施工，也不要在连续48h内环境温度低于4℃时使用。确实因工期需要必须施工时，可将施工时间安排在晴好天气的10：00～15：00之间，还可采用温水（或热水）拌料，以加快初凝时间，增加早强效果。连续环境温度低于零下4℃时暂停施工。

⑤不宜在雨雪天施工，新施工的表面固化前不要被雨淋。施工后48h内，仍应避免雨淋、霜冻或0℃以下的长期低温；在空气流通不良或不具备通风条件的情况下（如封闭的矿井或隧道），可采用风扇或鼓风机械协助通风。

⑥要确保涂层厚度与施工推荐用量。这是保证施工质量的有效方法。尤其是采用涂刷方法施工时，浆料太稀或搅拌不匀，就容易起粉或起壳。

⑦当涂层固化到不会被喷洒水损害时养护就可以开始了，必须养护1～2天，冬季每天喷洒水1～3次即可（不可结冰），或用潮湿透气的粗麻布、草席覆盖两天。环境湿度较高时，可不必洒水养护。

⑧避免直接与皮肤接触，若需用手掺拌干粉或湿料时需戴胶皮手套。万一溅入眼睛，必须第一时间用清水冲洗，并及时到医院诊治。

⑨顶板防水层上表面有种植要求时，在水泥基渗透结晶型防水涂料防水层上表面设置1.2mm厚的聚氯乙烯防水卷材耐根系穿刺层。

（4）特殊部位防水

1）变形缝

由于地下结构的伸（膨胀）缝、缩（收缩）缝、沉降缝等结构缝是防水防渗的薄弱部位，应尽可能少设，故将前述三种结构缝功能整合设置为变形缝。变形缝防水处理措施如下：

①中埋式止水带

a. 钢边橡胶止水带安设位置要准，其中间空心圆环与变形缝中心线重合，并安设到防水钢筋混凝土衬砌厚度的二分之一处，做到平、直、顺。

b. 钢板止水带搭接要求钢板采用焊接法，橡胶采用粘结法，要求连接缝严密牢固。如有条件非硫化部位的橡胶搭接可采用热硫化连接。

c. 止水带采用铁丝固定在结构钢筋上。钢边橡胶止水带上的钢板两侧设有预留孔，预留孔间距每侧300mm（预留孔两侧错开布置），用铁丝穿孔固定在钢筋上并用扁钢加强固定，转角处做成圆弧形，半径不应小于100mm。

d. 水平设置的止水带均采用盆式安装，盆式开孔向上，保证浇捣混凝土时混凝土内产生的气泡顺利排出。

e. 钢板止水带除对接外，其他接头部位（T字形、十字形等）接头均采用工厂接头，不得在现场进行接头处理。对接应采用现场热硫化接头。

浇注混凝土时，防止损坏止水带，在止水带周围的混凝土应充分振捣，使橡胶和混凝土结合紧密，不得产生空隙。

②外贴式止水带

a. 止水带设置在其他防水层表面时，可采用胶粘法等固定，不得采用水泥钉穿过防水层固定。

b. 止水带的纵向中心线应与接缝对齐，止水带安装完毕后，不得出现翘边、过大的空鼓等部位，以免灌注混凝土时止水带出现过大的扭曲、移位。

c. 转角部位的止水带齿条容易出现倒伏，应采用转角预制件或采取其他防止齿条倒伏的措施。

应确保止水带齿条与结构现浇混凝土咬合密实；浇筑混凝土时，止水带表面不得有泥污、堆积杂物等，否则必须清理干净。

③变形缝嵌缝

a. 嵌缝前，应清除掉变形缝内一定深度的变形缝衬板，并将缝内表面混凝土面用钢丝刷和高压空气清理干净，确保缝内混凝土表面干净、干燥、坚实，无油污、灰尘、起皮、砂粒等杂物。

b. 缝内变形缝衬垫板表面应设置隔离膜，隔离膜可采用0.2～0.3mm厚的PE薄膜，隔离膜应定位准确，避免覆盖接缝两侧混凝土基面。

c. 注胶应连续、饱满、均匀、密实。与接缝两侧混凝土面密实粘贴，任何部位均不得出现空鼓、气泡、与两侧基层脱离现象。顶板迎水面嵌缝胶必须与侧墙外贴式止水带密贴粘结牢固。

2）施工缝

①墙体水平施工缝不得留在剪力最大处或底板与侧墙的交接处，应留在高出底板表面不小于500mm的墙体上，且应避开地下水和裂隙水较多的地段。

②垂直施工缝浇灌混凝土前，应将其表面凿毛并清理干净，涂刷界面剂，并及时浇灌混凝土。

③水平施工缝浇灌混凝土前，应将其表面浮浆和杂物清除直至坚实部位，先涂水泥浆或界面剂，再铺30～50mm厚的1∶1水泥砂浆调节相对平整，安设遇水膨胀止水胶，并及时浇灌混凝土。

④钢边橡胶止水带、钢板止水带施工技术要求其做法同变形缝中埋式钢边橡胶止水带。

⑤止水胶采用专用注胶器挤出，应连续、均匀、饱满、无气泡和孔洞。止水胶与施工缝基面应密贴，中间不得有空鼓、脱离等现象。止水胶一旦出现破损部位或提前膨胀的部位，应割除，并在割除部位重新粘贴止水胶。

⑥挤出成型后固化期一般24h表干，需进行临时保护，避免提前遇水膨胀或施工破坏，止水胶表干后方可进行混凝土浇筑。

（5）防腐蚀施工

1）防腐蚀材料施工前应将基层表面清理干净。

2）水玻璃类防腐蚀材料施工应符合以下规定：

①施工环境温度宜为15～30℃，相对湿度不宜大于80%；当施工的环境温度、钠水玻璃材料低于10℃、钾水玻璃材料温度低于15℃时，应采取加热保温措施；原材料使用

时钠水玻璃不低于15℃，钾水玻璃不低于20℃。

②钾水玻璃材料可直接与细石混凝土、黏土砖砌体接触；细石混凝土、黏土砖砌体基层不宜用水泥砂浆找平。

③配置水玻璃材料时，应先将混合料搅拌均匀，然后加入水玻璃材料搅拌，直至均匀。

④制好的水玻璃类材料内严禁加入任何物料，必须在初凝前用完。

⑤施工时，平面应按同一方向抹压平整，立面应由下往上抹压平整；每层抹压后，当表面不粘抹具时，可轻拍压，但不得出现皱纹和裂纹。

⑥施工及养护期间，严禁与水或水蒸气接触，并应防止早期过快脱水。

3）树脂类防腐蚀材料施工应符合以下规定：

①施工环境温度宜为15～30℃，相对湿度不宜大于80%；当施工的环境温度低于10℃时，应采取加热保温措施，并严禁明火或蒸汽直接加热。原材料使用时不应低于允许的施工环境温度。

②在基层的凹陷不平处，应采用树脂胶泥修补填平，自然固化不宜少于24h。

③在水泥砂浆、混凝土或金属基层上用树脂类防腐蚀材料时，基层的表面应均匀涂刷封底料。

④树脂类防腐蚀工程在常温下的养护天数应大于10d。

4）沥青类防腐蚀材料施工应符合以下规定：

①施工环境应保持清洁干燥。沥青应按不同品种和标号分别堆放，不宜暴晒和沾染杂物。

②沥青胶泥的施工配合比，应根据工程部位，使用温度和施工方法等因素确定。

③配置好的沥青胶泥应一次用完，在未用完前，不得再加入沥青或填料。取用沥青胶泥时，应先搅拌，以防填料沉底。

5）涂料类防腐蚀材料施工应符合以下规定：

①施工环境温度宜为10～30℃，相对湿度不宜大于85%。

②当涂料中挥发有机化合物含量大于40%时，不得用作建筑防腐蚀涂料。

③在大风、雨、雾、雪天及强烈阳光照射下，应采取防护措施方可进行室外施工。当施工环境通风较差时，必须采取强制通风。

④防腐蚀涂料和稀释剂在运输、贮存、施工及养护过程中，不得与酸、碱等化学介质接触。严禁明火，并应防尘、防暴晒。

⑤施工中宜用耐腐蚀树脂配制胶泥修补凹凸不平处；不得自行将涂料加粉料配制胶泥，也不得在现场用树脂等自配涂料。

6）聚合物水泥砂浆类防腐蚀材料施工应符合以下规定：

①施工环境温度宜为10～35℃，当施工的环境温度低于5℃时，应采取加热保温措施，不宜在大风、雨天或阳光直射的高温环境中施工。

②聚合物水泥砂浆不应在养护期少于3d的水泥砂浆或混凝土基层上施工。

③拌制好的聚合物水泥砂浆应在初凝前用完，如发现有胶凝、结块现象，不得使用。拌制好的水泥砂浆应有良好的和易性，水灰比宜根据现场试验最后确定。

④聚合物水泥砂浆施工12～24h后，宜在面层上再涂刷一层水泥净浆。

7）防腐蚀材料的厚度、分层施工厚度及其每层施工的间歇时间应符合设计要求，并应符合现行相关施工与验收规范的规定。

3.3 机电安装技术

3.3.1 装配式支吊架技术

支吊架系统是城市地下管廊各种管线能够正常运行的支撑与保障，也是地下管廊机电安装不可或缺的重要环节。随着我国城市化进程快速推进，地下综合管廊的机电安装量也在快速增长。传统的安装工艺和施工方法，存在资源浪费、环境污染等问题，“工厂预制和现场装配”的发展方向已经成为地下管廊管线安装的必然选择和趋势。

1. 装配式支吊架的优势

装配式支吊架的出现，是机电安装行业发展到一定阶段的必然产物。装配式支吊架的优点可归纳为几点：

（1）工厂内制作，现场装配施工。无需切割机、焊机等工具设备搬运到管廊内，也无需不同工种人员分批进入工作，大大降低污染和提高效率；

（2）采用镀锌材料，现场无需防腐油漆。整齐美观，且不再有油漆导致的空气污染；

（3）用料比传统型钢少，节约钢材约10%以上；

（4）减少现场材料的运输量，材料重量和尺寸都大大减少，对有限空间地下管廊意义大；

（5）装配速度快，技术要求低，减少人力成本，缩短工期，提高安装效率和安全性；

（6）组合式构件、装配式施工，便于后期管线的维护、更新和扩建。

2. 装配式支吊架简介

装配式支吊架也称组合式支吊架。装配式支吊架的作用是将管线自重及所受的荷载传递到承载管廊结构上，并控制管线的位移，抑制管线振动，确保管线安全运行。支吊架一般分为与管线连接的管夹构件和与管廊结构连接的生根构件，将这两种结构件连接起来的承载构件和减振构件、绝热构件以及辅助钢构件，构成了装配式支吊架系统。地下管廊装配式支吊架安装形式可分为预埋槽式及后置式两种，预埋槽式是装配式支吊架安装在预埋槽上，后置式是直接用膨胀螺栓将支吊架安装在管廊结构上，装配式支吊架的典型零部件见图3-34，主要特征如下：

（1）装配式支吊系统由成品构件、锁扣、连接件、管束、管束扣垫、锚栓组成，连接件与按钮式锁扣通过机械连接可以随意调节支架的尺寸、高度。型材为工厂预制化，现场装配化，不在现场进行焊接；

（2）装配式建筑管线支吊系统产品表面必须经过热镀锌处理，锌层厚度不低于20μm；或热浸锌处理，锌层厚度为80～100μm。以保证在生产中不产生粉尘或锌的脱落，方便后期维护，并提供相应的盐雾测试报告，以确保支吊架系统的防腐性能。

（3）装配式建筑管线支吊系统轻型C型钢厚度为2.0～3.0mm，连接件厚度不低于4mm；重型C型钢厚度为3.0～4.0mm，连接件厚度不低于6mm。

（4）装配式建筑管线支吊系统内连接件要有足够的承载强度和连接稳定性。

槽钢
悬臂
弹簧螺母
连接件
管卡
零配件
锚栓

图 3-34 装配式支吊架典型零部件

3. 地下管廊装配式支吊架的选用及设计方法

（1）支吊架设计荷载

1）支吊架计算间距：电缆及桥架为 0.8～1.5m，管道一般为 3.0m 或 6.0m，其他间距按相关国家标准设计，非标设计的间距遵循折减原则。

2）所有支吊架一般使用钢材 Q235，其常温下的强度设计参数为：许用抗拉强度 215MPa，许用抗剪强度为许用抗拉强度的一半，许用抗压强度为 325MPa。

3）管道重量按保温管与不保温管两种情况计算。

①保温管道：可按设计管道支吊架间距内的管道自重、满管水重、保温层重及以上三项之和 10％的附加重量计算。

②不保温管道：可按设计管道支吊架间距内的管道自重、满管水重及以上两项之和 10％的附加重量计算。

③当管道中有阀门或法兰时，需在此段采取加强措施。

4）设计荷载：

垂直荷载：考虑制造、安装等因素，采用支吊架间距的标准荷载乘以 1.35 的荷载分项系数。

水平荷载：支吊架的水平荷载按垂直荷载的 0.1 倍计算。

管道布排须做好防水锤、热位移补偿和滑动导向设计，确保水平荷载的有效释放。

管廊内管道支吊架不需考虑风荷载。

（2）支吊架各部件设计计算的工程简易方法

1）吊杆计算

吊杆按轴心受拉构件计算，并考虑一定的腐蚀余量，吊杆净面积 S 按下式计算，并满足国标《管道支吊架　第 3 部分：中间连接件和建筑结构连接件》GB/T 17116.3。

$$S \geqslant \frac{1.5F}{0.85[\sigma]} \tag{3-1}$$

式中　S——吊杆净截面积（mm^2）；

F——吊杆拉力设计值（N）；

$[\sigma]$——钢材的抗拉许用应力或抗拉强度设计值（N/mm^2）。

吊杆最大允许荷载见表 3-22。

吊杆受拉允许荷载　　**表 3-22**

吊杆直径(mm)	10	12	16	20	24	30
拉力允许值(N)	3250	4750	9000	14000	20000	32500

注：吊杆材料采用 Q235。

2）立柱计算

①吊架立柱按受拉杆件计算，依据管道与两个立柱的水平距离成反比例分配拉伸载荷，并考虑横梁传递给立柱的附加弯矩。

②吊架立柱长度依据现场可调，但一般不宜超过保温管径的 5 倍，否则须依据国标《建筑机电工程抗震设计规范》GB 50981，增补斜拉（撑）杆件，以增强吊架的防晃和抗震能力，并须独立核算。

③落地支架的立柱按偏心受压杆件计算，须保证压力载荷的偏心距在截面核心内，并校核稳定性。

3）横梁计算

①横梁双向受弯抗弯强度计算见下列公式：

$$N \cdot \sqrt{\left(\frac{Mx}{Wnx}\right)^2 + \left(\frac{My}{Wny}\right)^2} \leqslant 0.85[\sigma] \tag{3-2}$$

②横梁单向受弯抗弯强度计算见下列公式：

$$\frac{Mx}{Wnx} \leqslant 0.85[\sigma] \tag{3-3}$$

式中　Mx、My——所验算截面绕中性轴 x 和绕竖直轴 y 的弯矩（N·mm）；

Wnx、Wny——所验算截面对 x 轴和对 y 轴的抗弯截面模量（mm^3）；

$[\sigma]$——钢材的抗弯或抗拉强度设计值（MPa）；

N——常规管道为 1，非常规管道（供热管道）为 1.5。

③横梁抗剪强度计算见下列公式：

$$\tau = \frac{1.5QS}{IxB} \leqslant 0.85[\tau] \tag{3-4}$$

式中　τ——实际剪切应力（MPa）；

Q——计算截面沿腹板平面作用的剪力（N）；

S——计算切应力处以外的毛截面对中性轴的静矩（mm^3）；

Ix——计算截面对中性轴 x 的惯性矩（mm^4）

B——腹板宽度（mm）；

$[\tau]$——钢材的抗剪许用应力或抗剪强度设计值（MPa）。

4）连接件计算

焊接连接和螺栓连接须按钢结构设计规范的相关要求，计算所需焊缝长度及连接螺栓的规格。在对接焊时，按实际截面的 0.7 倍计算应力。焊缝强度主要考虑抗拉和抗剪，并取 0.5 倍的焊缝折减系数，即将常规材料的许用抗拉和抗剪强度乘以焊缝折减系数后作为焊缝的许用应力进行校核。各种连接件的受力分析可依据《材料力学》的相关公式进行。

5）锁扣的承载力与安装扭矩

螺栓规格 M12 锁扣的抗拉承载力设计值 12.2kN，抗滑移力设计值 7.6kN；安装扭矩 55Nm；螺栓规格 M10 锁扣的抗拉承载力设计值 8.9kN，抗滑移力设计值 4.6kN；安装扭矩 30Nm。

6）刚度与稳定性计算

①支吊架的刚度校核主要计算受弯横梁的挠度。对吊杆和立柱的拉压变形不作要求，但横向弯曲变形不宜过大，参照受弯横梁处理。受弯横梁的允许最大挠度不大于 $L/200$（L 为横梁在两吊杆或立柱之间的跨度，悬臂梁 L 按悬伸长度的 2 倍计算）。

②凡受轴向压力载荷的杆件（如落地支架的立柱、防晃吊架受压的斜撑杆等）均须进行稳定性校核。为确保受压杆件的稳定性，一般情况下受压杆件的允许长细比不大于 120∶1。特殊情况需单独校核。

（3）支吊架的选用

根据计算结果，管廊装配式支吊架的选用可参考《装配式室内管道支吊架的选用与安装》16CK208。

（4）施工安装注意事项

1）（凸缘槽）锁扣的安装：

严格依照锁扣安装流程进行操作。使用扭矩扳手，达到设定扭矩值，听到“咔嚓”声响，确认拧紧。

2）表面防腐处理的方式有电镀锌或热浸锌：

①电镀锌锌层表面应光滑均匀、致密，不应有起皮、气泡、花斑、局部未镀、划痕等缺陷。锌层厚度≥6μm。锌层附着力用划线、划格法试验锌层不应该起皮剥落。

②热浸锌层表面应均匀、无毛刺、过烧、挂灰、伤痕、局部未镀锌（直径 2mm 以上）的缺陷。零件孔、槽内不得有影响安装的锌瘤。有螺纹、齿形处镀层应光滑，不允许有淤积锌渣或影响使用效果的缺陷。锌层厚度平均值≥65μm。锌层附着力用划线、划格法试验锌层不应该起皮剥落。

3）支吊架安装完毕，放置被支撑物时，不得野蛮作业，避免对支吊架造成损伤，降低支撑强度。

3.3.2 管道安装技术

综合管廊纳入管道以有压管道为主，主要包括：燃气管道、热力管道、给水及再生水管道、排水管道、垃圾真空管道等，随着技术逐步成熟，雨水、污水等常压管道也逐步纳入管理。综合管廊内管线以干线管道为主，大直径管道的安装就位是关键和重点。

1. 大直径管道投料及廊内运输

由于管廊本身的结构特点，管廊内空间狭小，材料设备运输是管廊管线施工的重点。在管廊设计阶段为了满足材料设备吊装运输进行了吊装口的设置，并根据管线不同进行了管廊的合理分段，管廊内材料设备的运输，除利用通用车辆外，还有如下几种：

（1）专用车辆运输

在管廊空间允许的条件下，根据管廊特点利用工程车辆，设置专用支架，进行廊内运输，如轨道运输车辆等。

（2）轨道小车运输

综合管廊内管道基础施工完毕进行管道廊内运输时，最好采用架设轨道的方法运输；利用管道支墩作为支撑，在支墩上敷设两条运输用槽钢轨道，并根据现场支墩间距在槽钢轨道下方设置支撑立柱，使槽钢轨道、混凝土支墩、槽钢支撑立柱形成一个整体作为运输通道，然后根据两条轨道的距离、槽钢规格及管道规格制作小车，管道在卸料口下方吊装落地前将小车用锁紧器牢固的捆绑在管道两端，然后将小车滑动轮落在槽钢轨道上，缓慢推动小车至管道安装位置，具体见图 3-35。

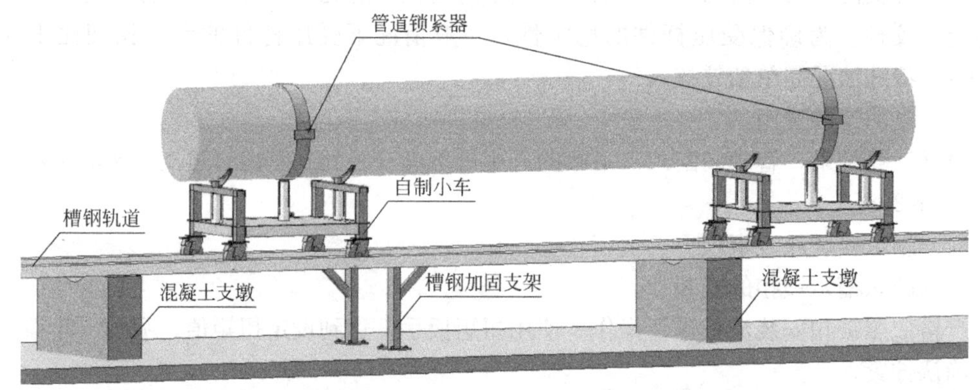

图 3-35　轨道运输大直径管道示意图

（3）多用途管廊管道运输装置吊装运输

1）使用起重设备将管道缓缓吊入卸料口，管道沿运输辅助装置向下输送，管道进入管廊时，管道运输承接装置在卸料口处接收管道，缓缓将管道送至管廊内；

2）当承接装置将管道运至一定长度时，起重设备停止向下输送管道，管道完全由承接装置支撑；

3）将两部管廊内多用途管道运输安装装置推至管道下端，分别顶升本体自带的顶升装置，将管道顶起，脱离承接装置；

4）将承接装置移走，使用两部多用途管道运输安装装置将管道运输至管道支墩上，来完成管道的运输工作，具体见图 3-36。

（4）吊装运输注意事项：

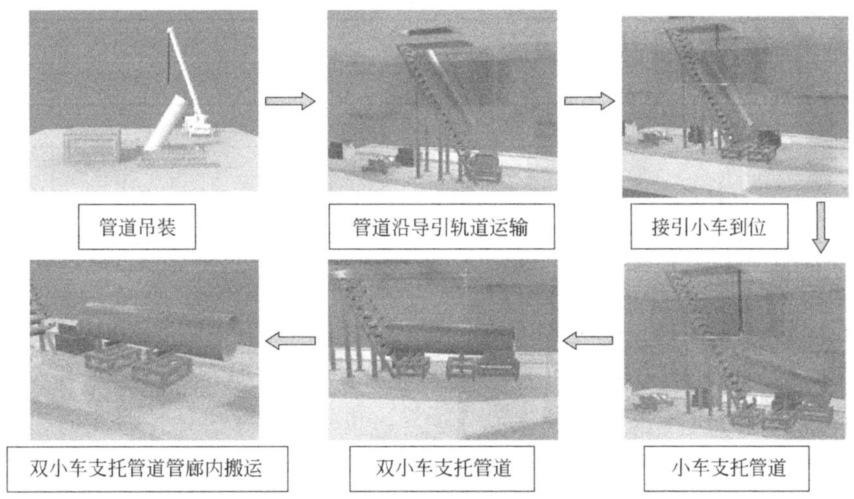

图 3-36　管道运输装置运输管道

1）吊装时应设专人指挥，指挥人员分别位于卸料口上方及综合管廊内，协同指挥；

2）吊装施工前应对整个吊装施工作业中可能出现的问题进行充分预估并制定防范措施，对所使用的吊车及一切吊装使用的吊具、索具进行安全检查，对于不合格产品一律禁止使用；

3）管道吊运前，须逐根测量管节各部尺寸并编号，按安装顺序依次吊装入廊；

4）为保护管道防腐层，吊运管道宜采用吊装带；

5）管道运输时应平稳，管道坡口不得与运输装置发生磕碰、摩擦；运输至施工位置时，需平稳放置，严禁滚动。

2. 天然气管道安装技术

入廊天然气管道应采用无缝钢管，连接应采用焊接，焊缝检测要求应符合《城镇燃气输配工程施工及验收规范》CJJ 33；管道阀门、阀件系统设计压力应提高一个压力等级；天然气调压装置不应设置在综合管廊内；分段阀宜设置在综合管廊外部，当分段阀设置在综合管廊内部时应具有远程关闭功能；天然气管道进出管廊时应设置具有远程关闭功能的紧急切断阀；燃气舱内电话、插座、灯具均应选择防爆型，管廊内设置气体检测报警和事故强制通风系统；廊内采用防爆电气设备及有效的防雷防静电措施。

（1）施工要点

1）管道连接

天然气管道连接采用焊接，一般采用氩弧焊打底，手工电弧焊填充盖面的工艺。

①管道切割、坡口处理

管道对口前采用气割与手提电动坡口机结合打坡口、清根，管端面的坡口角度、钝边、间隙应符合设计规定，如设计无规定，应符合表 3-23；不得在对口间隙夹焊条或用加热法缩小间隙施焊，打坡口后及时清理表面的氧化皮等杂物。

管道坡口形式 **表 3-23**

坡口名称	修口形式		间隙 b (mm)	钝边 p (mm)	坡口角度 α (°)
	图示	壁厚/(mm)			
V形		3～9	3±1	1±1	70±5
		10～26	4^{+1}_{-2}	2^{+1}_{-2}	60±5

②管道组对

对口前将管口以外 100mm 范围内的油漆、污垢、铁锈、毛刺等清扫干净，检查管口不得有夹层、裂纹等缺陷，检查管内有无污物并及时清理干净。

管道组对时一般采用传统对口（见图 3-37）和对口器对口（见图 3-38）两种方法。传统对口是指在管道底边及侧边点焊 3 根 50mm×5mm 的角钢作为辅助，将需要组对的管道慢慢移动到角钢导槽中；对口器对口是指采用对口器辅助对口。

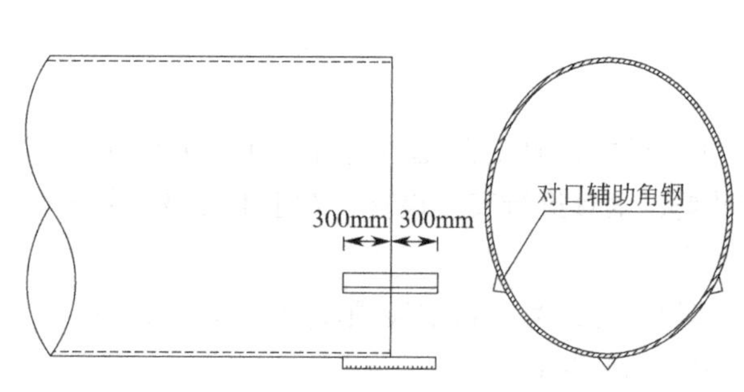

图 3-37 传统对口方式

图 3-38 对口器对口方式

管道组对的坡口间隙和角度应符合规范要求，管壁平齐，其错边量不应超过壁厚的 10%，管道组对完成后将管道点焊固定。

管口对好后应立即进行点焊，点焊的焊条或焊丝应与接口焊接相同，点焊的厚度应与第一层焊接厚度相近且必须焊透。

对口完成后及时进行编号，当天对好的口必须焊接完毕。

③管道焊接

焊接工作开始前，应对各种焊接方式和方法进行焊接工艺评定，确定焊接材料和设备的性能、对口间隙、焊条直径、焊接层数、焊接电流、加强面宽度及高度等参数及工艺措施，制定焊接工艺卡，对焊接人员进行详细交底。

焊接时按管道焊接工艺评定确定的参数进行，焊接层数应根据钢管壁厚和坡口形式确定，壁厚 5mm 以下带坡口的接口焊接层数不得少于两层。

焊接时要分层施焊，第一层用氩弧焊焊接，焊接时必须均匀焊透，并不得烧穿，其厚度不应超过焊丝直径。以后各层用手工电弧焊进行焊接，焊接时应将上一层的药皮、焊渣及金属飞溅物清理干净，经外观检查合格后，才能进行焊接。焊接时各层引弧点和熄弧点均应错开 20mm 以上，并不得在焊道以外的管道上引弧。每层焊缝厚度一般为焊条直径的 0.8～1.2 倍。

每道焊缝焊完后，应清除焊渣并进行外观检查，如有气孔、夹渣、裂纹、焊瘤等缺陷，应将焊接缺陷铲除并重新补焊。

为防止大管道在焊接过程中热影响区域集中而导致管道变形，采用分段对称焊接消除热应力变形。

④焊接检验

为确保管道的焊接质量，在管道焊接完成后、强度试验及严密性试验之前，必须对所有焊缝进行外观检查和对焊缝内部质量进行检验，外观检查应在内部质量检验前进行。

a. 外观质量检查要求

设计文件规定焊缝系数为 1 的焊缝或设计要求进行 100％内部质量检验的焊缝，其外观质量不得低于现行国家标准《现场设备、工业管道焊接工程施工规范》GB 50236 要求的Ⅲ级质量要求。

b. 内部质量检查要求

焊缝内部质量检查应按设计规定执行，若设计无规定时检查要求见表 3-24。

焊缝检测要求　　**表 3-24**

压力级别(MPa)	环焊缝无损检测比例	
$0.8<P\leqslant1.6$	100％射线检测	100％超声波检验
$0.4<P\leqslant0.8$	100％射线检测	100％超声波检验
$0.01<P\leqslant0.4$	100％射线检测或 100％超声波检验	—
$P\leqslant0.01$	100％射线检测或 100％超声波检验	—

射线检验符合现行行业标准《承压设备无损检测第 2 部分：射线检测》JB/T 4730.2 规定的 II 级（AB 级）为合格。

超声波检验符合现行行业标准《承压设备无损检测第 3 部分：超声波检测》JB/T 4730.3 规定的 I 级为合格。

2）阀门部件安装

①阀门安装

阀门安装前应对阀门逐个进行外观检查和严密性试验；安装有方向性要求的阀门时，阀体上箭头方向应与燃气流向一致；宜选用焊接阀门，焊接阀门与管道连接时宜采用氩弧焊打底并应在打开状态下安装。

②补偿器安装

安装前应按设计要求进行选型，并根据设计要求的补偿量进行预拉伸，受力应均匀；补偿器应与管道保持同轴，不得偏斜，安装时不得用补偿器的变形来调整管位的安装误差。

3）试验

管道安装完毕后应依次进行管道吹扫、强度试验和严密性试验，执行《城镇燃气输配工程施工及验收规范》CJJ 33 相关要求。

3. 热力管道安装技术

热力管道采用蒸汽介质时应在独立舱室内敷设；热力管道不应与电力电缆同舱敷设；热力管道与给水管道同侧布置时，给水管道宜在上方。热力管道应采用无缝钢管、保温层及外护管紧密结合成一体的预制管。管道附件必须进行保温，热力管道及配件保温材料应采用难燃材料或不燃材料；热力管道采用蒸汽介质时，排气管应引至综合管廊外部安全空间，并应与周边环境相协调。

热力管线管径大，管廊内空间小，如何实现管道在狭小空间内的快速运输安装是管道安装的关键。另外热力管道热胀冷缩现象明显，如何在保证管道连接质量的同时做好管道的热膨胀补偿及相应的固定支架也是一个关键。

（1）施工要点

1）管道连接

热力管道连接形式一律采用焊接，焊接方式为氩弧焊打底，手工电弧焊填充、盖面、焊条 E4303 型。

①管道切割

预制保温管切割时应采取措施防止外护管脆裂，切割后的工作管裸露长度应与原成品管的工作管裸露长度一致，切割后裸露的工作管外表面应清洁，不得有泡沫残渣。

②坡口处理

管道对口前采用电动坡口机打坡口、清根，管端面的坡口角度、钝边、间隙应符合设计规定；不得在对口间隙夹焊条或用加热法缩小间隙施焊，打坡口后及时清理表面的氧化皮等杂物。

③管道组对

管道对口时应保证管中心在同一直线上，预留间隙满足设计要求，调整好后将焊口点焊固定；定位焊时，应采用与根部焊道相同的焊接材料和焊接工艺。

④管道焊接

焊接时要分层施焊，第一层用氩弧焊焊接，焊接时必须均匀焊透，并不得烧穿，其厚度不应超过焊丝直径。以后各层用手工电弧焊进行焊接，焊接时应将上一层的药皮、焊渣及金属飞溅物清理干净，经外观检查合格后，才能进行焊接。焊接时各层引弧点和熄弧点均应错开 20mm 以上，并不得在焊道以外的管道上引弧。每层焊缝厚度一般为焊条直径的 0.8～1.2 倍；

管接头前半圈的焊接，焊接起弧时应从仰焊缝部位中心覆盖 10mm 处开始，用长弧预热。当坡口内有汗珠状的铁水时，迅速压短电流，靠近坡口钝边做微小摆动，当坡口钝边熔化成熔池时，即可进行灭弧焊接，然后用断弧击穿法将坡口两侧熔透，并按照仰焊、仰立焊、斜平焊、平焊的顺序将半个圆周焊完；

管接头后半圈的焊接由于起焊时最容易产生塌腰、未焊透、夹渣、气孔等缺陷，应先用砂轮机将焊缝首末各磨去 5～10mm，施焊的过程与前半圈相同，但在距前半圈末端收尾处不允许灭弧，当接头封闭时，将焊条稍往下压，将接头处来回摆动焊条，以延长停留时间使之充分融合。管径小的钢管可以一次成形，大管径钢管要经过打底层、填充层、盖面层、封底层 4 道工序完成一道焊口；

每道焊缝焊完后，应清除焊渣并进行外观检查，如有气孔、夹渣、裂纹、焊瘤等缺陷，应将焊接缺陷铲除并重新补焊；

钢管焊接时，应对保温层及外护管断面采取保护措施。

⑤焊接检验

为确保管道的焊接质量，应按对口质量检验、表面质量检验、无损探伤检验、强度和严密性试验四个步骤进行焊接检验。

2）管道附件安装

①补偿器选择及安装

热力管道的特点是安装温度与运行温度差别很大，管道系统投入运行后会产生明显的热膨胀。补偿器的反弹力、补偿器内压推力、管道内压推力、管道热位移的摩擦力等构成了热力管网管架受力。

a. 补偿器选择

管道受热膨胀时，能产生极大的轴向推力，因此，热力管道受热后产生的膨胀必须得到补偿，否则将对管架和构筑物造成破坏，危及管道系统的安全运行。管道的热补偿就是合理地确定固定支架的位置，使管道在一定范围内进行有控制的伸缩，以便通过补偿器和管道本身的弯曲部分进行长度补偿。补偿方式很多，有自然补偿、方形补偿器、波纹补偿器、球形补偿器、V形补偿器等，各类补偿器对比见表3-25。

常见补偿方式优缺点比较 **表3-25**

名称	优点	缺点	形式
自然补偿	不受压力和温度的限制	补偿量小，占地面积大	L H
方形补偿器	不受压力和温度的限制	流体阻力大、占地面积多，管道支架多，不美观、投资较大	
波纹补偿器（内压型、外压型、内外压平衡型）	应用广、无泄漏、可靠性较好，但运行温度和压力有限制，可以满足大位移量	种类多，内胀力大，对固定支架设置要求高	
球形补偿器	实现角向位移，组合使用，流体阻力小，补偿量大，无推力	存在易泄露和侧向位移，维修量大	
V形补偿器	变形过程中只有摩擦力没有内胀力，安装空间小、管道体系推力小，而且施工简单，总造价低	总变形量小	

b. 补偿器安装

在任意直管段上两个固定支架之间只能装设一套补偿器，补偿器安装前应先检查其型号、规格、管道配置情况，必须符合设计要求。有流向标记的补偿器安装时应使流向标记与管道介质流向一致。

波纹补偿器轴向约束型安装前应进行预拉伸，其预拉伸量分别为$\Delta L/2$，轴向无约束型不进行预拉伸，具体要求应参考设计要求、样本和技术要求。

补偿器所有活动元件不得被外部构件卡死或限制其活动范围，应保证各活动部位的正常动作，安装过程中不允许焊渣飞溅到波壳表面，不允许波壳受到其他机械损伤。

补偿器的连接一般采用法兰连接或者焊接连接，其主要控制点是确保补偿器与管道的同轴度，不得用补偿器变形的方法调整管道的安装误差；最大区别是法兰连接需要根据补偿器尺寸做一段预留短管，而焊接连接则是根据补偿器尺寸切下等长管道。

管道安装完毕后，应尽快拆除补偿器上用作安装运输的辅助定位构件及紧固件，并按设计要求将限位装置调到规定位置。

② 固定支架、导向支架安装

补偿器一端应安装在靠近固定支架处，另一端应设置导向支架，其中固定支架受力大，选择时应对支架、锚栓、基材混凝土等严格计算分析，安装时必须牢固，应保证使管子不能移动；而导向支架应根据补偿器的要求设置双向限位导向，防止横向和竖向位移超过补偿器的允许值。

a. 固定支架

管道安装时应及时进行支架固定和调整工作，支架必须按照图纸编号要求安装，固定、滑动、导向支座不得调换位置，安装应平整牢固、与管子接触良好。固定支架应严格按设计要求安装，固定支架（见图 3-39）与管廊结构必须整体结合牢固。

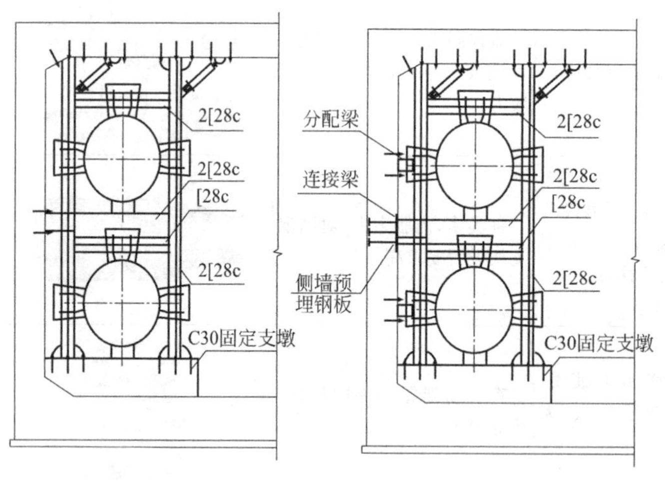

图 3-39 固定支架形式图

b. 滑动、导向支架

滑动支架一般用于产生位移的管道，根据位移量的大小分型，根据结构形式和荷载的大小分类，导向支架是滑动支架的一种。滑动支架管道轴向、径向均不受限制，即允许管道前后、左右、上下有位移；而导向支架一般只允许管道有轴向位移，而不允许有径向位移。滑动支架、导向支架本身就是一个简单的支架，依靠管托来实现位移量的变化。

c. 管托

滑动、导向管托主要用来支撑管道、减小摩擦，管廊中常用的是导向管托，主要应用于直管段较长的管段上，安装在导向支架上。管托长度必须满足此段管道最大热膨胀量的要求，除固定管托外其他类型管托必须预偏装，偏装量应不小于管托所在位置膨胀量的一半，偏装方向与热膨胀位移方向相反。固定管托应与管道和支撑结构固定为一体，焊缝强度应大于管道轴向推力和管托与支撑结构摩擦力之和，滑动、导向管托只与管道固定，其焊缝强度应大于管托与支撑结构摩擦力。

③阀门安装

阀门运输吊装时，应平稳起吊和安放，不得损坏阀门；有安装方向的阀门应按要求进行安装，有开关程度指示标志的应准确；阀门与管道以焊接方式连接时，阀门不得关闭。

④排气和泄水阀安装

热水管道系统应在所有的高点和低点加排气和泄水阀，蒸汽系统应在所有的地点加泄水阀或疏水器。

(2) 管网清洗

管网安装完成、试运行之前应进行管网清洗。清洗方法应根据供热管道的运行要求、介质类别而定，宜分为人工清洗、水冲洗和气体吹洗。

1) 水冲洗

水冲洗应按主干线、支干线分别进行，冲洗前应充满水并浸泡管道，水流方向应与设计介质流向一致。

冲洗应连续进行并宜加大管道内的流量，管内的平均流速不应低于 1m/s，排水时，不得形成负压。

对大口径管道，当冲洗水量不能满足要求时宜采用人工清洗或密闭循环的水力冲洗方式，采用循环水冲洗时管内流速宜达到管道正常运行的流速。

2) 蒸汽吹洗

输送蒸汽的热力管道应采用蒸汽吹洗，吹洗时必须划定安全区，设置标志，确保人员及设施的安全，其他无关人员严禁进入；

吹洗前应缓慢升温进行暖管，暖管速度不宜过快并应及时疏水，应检查管道热伸长、补偿器、管路附件及设备安装等工作情况，恒温 1h 后进行吹洗；

吹洗用蒸汽的压力和流量应按设计计算确定，吹洗压力不应大于管道工作压力的 75%，吹洗次数应为 2～3 次，每次间隔时间宜为 20～30min，每次吹洗时间不应少于 15min；

出口蒸汽为纯净气体为合格，合格后的管道不应再进行其他影响管道内部清洁的工作。

4. 给水管道安装技术

(1) 管道防腐

给水管道进场后安装前应进行内外防腐工作，钢制管道防腐前应进行内外喷砂除锈，彻底清除管道、管件表面油污、锈皮、氧化物、腐蚀物、粉尘等，除锈达到 Sa2.5 级，除锈、防腐作业施工人员必须正确佩戴防护用品。钢管及管件内防腐采用有卫生许可证的无毒饮水舱涂料，其质量指标参照《给水排水管道工程施工及验收规范》GB 50268 及地方水务标准的相关要求执行；管外壁采用环氧煤沥青涂料，加强级防腐。

(2) 混凝土管道支墩

给水管道一般为大口径管道，较为沉重，设计多采用混凝土墩台或型钢托架混凝土墩台底座，见图 3-40。

图 3-40　混凝土墩台底座

(3) 管道组对

管道组对前，须核实两管段的椭圆度、管道直径及端面垂直度，对口时保持内壁平齐。可采用长 1000mm 的直尺在接口内壁或外壁周围顺序贴靠。错口的允许偏差应为 0.2 倍壁厚，且不得大于 2mm。

管道组对完毕检查合格后进行定位点焊，长度为 80～100mm 间距小于等于 400 mm。点焊应采用同正式焊接相同的焊接材料和焊接工艺。点焊应对称施焊，其焊接厚度应与第一层焊接厚度相同。

焊缝位置要求：对口时钢管两钢管的纵向焊缝应错开，错开间距不得小于 300mm。环向焊缝距支架净距不应小于 100mm，同时不得设在跨中。直段管两相邻环向焊缝的间距应大于 200mm。管道任何位置不得有十字形焊缝。

(4) 焊接

管道固定口焊接采用对称焊接法，控制焊接变形；施焊程序：仰焊、立焊、平焊；该工艺沿垂直中心线将管子截面分成相等的两段（管道对中之后是将管道焊接截面四等分，点焊四处，上下左右各一处），各进行仰、立、平三种焊接位置的焊接，在仰焊及平焊处形成两个接头，先打一层底，再焊两圈达到要求为止；管道焊接连接完成，焊道冷却后必须对焊接部位内外进行全面的清理清扫，确保管道内外干净，清洁。

(5) 管道焊缝检测

检查前应清除焊缝的渣皮、飞溅物；当有特殊要求进行无损探伤检验时，取样数量与要求等级应按设计规定执行。

无损检测取样数量与质量要求应按设计要求执行；设计无要求时，压力管道的取样数量应不小于焊缝量的 10%。

当检验发现焊缝缺陷超出设计文件和规范规定时，必须进行返修，焊缝返修后应按原规定方法进行检验。

(6) 管道防腐

防腐环境温度不得低于5℃，涂刷方向先上后下，刷漆蘸漆适当，遇有表面粗糙边缘，边缘的弯角和凸出部分要预先涂刷。

厚浆型环氧煤沥青管道漆防腐，需有专人负责，配制比例严格遵守产品说明书进行，特别是控制熟化时间，确保涂层质量和固化时间。

(7) 给水管道阀门安装

阀门安装前准备好安装工具及阀门螺栓、垫片、橡胶垫等材料，根据水流方向确定其安装方向；阀门安装位置不得妨碍设备、管道和阀门本身的安装、操作和维修，阀门手轮安装高度放在便于操作的位置。

1) 法兰接口平行度允许偏差应为法兰外径的1.5%，且不应大于2mm；螺孔中心允许偏差应为孔径的5%，并保证螺栓自由穿入。

2) 螺栓安装方向应一致，紧固螺栓时应对称成十字式交叉进行，严禁先拧紧一侧，再拧紧另一侧；螺母应在法兰的同一侧平面上；紧固好的螺栓外露2～3个丝扣，但其长度最多不应大于螺栓直径的1/2。

3) 水平管路上的阀门，阀杆一般安装在上半圆范围内，阀杆不宜向下安装；垂直管路上的阀门，阀杆应沿着巡回操作通道方向安装；阀门的操作机械和传动装置应进行必要的调整和整定，使其传动灵活，指示准确。

(8) 给水管道水压试验

给水管道焊接完成、检验合格后，为了检查已安装好的管道系统的强度和密封性是否达到设计要求，应分段进行水压试验，试压的同时也是对承载管道的支墩及支架进行考验，以保证正常运行使用，压力试验是检查管道质量的一项重要措施。

管廊内给水管道压力试压时，由于管廊长，取水点少，为克服此难点，采用管道快速试验技术，即：在试压设备上加装转换接头，利用转换接头上多组阀门，与所试验的各段管路的注水口连接。试验时，通过试压设备同时向各分段管路注水，并进行多段连续试压。从而减少设备移动，节约水资源，并且大大缩短各分段管道注水时间。压力试验控制要点如下：

1) 施工准备

管道试压前，管件支墩、锚固设施已达到设计强度；未设支墩及锚固设施的管件，应采取加固措施；对管道接口、支墩及附属构筑物的外观进行仔细检查；对管道的排气阀、控制阀等阀门安装的螺栓是否有松动进行检查；管道试压前需对压力表进行校验，压力表与试压设备连接前要有校验合格报告及出厂合格证书，表壳上要贴有合格证书，上有检测编号及有效使用期限。

照明、排水设施及排放点等措施已落实，保证压力试验后水的正常排放；试压用水必须达到生活饮用水标准，且有相关部门出具的质量检验合格报告。在试验设备端加装转换接头，与各试压段管道的注水阀相连接，达到各试压区段同时注水互不影响，并可逐段进行试压；在试验管道每分段处加装盲板。盲板宜安装在管路中法兰连接处；进、排水点选择应遵循“高点进，低点出；中间进，两端同时出”的原则，充分利用地势高低差辅助排气。

2) 压力试验

通过转换接头，将试压用水同时注入各个试压区段的管道内，注水时打开排气阀，当排气孔排出的水流中不带气泡，水流连续，速度均匀，即可关闭排气阀门，停止注水。

试压管路注水、排气须浸水48h以上，并要对管道两端封闭、弯头、三通等处的支撑予以检查；管道浸泡符合要求后，进行管道水压试验，关闭其他转换接头的控制阀门，防止未参加试验的阀门因两端压力不均衡遭到破坏。

管道水压逐级加压压力升至试验压力后，保持恒压10min，检查接口、管身无破损及漏水现象，记录压力表读数是否有变化，若压力表读数无变化，拆除压力表并观察压力表指针是否归零，若压力表指针归零，管道强度试验合格。

试压合格后应立即泄压；泄压口应设置警示标志，并应采取保护措施。泄压时必须先开启管道系统高点的排水阀，在系统无压力后，保持高点排水阀开启状态，然后打开系统最低点的排水阀，将试压水排到指定地点。管道试压合格后，应及时拆除所有临时盲板及试验用管道，恢复试验前拆除的附件。

f. 试验过程中如遇泄漏，应立即关闭增压设备，停止注水，泄压后处理完缺陷，再重新试验。试验完毕后，应及时拆除所有临时盲板，核对记录，并填写《管道系统试验记录》。当气温低于0℃时水压试验可采取特殊防冻措施，用热水充满管线进行试验。

(9) 给水管道冲洗

排水口宜选在能够保证整个管路排水通畅的地方。综合管廊市政给水冲洗或最终清洗排水口可设置于每段管廊内排水泵处；进水口通常设置于冲洗综合管段较高处；对于一个进水口（冲洗水源）的水量不能满足冲洗要求时，可考虑两个或多个进水口。

预冲洗管道前检查与冲洗管网直接相连接的阀门的严密性，避免影响用户使用。对沿线主阀门、排气阀、排泥阀、循环管路、预冲洗管道等阀门是否打开进行检查。

管道清洗时，先后开启出水口阀和控制阀门，以流速不小于1.0m/s的清水连续冲洗。管道冲洗后应进行取样化验，取样必须用化验室提供的专用瓶在出水口分别取样化验分析。直至水质化验合格。

5. 垃圾真空管道安装技术

垃圾真空管道收集系统是在收集系统末端装引风机械，当风机运转时，整个系统内部形成负压，使管道内外形成压差，空气被吸入管道，同时垃圾也被空气带入管道，被输送至分离器并将垃圾与空气分离，分离出的垃圾由卸料器卸出，空气则被送到除尘器净化，然后排放。垃圾真空管道收集系统由主投放系统、管道系统、中央收集站组成，示意图见图3-41。

(1) 技术优点

垃圾流密封、隐蔽，和人流完全隔离，能有效地杜绝收集过程中的二次污染；显著降低垃圾收集劳动强度，提高了收集效率，优化了环卫工人劳动环境，提升了环卫行业形象；取消了手推车、垃圾桶等传统垃圾收集工具，基本避免了垃圾运输车辆穿行于居住区，减轻了交通压力和环境污染，提升居住区环境；垃圾收集、处理可以全天候进行，垃圾成分不受季节影响。

(2) 局限性

一次性投资高于传统垃圾收集方式；中央收集站的服务半径小，限制了垃圾收集系统的服务范围。

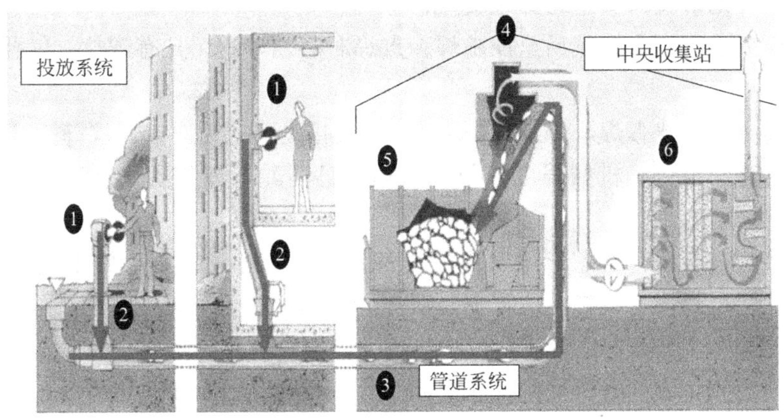

图 3-41 垃圾真空管道收集系统示意图

(3) 管道系统组成

管道系统包括地下垃圾收集管道网络、接驳分叉口等，主要负责将从用户处收集的垃圾安全、高效输送至垃圾收集站。输送时应注意分段、分批次对垃圾进行输送，防止管路堵塞，由于管道系统具有管路长、弯点多的特点，在设计输送管路系统时应选取恰当的管径及空气流量，保证输送系统的稳定和节能，同时管道系统一般采用螺旋焊接钢管（生产制造标准执行《低压流体输送管道用螺旋缝埋弧焊钢管》SY/T5037），工作压力 400kPa，焊接连接。

垃圾在管道中的传送速度、管道中垃圾与空气的混合比、输送管道中的风速是气力输送中的三个关键参数，决定了真空输送垃圾的运行情况。

由于整个输送过程压力损失很大，空气不仅在经过各个部件时会有压力损失，如垃圾排除阀、弯管损失、垃圾分离器和除尘器等，而且在输送管道中，空气和颗粒由于加速，与管壁碰撞和摩擦、空气和颗粒之间的摩擦（即颗粒的悬浮和上升）等原因都会消耗能量，因此压力损失是决定风机风压的重要参数。

垃圾在弯管处的磨损较大且在弯管中的运动情况也特别复杂，当颗粒浓度较小时，颗粒在离心力的作用下有集中于弯管外壁某一部分的趋势，而当颗粒浓度较大时，则将出现塞状流动。除此之外，在管道弯曲部分，颗粒将和管道外侧壁发生碰撞并减速，在一般情况下，管道曲率越大，碰撞越激烈，减速也越大，因此在弯管处既会对管壁造成严重磨损，也容易引起管道堵塞。

(4) 垃圾真空管道安装技术

垃圾输送管道设计应符合现行国家标准《工业金属管道设计规范》GB 50316 的有关规定；管道系统收集生活垃圾这一载体，对管道走向有严格的要求，同时由于运送介质腐蚀性强，因此管道密封性要求高，钢管防腐及焊缝防腐质量要求高。

1) 管道连接

管道安装时，应及时固定和调整支吊架，支吊架位置应准确，安装应平整牢固，与管道接触应紧密。在三通、弯头及分支处需设置固定支架。管道安装时，弯头曲率半径不小于 $4d^{\circ}$；

钢管焊接前应按规定对焊工进行培训、对各种焊接方式和方法进行焊接工艺评定、制定焊接工艺卡，对焊接人员进行详细交底；

焊接时应先点焊固定，然后全面施焊；点焊时必须焊透，凡有裂纹、气孔、夹渣等缺陷必须重焊；

管材焊接方法为电弧焊，焊缝系数为 1；焊接接头形式为对接，焊缝为开坡口的 V 形焊缝；焊条的化学成分、机械强度应与母材相同且匹配，焊条质量应符合现行国家标准《碳钢焊条》的规定；

管道焊接应符合现行国家标准《现场设备、工业管道焊接工程施工规范》GB 50236 的有关规定；多层焊接时，焊前应将上一层焊缝上的焊渣及金属飞溅物清除干净，每层焊缝接头处错开至少 20mm，最后一层焊缝应均匀平滑地过渡到母材金属表面。严禁一次堆焊，要求焊缝平直，表面稍有呈鳞片状突起。

2）管道接口检查

焊缝外观检查要求：焊缝表面光洁，宽窄均匀整齐，根部焊透，无气孔、夹渣及咬肉现象。

3）管道防腐

管廊内环境潮湿，真空垃圾管道一般采用三层 PE 防腐结构，第一层环氧粉末（FBE）应≥100μm，第二层胶粘剂（AD）170～250μm，第三层聚乙烯（PE）为 3mm。聚乙烯防腐层应进行漏点检测，单管有两个或两个以下漏点时可进行修补；单管有两个以上漏点时，则不合格；焊接口应涂敷防腐层，且 PE 保护层搭接宽度不小于 50mm。

4）管道压力试验

管道在安装过程中需进行压力试验，根据试验目的又分强度试验和气密性试验。

强度试验：试验压力为设计输气压力的 1.5 倍，但钢管不得低于 0.3MPa；当压力达到规定值后，应稳压 1h，然后用肥皂水对管道接口进行检查，全部接口均无漏气现象认为合格；

气密性试验：采用压缩空气检验管道的管材和接口的致密性。气密性试验压力根据管道设计压力而定。管道气密性试验持续时间一般不少于 24h，实际压力降不超过允许值为合格。

3.3.3 电力电缆安装技术

1. 电力电缆施工工艺流程

电力电缆在综合管廊中的施工工艺流程，一般按以下顺序进行：准备工作→支架、桥架制作安装→沿支架、桥架敷设→挂标示牌→电缆头制作安装→线路检查及绝缘摇测。

2. 支架、桥架制作安装

在综合管廊中，电缆桥架一般以托臂支架支撑，用来安放电力电缆和控制电缆。

电缆桥架由托臂支架支撑，或由吊架悬吊，在综合管廊中一般采用前者。如果和其他管道支架同舱架空布置，应敷设在易燃易爆气体管道和热力管道的下方，给水排水管道的上方。安装时，桥架左右偏差不大于 50mm，水平度每米偏差不应大于 2mm，垂直度偏差不应大于 3mm。当设计无要求时，与管道的最小净距，符合表 3-26 的规定。

电缆桥架与各类管道的距离要求 **表 3-26**

管道类别		平行净距(mm)	交叉净距(mm)
一般工艺管道		400	300
易燃易爆气体管道		500	500
热力管道	有保温层	500	300
	无保温层	1000	500

桥架之间的链接，采用桥架制造厂配套的连接件，接口应平整，无扭曲、凸起和凹陷，薄钢板厚度不应小于桥架薄钢板厚度。金属桥架间连接片两端不少于 2 个有防松螺帽或防松垫圈的连接固定螺栓，螺母位于桥架外侧，连接片两端应接不小于 $4mm^2$ 的铜芯接地线。金属桥架及其支架全长应不少于 2 处接地或接零。

直线段钢制电缆桥架长度超过 30m，铝合金或玻璃钢制桥架长度超过 15m 时，应设置伸缩节；电缆桥架跨越建筑变形缝处，应设置补偿装置。设补偿装置处，桥架间断两端应用软铜导线跨接，并留有伸缩余量。

一般情况下不在施工现场制作桥架。由于特殊原因必需时，可利用现有的桥架改制非标准弯通和变径直通。改制和切断直线段桥架时，均不得用气、电焊切割，应用专用切割工具。改制的桥架必须平整，及时补漆，面漆颜色应与其他桥架一致。

3. 电缆敷设

综合管廊内电缆敷设，包括入廊电缆的敷设和管廊供配电电缆的敷设。外部入廊管线分为高压、中低压，管廊供配电电缆电线，一般为低压电缆。

(1) 电缆的搬运和架设地点选择

电缆短距离搬运，一般采用滚动电缆轴的方法。滚动时应按电缆轴上箭头指示方向滚动。如无箭头时，可按电缆缠绕方向滚动，切不可反缠绕方向滚运，以免电缆松弛。

电缆支架的架设地点应选好，以敷设方便为准，一般应在电缆起止点附近为宜。架设时，应注意电缆轴的转动方向，电缆引出端应在电缆轴的上方。如果从管廊外架设电缆支架，引出端从投料口引入，沿管廊方向敷设；如果从内部架设支架，则将电缆盘从投料口吊入管廊，在管廊内部进行电缆铺放。

电缆在搬运、敷设过程中，应确保电缆外护套不受损伤。如果发现外护套局部刮伤，应及时修补。要求在电缆敷设前后，用 1000V 摇表测其外护套绝缘，两次测量的绝缘电阻数值，都应在 50MΩ 以上。110kV 及以上单芯电缆外护套在敷设后应能通过 10kV×1min 直流耐压试验。

(2) 电缆敷设和固定

综合管廊内的电力电缆，包括管廊供配电电缆电线，以及由各用电单位进行的外部入廊电力电缆的敷设，均是在已安装完毕后的支架、桥架、套管中敷设。安装时，可按以下方法进行：

编制电缆敷设顺序表（或排列布置图），作为电缆敷设和布置的依据。电缆敷设顺序表应包含：电缆的敷设顺序号，电缆的设计编号，电缆敷设的起点、终点，电缆的型号规格，电缆的长度等。敷设电缆应排列整齐，走向合理，不宜交叉。每根电缆按设计和实际路径确定长度，合理安排每盘电缆，减少换盘次数。在确保走向合理的前提下，同一层面应尽可能放同一种型号、规格或外径接近的电缆。按照电缆敷设顺序表或排列布置图逐根施放电缆。电缆上不得有压扁、绞拧、护层折裂等机械损伤。

在管廊转弯、引出口处的电缆弯曲弧度应与桥架或管廊结构弧度一致、过渡自然。电缆在受到弯曲时，外侧被拉伸、内侧被挤压，由于电缆材料和结构特性的原因，电缆承受弯曲有一定限度，过度的弯曲，将造成绝缘层和护套的损伤。在电缆敷设规程中，规定了以电缆外径的倍数作为最小弯曲半径，如表 3-27 所列。凡表中没有列入的，可按制造厂说明书的规定执行。

电缆（*D* 为电缆外径）最小弯曲半径 **表 3-27**

电缆类别	护层结构		单芯	多芯
油浸纸绝缘	铅包	有铠装	15*D*	20*D*
		无铠装	20*D*	/
	铝包		30*D*	/
交联聚乙烯绝缘	/		15*D*	20D
聚氯乙烯绝缘	/		10*D*	10D

长距离电缆敷设应有适量的蛇型弯，电缆的两端、中间接头、电缆井内、过管处、垂直位差处均应留有适当的余度，以补偿热胀冷缩和接头加工损耗。直线段的电缆应拉直，不能出现电缆弯曲或下垂现象。

电缆的固定：水平敷设的电缆，应在电缆首末两端及转弯、电缆接头的两端处；当对电缆间距有要求时，每隔 5～10m 处固定。垂直敷设或超过 45°倾斜敷设的电缆在每个支架上、桥架上每隔 2m 处固定。

35kV 以下电缆固定位置：水平敷设时，在电缆线路首、末端和转弯处以及接头的两侧，且宜在直线段每隔不少于 100m 处设置；垂直敷设时，应设置在上下端和中间适当数量位置处。当电缆间需要保持一定间隙时，宜设置在每隔约 10m 处。

35kV 以上电缆的固定位置：除了满足 35kV 以下电缆固定所需条件外，还应在终端、接头或拐弯处紧邻部位的电缆下，设置不小于一处的刚性固定支架，在垂直或斜坡的高位侧，设置不小于 2 处的刚性固定；采用钢丝铠装时，铠装钢丝能夹持住并承受电缆自重引起的拉力。在电缆蛇形敷设的每一部位，应采取挠性固定，蛇形转换成直形敷设的过渡部位，应采取刚性固定。

电缆在敷设过程中，应确保电缆外护套不受损伤。如果发现外护套局部刮伤，应及时修补。电缆敷设完毕后，应及时清除杂物，盖好盖板。电缆线路路径上有可能使电缆受到机械性损伤、振动、热影响、腐殖物质、虫鼠等危害的地段，应采取保护措施。电缆进、出综合管廊部位应强化套管防水措施。

（3）挂标示牌

在电缆终端头、隧道及竖井的上端等地方，电缆上应装设标志牌。电缆标志牌主要有玻璃钢材质、搪瓷材质、铝反光材质等，标志牌上应注明电缆编号、电缆型号、规格及起讫地点，标志牌应打印，字迹应清晰不易脱落，挂装应牢固，并与电缆一一对应。

4. 电缆头制作

由于综合管廊纵向长度从数千米到数十千米，入廊电力电缆必须进行中间连接才能达到需要的长度。电缆头包括电缆终端头和电缆中间接头，入廊电力电缆主要是中间接头，管廊供配电系统主要是电缆终端接头、电缆终端接头连接用电设备和设施。电缆施工的关键工序和主要部位就是电缆头的制作。

（1）电缆头的选型

交联电缆终端头根据运行环境，有户内和户外之分，收缩方式有冷缩和热缩之分。选择电缆头时应根据电缆的型号、规格、使用环境及运行经验综合考虑确定使用热缩头或冷缩头；从运行经验来看冷缩比热缩安全运行系数高。

（2）电缆头制作材料和机具准备

制作电缆头的材料包括电缆终端头套、塑料带、接线鼻子、镀锌螺丝、凡士林油、电缆卡子、电缆标牌、多股铜线等必须符合设计要求，并具备产品出厂合格证。塑料带应分黄、绿、红、黑四色，各种螺丝等镀锌件应镀锌良好，地线采用裸铜软线或多股铜线，截面 120 号电缆以下 $16mm^2$，150 号以上 $25mm^2$，表面应清洁，无断股现象。

制作和安装使用的机具和工具，包括压线钳、钢锯、扳手、钢锉；测试器具有钢卷尺、摇表、万用表等。

电缆头制作前，电气设备应安装完毕，环境空气干燥，电缆敷设并整理完毕，核对无误，电缆支架及电缆终端头固定支架安装齐全，现场具有足够照度的照明和较宽敞的操作场地。

（3）冷缩电缆头制作

全冷缩电力电缆附件实际上就是弹性电缆附件，利用液体硅橡胶本身的弹性在工厂预先扩张好放入塑料及支撑条，到现场套到指定位置，抽掉支撑条使其自然收缩，这种冷缩附件具有良好的“弹性”，可以可靠适应由于大气环境、电缆运行中负载高低产生的电缆热胀冷缩。

冷缩性电缆头制作工艺流程：剥外护套→锯钢铠→剥内护套→安装接地线→安装冷缩3芯分支→套装冷缩护套管→铜屏蔽层处理→剥外半导电层→清洁主绝缘层表面→安装冷缩电缆终端管→安装接线端子和冷缩密封管。

电缆头制作施工现场应清洁、周围空气不应含有导电粉尘和腐蚀性气体，并避开雾、雪、雨天，环境温度及电缆温度一般应在 0℃ 以上。电缆头制作前应做好电缆的核对工作，如电缆的类型、电压等级、截面及电缆另一端的情况等，并对电缆进行绝缘电阻测定和耐压实验，测试结果应符合规定。制作时，从剥切电缆开始至电缆头制作完成必须连续进行，在制作电缆头的整个过程中应采取相应的措施防止污秽和潮气进入；剥切电缆时不得伤及电缆的非剥切部分，特别是不允许划伤绝缘层。

交联聚乙烯绝缘电缆铜带屏蔽层内的半导电层应按工艺要求尺寸保留，除去半导电层的线芯绝缘部分必须将残留的炭黑清理干净；用清洁巾清洁绝缘层和半导电层表面，清洁时必须由绝缘层擦向半导电层，切勿反向，而且每片清洁巾每面只能擦一次，切勿多次重复使用。

接线端子和导体的连接、导体和导体的连接可选用圈压或点压。压接后锉平突起部分，用清洁巾擦净接管和绝缘表面，压坑用填充胶填平。

钢带铠装一般用钢带卡子或 $\phi 2.1mm$ 的单股铜线卡扎，铜带屏蔽层可用截面积 $1.5mm^2$ 的软铜线扎紧，绑扎线兼作接地连接时，绑扎不少于 3 圈，并与钢铠或铜屏蔽带焊接牢固。

电缆接头处做防火包封堵，电缆要留有一定的裕度，防止接头故障后重接。并列敷设的电缆线路，其接头的位置应相互错开，其间净距不小于 0.5m。

（4）热缩电缆头制作

热缩电缆终端头俗称热缩电缆头，具有体积小、重量轻、安全可靠、安装方便等特点。由于热缩电缆附件价格便宜，目前热缩应用最广泛的在 35kV 以下领域。

热缩型电缆头制作按以下工艺流程进行：摇测电缆绝缘→剥电缆铠甲、打卡子→焊接地线→包缠电缆、套电缆终端头套→压电缆芯线接线鼻子、与设备连接。

热缩电缆头制作前后均应对电缆进行遥测，选用 1000V 摇表对电缆进行摇测，绝缘电阻应在 10MΩ 以上，电缆摇测完毕后，应将芯线分别对地放电。制作时，应检查电缆与终端头准备部件是否配套相符，并把各部件擦洗干净。根据电缆头的安装位置到连接设备间的距离，决定剥削尺寸（一般约 1m），在锯钢甲、剥除内护套和内填料时，避免损伤芯线绝缘层和保护层。

焊接屏蔽层接地线时，把内护层外侧的铜屏蔽层铜带上的氧化物去掉，涂上焊锡，把附件的接地扁铜线分成三股，在涂上焊锡的铜屏蔽层上绑紧，处理好绑线的头，再用焊锡焊接铜屏蔽层与线头。外护套防潮段表面一圈要用砂皮打毛，涂密封胶，以防止水渗进电缆头。屏蔽层与钢甲两接地线要求分开时，屏蔽层接地线要做好绝缘处理。

铜屏蔽层的处理：在电缆芯线分叉处做好色相标记，按电缆附件说明书，正确测量好铜屏蔽层切断处位置，用焊锡焊牢（防止铜屏蔽层松开），在切断处内侧用铜丝扎紧，顺铜带扎紧方向沿铜丝用刀划一浅痕，注意不能划破半导体层，慢慢将铜屏蔽带撕下，最后顺铜带扎紧方向剪掉铜丝；剥半导电层，用刀划痕时不应损伤绝缘层，半导电层断口应整齐。主绝缘层表面应无刀痕和残留的半导电材料，如有应清理干净；半导电管热缩时注意铜带不松动，表面要干净（原焊锡要焊牢），半导电管内无空气。热缩时从中间开始向两头缩，要掌握好尺寸。

清洁主绝缘层表面时，用不掉毛的浸有清洁剂的细布或纸擦净主绝缘表面的污物，清洁时只允许从绝缘端向半导体层方向，不允许反向复擦，以免将半导电物质带到主绝缘层表面。

5. 线路检查及绝缘测试

被测试电缆必须停电、验电后，再进行逐相放电，放电时间不得小于 1min，电缆较长电容量较大的不少于 2min；测试前，拆除被测电缆两端连接的设备或开关，用干燥、清洁的软布，擦净电缆头线芯附近的污垢。

按要求进行接线，应正确无误。如测试相对地绝缘，将被测相加屏蔽接于兆欧表的“G”端子上；将非被测相的两线芯连接再与电缆金属外皮相连接后共同接地，同时将共同接地的导线接在兆欧表“E”端子上；将一根测试接线在兆欧表的“L”端子上，该测试线（“L”线）另一端此时不接线芯，一人用手握住“L”测试线的绝缘部分（戴绝缘手套或用绝缘杆），另一人转动兆欧表摇把达 120r/min，将“L”线与线芯接触，待 1 分钟后（读数稳定后），记录其绝缘电阻值，将“L”线撤离线芯，停止转动摇把，然后进行放电。

测试中仪表应水平放置，测试中不得减速或停摇，转速应尽量保持额定值，不得低于额定转速的80%；测试工作应至少两人进行，须戴绝缘手套；被测电缆的另一端应做好相应的安全技术措施，如派人看守或装设临时遮拦等。

6. 电力电缆安全防范措施

电力管线入廊的主要技术问题在于其可能发生火灾，有资料显示，综合管廊内的火灾事故多为电缆引起，电力管线数量较多，管线敷设、检修在市政公用管线中最为频繁，扩容的可能性较大。城市电力电缆分为低压电缆（6、10、35kV）和高压电缆（110、220kV）。电力管线纳入综合管廊需要解决通风降温、防火防灾等主要问题。

3.3.4 附属设施安装技术

1. 照明系统施工

照明系统是综合管廊的基本附属设施之一，也是巡查、维护及设备检修工作的基本保障；良好的照明保障也对保证施工进度和提高施工质量至关重要。管廊照明系统包含普通照明灯、应急照明灯、疏散指示灯及安全出口指示灯等照明器具。

2. 关键技术

管廊内照明系统安装重点考虑如下内容：照明系统灯具、线路同消防系统、火报系统、监控等系统设备定位及管线布置协调一致，满足规范要求；在各系统施工前，应充分消化图纸，统筹进行各系统设备及管道布置，满足规范要求，布局合理，美观，避免过程施工冲突。

（1）照明器具定位

直线段管廊照明施工采用激光红外投线仪进行辅助施工，在使用投线仪的过程中，一定要确定投线仪放置位置的水平度及垂直度，以保证投线仪投出的线槽位置的准确性。

非直线段管廊照明施工时，需要沿管廊延伸方向找出统一参考点来确定灯具位置。照明器具定位应能充分利用照明的光照度，并且均匀分配，安装定位时须避开障碍物及影响其他专业施工的位置。

（2）照明灯具安装

管廊照明灯具防水要求较高；照明灯具均采用三防灯具，外接线口均采用缩紧器连接，保障灯具内密闭；疏散指示灯及安全出口指示灯安装在醒目、无障碍区域，安全指示标识要正确。照明灯具安装不应妨碍投料口材料进出及人员通行，安装高度不低于2.5m。

（3）管路安装

依据照明器具位置确定照明管线敷设路由；照明管线支架固定间距均匀，与管廊两侧墙体平行；管廊转角处应提前测定角度，统一预制管线转角弯头；管线跨越主体伸缩缝处应断开，防止主体沉降拉扯，造成管线脱落。

（4）照明导线敷设

导线敷设前需在电气管的管口处加装护线帽，防止敷设过程中刮伤导线绝缘层。导线（电缆）敷设应平直、整齐，无打结现象；采用圆钢及型钢制作成可旋转卧式导线放置装置，将导线放置在敷设装置上，通过旋转转动装置，导线顺直进行敷设；将导线按相线、中性线、接地线、控制线整齐排列；导线（电缆）敷设完成后，采用防火泥封堵穿线孔，穿线孔做电缆保护措施。

导线（电缆）间距 100m 用电缆标识牌，标注导线（电缆）回路号、起始及终止点，普通照明导线（电缆）用黑标注，应急照明导线（电缆）用红笔标注。

（5）配电设备安装

进场设备质量证明文件、使用说明书及质保文件必须齐全；使用说明书中必须注明对应设备相关型号、规格及设备系统图；依据设备实际框架尺寸，确定设备固定支架尺寸及形式；根据现场情况，确定设备安装位置及设备安装方式（悬挂式安装或是落地式安装）；根据选定的安装方式及支架尺寸，完成固定支架制作；支架制作焊接时随时检查支架连接处垂直度，保障支架方正、平直；支架安装完成后，再进行设备固定，用线坠分别对盘柜侧面、正面进行检查，盘柜安装垂直高度误差应控制在±1.5mm。

（6）电气接线

导线（电缆）中间接头应在分线盒内进行，软线接头应搪锡；电缆接头处应拧成麻花状，先缠绝缘胶布，再缠防水胶布，再缠绝缘胶布；导线（电缆）外露端头用绝缘胶布包扎，防止造成漏电事故。

柜内敷设线路每间距 10cm 绑扎，转角处应加密绑扎，导线（电缆）接线成束捆扎应整齐；盘柜接线孔应做护线措施，导线（电缆）敷设完成后，用防火泥封堵，防火泥封堵整齐、美观；灯具外露可导电部分必须与保护接地（PE）可靠连接，且做标识。

（7）绝缘测试及通电运行

线路敷设完成后，导线线间或电缆相间绝缘值须≥0.5MΩ；灯具控制回路与照明配电箱、弱电双电源箱的回路标识应一致；各电气元器件动作准确，双控开关控制灯具回路顺序正确；

管廊照明灯具试运行时间为 24h；所有灯具开启，每 2h 记录运行状态 1 次，连续试运行时间内无故障；管廊照明工程应先进行就地手动控制试验，运行合格后再进行远程自动控制试验，试验结果符合设计要求；管廊照明灯具运行平稳后，进行照度检测，平均照度应符合图纸设计及规范要求。

2. 综合管廊排水系统施工

综合管廊内设置排水沟和集水坑，主要是为了排除结构、管道渗漏水及管道维修时放空水等。在综合管廊底板设置排水沟，排水沟将综合管廊积水汇入集水坑内，再由集水坑内通过泵站排到室外雨水排水系统中。

（1）管道及支架预制

管道及支架预制应按管段图规定的数量、规格、材质、系统编号等确定预制顺序并编号。预制管段应划分合理，封闭调整管段的加工长度应按现场实测尺寸决定。预制长度必须考虑运输和安装方便。管段预制完毕后，应进行质量检查，应在检验合格后方可进行下道工序。

管段预制完毕后，应及时编号，焊工代号及检验标志应标在管段图上；预制完成的管段不得在运输和吊装过程中产生永久变形，必要时某些部位进行加固。

大于 $DN100$ 的钢管对焊连接时要打 V 字形坡口，坡口夹角保持在 60°～70°之间。不大于 $DN100$ 的钢管对焊连接时可以不打坡口，但对口时应留 2～3mm 的缝隙；管道焊接时，选用合格的电焊条，并进行干燥处理。管道焊缝要均匀饱满，施焊后及时清理焊渣药皮，确保焊接质量。

排水铸铁管下料采用无锯齿切割，无缝镀锌钢管采用沟槽连接，镀锌钢管必须采用切割机下料。

（2）管道防腐

根据设计规定要求进行防腐。管道防腐涂层应均匀、完整，无损坏、流淌，色泽一致；涂膜应附着牢固，无剥落、皱纹、气泡、针孔等缺陷，涂层厚度应符合设计文件的规定；涂刷色环时，应间距均匀，宽度一致。

（3）管道安装

管道安装时，应检查法兰密封面及密封垫片，不得有影响密封性能的划痕、斑点等缺陷，法兰连接应与管道同心，并应保证螺栓自由穿入。法兰间应保持平行，其偏差不得大于法兰外径的1.5‰，且不得大于2mm，不得用强紧螺栓的方法消除歪斜；法兰连接应使用同一规格螺栓，安装方向应一致，螺栓紧固后应与法兰紧贴，不得有楔缝；需加垫圈时，每个螺栓不应超过一个。

管子对口时应在距接口中心200mm处测量平直度，当管子公称直径小于100mm时，允许偏差为2mm，全长允许偏差为10mm。管道连接时，不得用强力对口、加偏垫或加多层垫等方法来消除接口端面的空隙、偏斜、错口或不同心等缺陷。排水管的支管与主管连接时，宜按介质流向设置坡度。管道及管件和阀门安装前，内部清理干净，要求无杂物、尘土等。

（4）排水泵安装

需要安装的排水泵直接固定在池底埋设件上或由预埋螺栓固定。电动机与泵连接时，应以泵的轴为基准找正；与泵连接的管道应符合下列要求：

管子内部和管端应清洗洁净；密封面和螺纹不应损伤；吸入管道和输出管道应有各自的支架，泵不得直接承受管道的重量，支架必须牢固可靠，减少泵体及管道的震动；管道与泵连接后，应复检泵的原找正精度，当发现管道连接引起偏差时，应调整管道；管道与泵连接后，不应在其上进行焊接和气割；当需焊接和气割时，应拆下管道或采取必要的措施，并应防止焊渣进入泵内。

泵的试运转：各固定连接部位不应有松动，各运动部件运转应正常，不得有异常声响和摩擦现象；管道连接应牢固无渗漏，泵的试运转应在其各附属系统单独试运转正常后进行。

3. 消防系统施工

综合管廊消防灭火系统通常采用自动水喷雾喷淋灭火系统，也可采用气溶胶自动灭火系统、移动式灭火器、道路消防栓等。采用自动水喷雾喷淋灭火系统时综合管廊工程需设置消防水泵房以及相关消防管道、电气及自动控制系统。该系统的优点是可实时监控并快效降低火灾现场温度，通用性强。气溶胶灭火主要是利用固体化学混合物，热气溶胶发生剂经化学反应生成具有灭火性质的气溶胶淹没灭火空间，起到隔绝氧气的作用从而使火焰熄灭。目前部分工程采用S型或K型热气溶胶灭火系统，该系统优点是设置方便，灭火系统设备简单，可以带电消防。该系统缺点是药剂失效后将不能正常使用，需更换药剂箱，运行费用较高，增加管理工作。

(1) 消防喷淋系统概述

通常综合管廊消防灭火系统中，自动喷雾喷淋灭火系统为首选。高压细水雾近年来在消防领域的应用日益广泛，以水为灭火剂，对环境、保护对象、保护区人员均无损害和污染，能净化烟雾和毒气，对 CO、CO_2、HCN、H_2S、HCl 等有很强的吸收能力，有利于人员安全疏散和消防员的灭火救援工作，其维护方便，仅以水为灭火剂，在备用状态下为常压，日常维护工作量和费用大大降低。

(2) 关键施工技术介绍

1) 吊架制作

通常管廊内消防喷淋系统固定管卡支吊架采用角钢或槽钢制作，支吊架的焊接按照金属结构焊接工艺，焊接厚度不得小于焊件最小厚度，不能有漏焊、结渣或焊缝裂纹等缺陷；管卡的螺栓孔位置要准确。受力部件如膨胀螺栓的规格必须符合设计及有关技术标准规定。吊架制作完毕后进行除锈涂装。

2) 支吊架安装

首先根据设计图纸要求定出支吊架位置。根据管道的设计标高，把同一水平直管段两端的支架位置标在墙上或柱上，并按照支架的间距在顶棚上标出每个中间支架的安装位置。将制作好的支吊架固定在指定位置上，支吊架横梁土顶面应水平确保管线安装水平度。

3) 管道加工、安装

常用管材一般为热镀锌钢管；$DN<65$mm 时，采用螺纹连接；$DN\geqslant65$ 时，采用沟槽连接。管道加工前，对管材逐根进行外观检查，其表面要求无裂纹、缩孔、夹渣、折叠、重皮、斑痕和结疤等缺陷；不得有超过壁厚负偏差的锈蚀和凹陷。

管道下料切割采用机械切割方法或螺纹套丝切割机进行切割。管子切口质量应符合下列要求：切口平整，不得有裂纹、重皮；毛刺、凸凹、缩口、熔渣、铁屑等应予以清除。

管螺纹加工采用机械套丝切割机加工管螺纹。为保证套丝质量，螺纹应端正，光滑完整，无毛刺，乱丝、断丝等，缺丝长度不得超过螺纹总长度的 10%。螺纹连接时，在管端螺纹外面敷上填料，用手拧入 2～3 扣，再一次装紧，不得倒回，装紧后应留有螺尾。管道连接后，将挤到螺纹外面的填料清除掉，填料不得挤入管腔，以免阻塞管路。各种填料在螺纹里只能使用一次，若管道拆卸，重新装紧时，应更换填料。用管钳将管子拧紧后，管子外表破损和外露的螺纹，要进行修补防锈处理。沟槽加工使用专用的压槽机，在管道的一端滚压出一圈 2.5mm 深的沟槽，将管道的两端对接后，在管道外边安装专用橡胶圈，两边的搭接要相等；将两半卡箍扣住橡胶圈，卡箍的凸缘卡进管端压出的沟槽里，拧紧卡箍两侧的螺栓即可。

管道在穿越变形缝时，安装柔性金属波纹管进行过渡；管道安装完毕后，其穿墙体、楼板处的套管内采用不燃材料填充。

为确保喷淋管路安装美观（管道横平竖直、喷头均分布并在同一水平线上），首先对喷淋主管进行安装，安装时确保主管的同心度，随时对管路进行校直，确保直线。主管试压合格后进行支管安装，对纵向在一条直线的喷头连接管路进行统一下料、统一套丝、统一安装，而后再复核喷头是否成一线，如不成一线则及时调整。

4) 湿式报警阀组安装

安装前逐个进行密封性能试验，试验压力为工作压力的两倍，试验时间为5min，以阀瓣处无渗漏为合格。先安装报警阀组与消防立管，保证水流方向一致，再进行报警阀辅助管道的连接。报警阀的安装高度为距地面1.2m，两侧距墙不小于0.5m，正面距墙不小于1.2m，确保报警阀前后的管道中能顺利充满水；水力警铃不发生误报警。

报警阀处地面应有排水措施，环境温度不应低于+5℃。报警阀组装时应按产品说明书和设计要求，控制阀应有启闭指示装置。系统安装完成后，进行湿式报警阀的调试，并在系统中联动试运转。

5）水流指示器安装

在管道试压冲洗后，才可进行水流指示器的安装。水流指示器安装于安全信号阀之后，间距不小于300mm。水流指示器的桨片、膜片要垂直于管道，其动作方向和水流方向一致。安装后水流指示器的桨片、膜片要动作灵活，不允许与管道有任何摩擦接触，而且无渗漏。

6）阀门的安装

安装前按设计要求，检查其种类、规格、型号等参数及制作质量，阀门在安装前，做耐压强度试验，试验数量每批次（同牌号、同规格、同型号）抽查10%，且不少于1个；安装在主干管上起切断作用的闭路阀门要逐个做强度和严密性试验。阀门的强度试验压力为公称压力的1.5倍；严密性试验压力为公称压力的1.1倍。试验压力在试验持续时间内应保持不变，且壳体填料及阀瓣密封面无渗漏。阀门试压时间见表3-28。

阀门试压时间表 **表3-28**

公称直径 DN(mm)	最短试验持续时间(s)		
	严密性试验		强度试验
	金属密封	非金属密封	
≤50	15	15	15
65～200	30	15	60
250～450	60	30	180

阀门安装位置按施工图确定，要求做到不妨碍设备的操作和维修，同时也便于阀门自身的拆装和检修。

7）喷头安装

喷头安装应在系统管道试压合格后进行。喷头的型号、规格应符合设计要求；喷头的商标、型号、公称动作温度、制造厂等标识应齐全；喷头外观应无加工缺痕、毛刺、缺丝或断丝的现象。

闭式喷头密封性能试验：从每批中抽查1%的喷头，但不少于5个，试验压力为3.0MPa，试验时间为3min；当有两只以上不合格时，不得使用该批喷头；当有一只不合格时，再抽查2%，但不得少于10只，重新进行密封性能试验，当仍有不合格时，不得使用该批喷头。喷头安装时，不得对喷头进行拆装、改动并严禁给喷头附加任何装饰性涂层。使用专用扳手安装喷头，不得利用喷头的杠架来拧紧喷头。喷头安装距离尺寸见表3-29。

喷头安装距离尺寸表　　表 3-29

喷头与梁的水平距离(mm)	喷头溅水盘与梁底的最大垂直距离(mm)	喷头与梁的水平距离(mm)	喷头溅水盘与梁底的最大垂直距离(mm)
300～600	25	1200～1350	180
600～750	75	1350～1500	230
750～900	75	1500～1680	280
900～1050	100	1680～1830	360
1050～1200	150		

4. 火灾报警系统施工

(1) 综合管廊火灾报警系统概述

火灾报警系统包含火灾自动报警系统、消防广播系统和消防电话系统。火灾自动报警系统由电感烟探测器、感温探测器、手动报警按钮、各类模块、电话分机、电话插孔、扬声器、可燃气体探测器、模块箱等设备组成；消防广播系统在消防监控室设置消防广播机柜，在所有防火分区设置消防广播扬声器；在火灾时，可以手动或按程序自动启动消防广播系统；消防电话通过光纤与监控中心内专用火警电话分机进行连接，可直接与消防中心通话，监控中心内设有专用火警电话分机。

(2) 电气管路敷设要求

配电管、箱、盒的安装管线应按图纸及现场实际按最近线路敷设，并尽量避免三根管路交叉于一点。接线盒与电管之间必须用黄绿双色线跨接。电气配管揻弯处无折皱和裂缝，管截面椭圆度不大于外径的 10%，弯曲半径大于其管径的 4 倍。

所有钢质电线管均采用丝扣连接，管口进入箱盒应小于 5mm，管口毛刺应用圆锉锉平并用锁母双夹固定；采用塑料管入盒时应采取相应固定措施。管线经过建筑物的变形缝(包括沉降缝、伸缩缝、抗震缝等）处时，应采取补偿措施。

(3) 配线施工要求

管内穿线时应清理管道，清除杂物，电线在管内严禁接头、打结、扭绞。火灾自动报警系统应单独布线，系统内不同电压等级，不同回路电流类别的电线严禁穿入同一根管内或同一线槽孔内。导线穿线时根据不同用途选择不同颜色加以区分，相同用途的导线颜色应一致。电源线正极为红色，负极为蓝色或黑色，分色编号处理便于识别，同时做好绝缘测试检查，做好安装记录。

(4) 火灾探测器的安装

点型感烟、感温火灾探测器至墙壁、梁边的水平距离不应小于 0.5m，周围 0.5m 内不应有遮挡物；火灾探测器至空调送风口边的水平距离不应小于 1.5m；至多孔送风顶棚孔口的水平距离不应小于 0.5m。

综合管廊的内走道顶棚上设置探测器宜居中布置。感烟探测器的安装间距不应超过 10m。探测器距端墙的距离，不应大于探测器安装间距的一半。探测器宜水平安装，当必须倾斜安装时，倾斜角不应大于 45°。探测器的“+”线应为红色，“−”线应为蓝色，其余线应根据不同用途采用其他颜色区分，但同一工程中相同用途的导线颜色应一致。探测器底座导线应留有不小于 15cm 的余量，入端处应有明显标志。探测器底座的穿线孔宜封堵，安装完毕后的探测器底座应采取保护措施。探测器的确认灯，应面向便于人员观察的主要入口方向。

（5）火灾报警区域控制器的安装

火灾报警区域控制器（以下简称控制器）在墙上安装时，其底边距地（楼）面高度不应小于1.5m；落地安装时，其底宜高出地坪0.1～0.2m。控制器应安装牢固，不得倾斜。安装在轻质墙上时，应采取加固措施。

（6）感温电缆的安装

综合管廊内电缆运行发热，存在火灾发生隐患，管廊桥架内安装针对电缆全线路的连续温度监测是必要的，感温电缆又名线性感温探测器，沿电缆线全长敷设，在全长范围内连续监测采集电缆的温度；敷设线缆式感温电缆时应呈“S”形曲线布置，布线时必须连续无抽头、无分支连续布线；采用规范的夹具或卡具，不得在感温电缆上压敷重物，避免损伤感温电缆。以使桥架内上下位置都能被感温元件测定。感温电缆在桥架内不得扭结，不得突出桥架。

（7）模块安装

同一报警区域内的模块集中安装在金属箱内，模块或模块金属箱应独立支撑或固定，安装牢固，并应做防潮、防腐蚀等措施；模块连接导线应留不少于150mm的余量，并做明显标志；隐蔽安装时，在安装处应有明显的部位显示和检修孔。

（8）消防广播系统安装

火灾应急广播扬声器和火灾警报装置安装应牢固可靠；光警报装置应安装在安全出口附近明显处，距地面1.8m以上；光警报器与消防应急疏散指示标志不宜在同一面墙上，安装在同一墙面上时，距离应大于1m；扬声器和声警报装置在报警区域内均匀安装。

（9）消防系统接地

交流供电和36V以上直流供电的消防用电设备的金属外壳，使用黄绿接地线与电气保护接地干线（PE）相连，接地装置施工完毕后，按规定测量接地电阻，并做记录。

（10）系统调试

为了保证火灾报警系统安全可靠投入运行，达到设计要求，系统投入运行前，进行一系列的调整试验工作，调整试验的主要内容包括线路测试、火灾报警与系统接地测试和整个系统的联动调试。

1）调试前准备工作：调试前，应成立调试组织机构，明确人员职责，对调试人员进行施工技术安全交底，确保调试相关文件技术资料齐全，同时，应仔细核对施工记录及隐蔽工程验收记录、检验记录及绝缘电阻、接地电阻测试记录等，确保工程施工满足调试要求；配备满足需要的仪表、仪器和设备。

2）线路测试：对拟调试系统进行外部检查，确认工作接地和保护接地连接正确、可靠。

3）单体调试：显示探测器的检查，一般作性能试验；开关探测器采用专用测试仪检查；模拟量探测器一般在报警控制调试时进行。

4）功能检测：检查火灾自动报警系统设备的功能包括：自检消音、复位功能、故障报警功能、火灾优先功能、报警记忆功能等。火灾探测器现场测试采用专用设备对探测器逐个进行试验，其动作、编码、手动报警按钮位置应符合要求；感烟型探测器采用烟雾发生器进行测试；手动报警按钮测试可用工具松动按钮盖板（不损坏设备）进行测试。

5）电源检测：电源自动转换和备用电源自动充电功能及备用电源欠电压和过电压报警功能进行检测，在备用电源连续充放电 2 次后，主电源和备用电源应能自动转换。

5. 综合管廊安全监控系统施工

管廊智能化安全监控系统（简称安控系统），是将先进的计算机信息技术、电子控制技术、网络技术等有效的综合运用在管廊安控系统。安控系统采用分级管理模式，通过建立多平台、多系统下的统一管理平台，实现对系统内所有分监控中心、监控主机及设备的统一有序的管理协调。各分监控中心在服从总监控中心的同时，可以独立的监控自己负责区域，实现系统分散多级管理。

（1）监控系统的构成

监控系统主要包括固定式网络摄像机（带 SD 卡）、球形网络摄像机（带 SD 卡）、接入交换机等。系统按分区设置视频监控区域，由彩色摄像机完成，每台彩色摄像机均采用数字技术将视频图像数字化，并通过以太网接口传输至与之对应的防火分区交换机，在通过大容量、高速工业以太网络传输至监控中心主交换机，通过配套视频处理设备（网络视频解码器）将每个视频监控区域的监控图像传送至监控中心的电视墙上。

（2）摄像机安装

固定式摄像机安装在综合管廊配电控制室、卸料口及管廊进、出口；球形摄像机安装在综合管廊顶部，与两侧墙面距离均匀，一个防火分区内设置两台球形摄像机。固定支架要安装平稳、牢固，设备安装完毕后固定螺丝要用玻璃胶密封。

摄像机接线板安装支架内电源端子接头要压实，BNC 头固定后要用自粘带包实。摄像机调试完成后要把摄像机变焦等的固定螺丝及摄像机支架螺丝固定紧。从摄像机引出的电缆宜留有 1m 余量，不得影响摄像机的转动。摄像机的电缆和电源线均应固定，并不得用插头承受电缆的自重。

先对摄像机进行初步安装，经通电试看、细调，检查各项功能，观察监视区域的覆盖范围和图像质量，符合要求后方可固定。将摄像机支架可靠地安装在指定位置上，摄像机与支架要固定牢靠，并保证摄像机上下转动范围在±90°，左右转动范围在±180°。

（3）监控及大屏显示设备安装

设备安装前，先检查设备是否完好，根据设计图纸现场测量定位。控制台应安放竖直、保持水平，附件完整，无损伤，螺丝紧固，台面整洁无划痕。拼接屏安装时需注意四边与装饰齐平，缝隙均匀；拼接屏的外部可调节部分应暴露在便于操作的位置，并加盖保护。

（4）设备配线

所有电缆的安装符合统一标签方式。每一条线缆标签贴在线缆两端、电缆托盘、管道、管廊出入口和有需要的适当位置。电缆种类、尺码、每芯或每对线的用途和终接需详细记录。

柜内电缆可根据柜内空间进行成束或平铺绑扎，按垂直或水平有规律地配置，不得任意歪斜交叉连接，动力、控制电缆要分开绑扎，绑扎弧度要一致、牢固，绑扎带固定位置要均匀，绑扎方向要一致且绑带多余部分剪掉。盘柜内电缆开刀高度要水平，且不能伤到内部线芯，封口处宜用与电缆同颜色的胶带进行封口。控制电缆屏蔽引出线的接头应封在封口内。电缆标签粘贴或悬挂高度要一致，字迹要清晰。

电缆线芯在盘柜内无线槽的必须成束敷设，成束线芯捆扎顺直、无交叉、走向顺畅，固定绑线要均匀，固定牢靠。备用线芯必须用胶带注明电缆号，并将线芯头部用胶带封住。控制电缆线芯必须穿戴线芯号，线芯号码管字排列统一朝向，长度一致且必须用机器打印，不能手写涂改。

（5）单机测试

1）线缆测试：视频监控系统选用电缆包括电源线、超五类非屏蔽网线等。

2）接地电阻测量：闭路电视线路中的金属保护管、电缆桥架、金属线槽、配线钢管和各种设备的金属外壳均应与地连接，保证可靠的电气通路。系统接地电阻应≤1Ω。

3）电源检测：电源应符合设计规定。调试时，合上系统电源总开关，检查稳压电源装置的电压表读数并实测输入、输出电压，确认无误后，逐一合上分路电源开关，给每一个回路送电，现场检查电源指示灯并检查各设备的端电压，电压正常再分别给摄像机供电。

4）电气性能调试：用信号发生器从摄像机电缆处发一专用测试信号（数字信号），通过控制键盘选择，用视频测试仪进行测试。

5）系统调试：在前端摄像机、云台、SK 存储系统中各项设备单体调试完成后，可进行系统整体调试。在整体调试过程中，每项试验均需做好记录，及时处理调试过程中出现的问题，直至各项指标均达到要求。当系统联调出现问题时，应根据分系统的调试记录判断是哪一个分系统出现的问题，快速解决问题。

3.4 施工管理

3.4.1 综合管廊平面管理及协调

综合管廊呈条形布置，一般位于绿化带或道路下方，与道路交通关系密切，施工组织流动性大，因此，平面管理比较复杂，综合管廊工程平面布局策划至关重要。结合规划和设计图的平面布局，综合管廊总体施工部署主要考虑：分区分段、大临布置、临时道路、临电、基坑支护、材料场地布置、交通组织、环境保护、大直径管线安装等。

1. 施工部署原则

综合管廊施工部署应结合每个项目工程特点，为确保工期、质量、安全等各项目标实现，遵循“先地下后地上、先深后浅、先主干线后支线、先主后辅”的总体施工原则，在施工总体部署上遵循：平面分区、管廊分段；突出重点，同步实施。分路段划分施工区域，一般 5km 左右为一个施工区域，每个施工区根据施工位置、地基处理、基坑支护、管廊截面形式、工期要求等因素划分为若干个施工段；施工组织必须紧紧抓住“打通综合管廊结构路由”这一主线，抓住地基处理、管廊结构、隧道、桥梁等重点内容，才能确保工序最优化、工期受控。

2. 道路规划

一般市政工程受征地拆迁、管线保护以及现状道路、河道等影响，使得各施工工序之间的合理衔接被打破，平面管理变得复杂化。为确保各专业主要工序之间和不同专业之间的衔接和交叉作业有序展开，必须统筹做好施工临时道路规划。

施工临时道路一般设置在管廊侧面正式道路区域内，施工组织应综合考虑现状道路、关键节点线路、深基坑的位置关系、经济因素、工期要求等各方面因素，在施工阶段进行详细规划；施工临时道路的设置应遵循如下原则：

（1）设置在有综合管廊带的道路另一侧；

（2）设置在远离排洪渠的道路另一侧，避免重车荷载对深基坑的影响；

（3）施工便道尽量考虑利用现状道路；

（4）综合考虑周边环境因素、施工总体部署等因素，施工便道的设置位置可以进行调整，具体以现场实际情况为准。

3. 现场临时设施

施工现场应设立办公区，且设在工程重点区域；现场施工大临根据工程分段施工顺序，采取移动式布置方式，一个钢筋、模板加工场地覆盖直径应不超过 1.5km。为了保证施工区域整洁、有序、形象良好、组织有序，现场平面必须进行统一动态管理，平面布置遵循统一布局、统一调度、统一标识标志原则，同时完善规章制度，保证施工现场井然有序、有条不紊。

建筑材料堆放遵循尽量减小场地占用原则，充分利用现有的施工场地，紧凑有序、强化调度；施工设备和材料堆场按照“就近堆放”和“及时周转”的原则，尽量减少材料场内二次搬运；施工现场工具、构件、材料的堆放必须按照总平面布置图，按品种、分规格设置标识牌摆放整齐。

3.4.2 质量管理

综合管廊主要包括管廊结构、入廊管线及附属设施，各专业组织方式多种多样，实施时间跨度很大，因此，质量管理应根据项目特点、进行针对性策划，各个阶段都有各自不同的施工内容，都应制定好对应施工内容质量管控重点和措施；此外由于入廊管线安装位置和空间的统筹规划对后续运营安全和效率息息相关，因此必须将全过程入廊管线的空间使用和位置规划纳入综合管廊质量管理中强化管控。

1. 抓住重点质量问题及影响因素

综合管廊内部入廊管线多、承受荷载大，能源介质和各类管线正常运行对管廊内部环境要求高，同时管廊内还综合了各类附属设施，因此，应首先预防和减小渗漏水对综合管廊的影响，综合管廊应重点控制的主要质量问题和主要影响因素如下：

（1）墙体振捣不密实，出现渗水、漏水；

（2）管廊通风口由于水分蒸发快等因素，出现裂缝；

（3）底板倒角气体排出不畅，容易导致蜂窝麻面；或未采用专用模板，导致尺寸偏差大或表面质量差；

（4）不均匀沉降导致伸缩缝部位渗漏水；

（5）管廊引出线口或预埋管口防水措施不到位导致结构渗水、漏水；

（6）混凝土保护层尺寸、管廊净空尺寸偏差超差；

（7）未针对不同的模板采取对应的模板支撑和加固措施，平整度超差；

（8）埋件尺寸、位置超差。

2. 健全管理体系和责任制落实

（1）健全体系

1）按照《工程建设施工企业质量管理规范》GB/T 50430 结合项目承建单位质量方针和目标，完善项目施工管理机构职能部门的人员配置和职责分工；

2）成立项目质量管理机构，全面负责施工过程的质量管理；

3）结合项目特点，明确质量分级管理职责及任务分工；

4）保证质量监督与管理指令畅通并得到有效执行。

（2）完善制度

综合管廊施工区域广、战线长，发挥团队作用确保质量管理满足要求，遵循质量管理标准化原则制定制度至关重要。项目应制定以下基本管理制度并确保执行落实：

1）项目质量管理制度；

2）创优规划；

3）质量样板引路制度；

4）质量考核细则；

5）实体质量监督与检查制度；

6）商品混凝土质量监督管理办法；

7）过程质量控制与监督检查制度；

8）质量通病与防治措施；

9）管廊施工质量标准化检查与评分；

10）混凝土结构养护及试件留置与管理办法；

11）工程检测与试验管理办法；

12）成品保护办法。

3.4.3 进度管理

1. 主要影响因素

城市地下综合管廊作为可以有效利用地下空间、系统整合地下管线布置、改善市容景观的功能综合性地下构筑物，其施工组织影响施工进度的因素主要有：人为因素、材料设备因素、技术因素、地基因素、气候因素、资金因素等，见表 3-30 所示。

影响施工项目进度的因素表 **表 3-30**

种类	影响因素
施工单位内部因素	● 施工组织不合理，人力、机械设备调配不当，解决问题不及时； ● 施工技术措施不当或发生事故； ● 质量不合格引起返工； ● 与相关单位协调不善； ● 项目经理管理水平低
相关单位因素	● 设计图纸供应不及时或技术资料不准确等； ● 业主要求设计变更； ● 实际工程量增减变化； ● 材料供应、运输不及时或质量、数量规格不符合要求； ● 水电通信等部门、分包单位信息不对称或沟通不畅； ● 资金没有按时拨付等

续表

种类	影响因素
不可预见因素	● 施工现场实际水文地质状况与地勘资料偏差较大； ● 严重自然灾害； ● 政策调整等因素

2. 综合管廊施工进度策划

综合管廊作为一种长条状地下结构，工程量大，涉及专业多，为保证在要求的施工期内完成施工，需要对综合管廊进行合理的区段划分，不同的施工工艺、不同区段划分也有不同的要求；综合管廊施工通常采用明挖法。

（1）明挖法施工部署

明挖法施工综合管廊在进行总体布局时，考虑到地下空间利用、出廊管线的整体规划以及管廊出地面结构的布置，综合管廊总是沿道路布置且多利用道路绿化部分进行地上地下的连接；目前城市地下综合管廊与道路的关系大致可以分为两种情况：位于道路外侧绿化带区域或位于道路分隔带及车行道下方，见图 3-42；另外根据道路是新建道路还是现有道路，又可以分为道路与综合管廊同时施工和道路改扩建工程的综合管廊施工。

图 3-42　综合管廊与道路位置示意图

属于道路改扩建的综合管廊施工由于很多情况下都无法完全封闭交通，在进行综合管廊施工工期部署时必须要考虑到现状道路运行对施工的影响，并提前做好交通疏导方案以及其他相关施工手续，在保证正常施工的前提下尽量减少对道路通行的影响，另外也要提前熟悉原道路的地下管线布置情况，提前做好需改线管线的施工方案，并将其纳入综合管廊工期部署进行综合考虑。

对于新建道路的综合管廊施工工期部署则需要与道路施工进行统筹考虑，通常道路施工主要内容包括：地基处理、雨污水管、人行地道、过路涵洞、给水管、道路结构等，在综合管廊施工前需要明确综合管廊与其他新建管线的相对位置关系，特别是像雨污水等重力式自流管线，在道路范围内结构高差较大，本着地下工程施工先深后浅的基本原则，在施工前需对雨污水管线与综合管廊沿道路方向进行施工标高对比，由此来决定施工的先后；还有部分区段需要考虑综合管廊与横穿道路结构的相对位置（是否影响综合管廊施工），最终根据综合管廊与道路其他结构及管线在空间上的关系确定施工顺序以及区段划分。

（2）明挖现浇工艺施工段的划分

明挖现浇综合管廊施工中应合理地按不同的结构断面形式进行分区，尽量对每种结构形式都安排单独的施工作业人员，这样不仅可以熟能生巧，提高施工队伍的工作效率，也能在一定程度上减少模板等周转材料的浪费，加快整体的施工进度。

根据混凝土结构特点以及项目地质、气候条件等因素，综合管廊可以按照每隔一定的长度（约 20～30m）设置一道变形缝，以满足混凝土裂缝控制要求；在施工过程中可以随开挖随施工，施工调配、组织灵活方便。

综合管廊在施工过程可中根据变形缝划分情况，采用目前技术成熟的“跳舱法”——“隔段施工、分层浇筑、整体成型”开展施工（图 3-43），保证伸缩缝的成型质量。具体方法为中间段综合管廊在前后两段结构施工完后再开始施工。如工期紧，也可交叉跳舱施工，即在前后两段底板浇筑完成后开始进行中间段底板施工，同时施工前后两段的侧墙和顶板，中间段底板和前后两段的侧墙和顶板施工完后，再施工中间段侧墙和顶板。“跳舱法”施工避免了多段管廊同时施工时的相互干扰，且便于变形缝处止水带的固定，能加快施工进度，保证施工质量。

图 3-43 “跳舱法”施工现场

除了标准段外，综合管廊还不可避免地会遇到与其他结构相互交叉的情况（见图 3-44）。由于都属于埋地结构，大大增加结构的埋深，相应地增加了施工的难度。要保证此段综合管廊的施工进度，除了安排独立施工队负责施工、提前准备好施工物资材料外，还需对周围穿过的管线进行信息收集，特别是燃气管线，要了解准确通气时间，深基坑段的施工尽量，减少基坑的暴露时间，避免因基坑暴露时间太长而受外部环境影响导致基坑失稳。

(3) 明挖预制拼装工艺施工段划分

明挖预制拼装按照预制场地位置可以分为现场预制与工厂预制两种。明挖预制拼装中预制节段划分需要考虑预制模具的尺寸、起吊与运输设备的能力、接缝处理的成本等方面的问题，经过不断的现场实践与探索，现有预制拼装综合管廊一般采用 1～3m 的节段长度进行施工。

在施工段的划分上，明挖预制拼装与明挖现浇施工一样具有很强的灵活性，并且由于预制构件已基本完成收缩，现场施工按照预制构件接口方式选择是否需要单独设置变形缝，一般刚性接口需要单独设置变形缝，而如果采用柔性接口则可以选择不再单独设置变

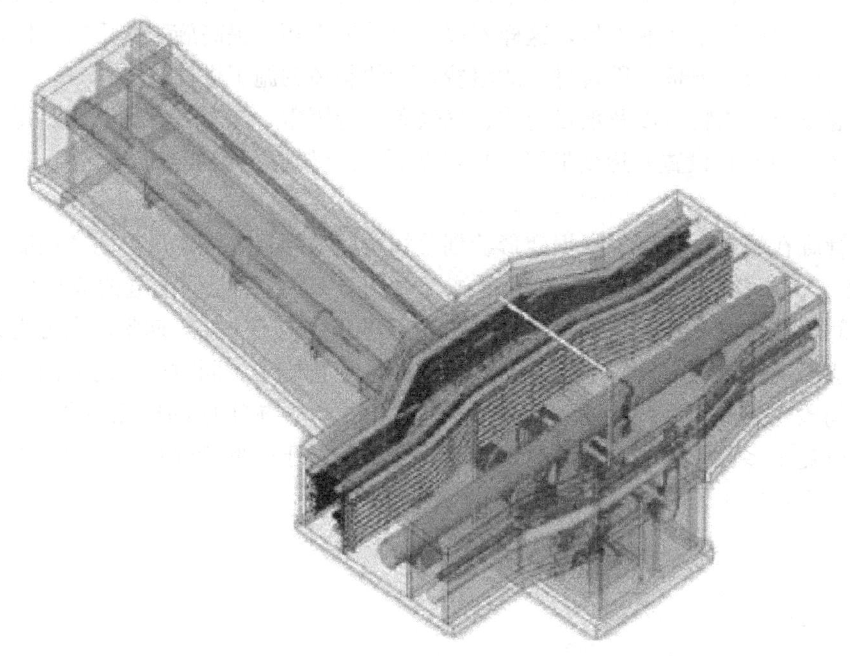

图 3-44　综合管廊交叉段示意图

形缝，如需设置也在明挖现浇 20～30m 的基础上可适当放宽。

明挖预制拼装由于构件尺寸小，现场基本可以在任何满足施工条件段开始施工，但也需要考虑机械设备的配备情况，并通过局部的现浇段连接相临预制安装区段，这样也在一定程度上解决了安装过程中累积偏差对结构的整体影响。

3. 综合管廊进度控制要点

（1）明挖现浇结构施工进度控制

基坑支护作为明挖现浇法施工的一个重要工序，施工过程中必须严格按照设计要求进行施工，并按要求对基坑变形进行监测，做好应急预案；明挖现浇法施工对现场排水要求比较严，施工过程中必须监测地下水位情况，及时了解当地的天气情况，做好应急排水设施，避免基坑浸泡造成工期损失。

（2）明挖预制拼装结构施工进度控制

明挖预制拼装施工中预制厂的生产能力与施工进度控制息息相关，施工中需根据工程量选择具备相应生产能力的预制厂，必要时可以采用多家预制厂作为预制件储备，保证现场不会因预制件不足而导致窝工，影响施工进度。

由于综合管廊呈带状布置，明挖预制施工中不管是现场加工预制还是工厂加工预制都需要进行预制件的运输，现场需提前做好交通运输方案，同时积极与交通部门协商，保证运输顺畅；根据施工计划工程量合理安排运输车辆，确保不影响现场安装进度；做好现场吊装机械的合理配备，根据预制拼装构件的重量确定吊装机械，根据现场施工面及预制件的生产与运输能力确定机械数量。

（3）附属设施施工进度控制

附属设施应与入廊管线统筹规划，合理分配安装空间，做好平面优化，避免互相影响导致返工；通风、照明、排水等设施可以为同期施工的入廊管线施工提供便利条件，应首先组织施工；此外，管廊附属设施各系统一般按200m进行分区，施工时，一个防火分区内的附属设施应同步施工、同步完成，并保证每个分区的附属设施系统尽早正常运行，为综合管廊入廊管线成果保护、系统调试、连通创造条件。

（4）综合管廊管线入廊进度控制

综合管廊能容纳多种管道及线缆，但是管廊内部的施工空间有限，在进行管线入廊施工过程中需综合考虑管线的专业特点与结构特点，管线从投料口吊装入廊。

3.4.4 安全管理

1. 安全管理概述

综合管廊工程依托城市道路工程，具有工程规模大、战线长、周期长、参与人员多、环境复杂多变等显著特点，一般采取分区分段同步组织施工的方式；另外综合管廊内部空间狭窄，交叉作业多，密闭空间作业给操作人员带来较大的安全隐患。因此，在项目前期，应建立危险源清单，制定并动态调整重大危险源及其相应措施，确保重大危险源始终处于受控状态。综合管廊工程重大危险源主要如下：

施工阶段：基坑坍塌、暗挖施工坍塌、模板支撑架坍塌、预制管节吊装机械倾覆、大直径管道吊装物体打击或机械伤害、触电、中毒、窒息等；

运营阶段：火灾、盗窃、通风系统故障、高压电磁伤害等。

2. 重大危险源识别与对策

对施工阶段重大危险要制定专项方案，采取“两个控制”，即前期控制、施工过程控制。前期控制重点是工程开工前在编制施工组织设计或专项施工方案时，针对工程的各种危险源，制定防控措施；施工过程控制重点是严格执行专项方案，按照规定监督检查，认真落实整改，当发生较大变化时，应及时修订施工方案，履行审批程序并交底后执行。对运营阶段重大危险源，要建立安全责任制，制定并落实管线运行、检查、维护、维修制度、手册和规程，熟悉各种管线操控方案及技术，制定应急预案，作好演练与改进，同时要确保管廊附属设施系统正常运行，建立与入廊管线单位的沟通机制，保持信息畅通，根据管线运行状态及时调整运营维保措施。

4 运营维护管理

4.1 运营维护管理的重要性

综合管廊是保障城市运行的重要基础设施和“生命线”，其建设和正常运维的重要性不言而喻。然而在现实管理中，有的城市缺乏科学的规划论证，盲目建设，未同步制定管线入廊相关政策、法规。而且政府和管线单位也在运营费用上意见不一致，管线单位入廊积极性不高，以致综合管廊建成后空置率较高，再加上缺乏良好的运营维护管理机制，综合管廊运营维护管理缺位等原因，造成附属设施设备缺乏维护、陈旧老化，造成管廊使用功能大幅衰减，使用寿命缩短，不利于城市管理的可持续、健康发展。应从以下五方面充分认识管廊运营维护管理的重要性。

1. 提高使用效率

建设综合管廊的目的就是为了集中容纳各类公用管线，因此空间资源就是管廊向用户提供的唯一产品。管廊内的预留管位、线缆支架、管线预留孔都是不可再生的宝贵资源。但在实际管线敷设过程中，由于管线分期入廊、管线路径规划不合理、施工人员贪图作业便利等原因，不加以统筹控制，不严格执行设计要求，极易造成空间资源的浪费。

2. 控制运行风险

综合管廊运行过程中面临着许多风险，都会对管廊自身及廊内管线造成危害，控制和降低风险的发生是做好综合管廊运营工作的主要作用。存在的主要风险如下：

（1）地质结构不稳定的风险：较高的地下水位或软基土层会造成管廊结构的不均匀沉降和位移；

（2）周边建设工程带来的风险：周边地块进行桩基工程引发土层扰动也会造成管廊结构断裂、漏水等现象以及钻探、顶进、爆破等对管廊的破坏；

（3）管廊内作业带来的风险：廊内动火作业对弱电系统造成损坏等，大件设备的搬运对管线的碰撞等；

（4）管线故障的风险：电力电缆头爆炸引发火灾，水管爆管引发水灾；

（5）自有设备故障的风险：供电系统故障引发停电，报警设备故障使管廊失去监护，排水设备故障导致廊内积水无法排出等；

（6）人为破坏的风险：偷盗、入侵，排放、倾倒腐蚀性液体、气体；

（7）交通事故的风险：主要对路面的投料口、通风口等造成损坏；

（8）自然灾害的风险：综合管廊相对于直埋管线有较好的抗灾性，但地震、降雨等灾害仍具有危害性。

3. 维护内部环境

内外温差较大时的凝露现象或沟内积水会造成内部湿度较大，进而影响管线和自有设备的安全运行和使用寿命；廊内垃圾杂物的积聚会产生毒害气体或招来老鼠。

4. 维持正常秩序

管廊内部的公用管线越多，管线敷设和日常维护时的交叉作业就越多，作业人员不仅互相争夺地面出入口、接水、接电等资源，而且对其他管线的安全存在造成威胁。因此，做好管廊空间分配、出入口控制、成品保护、环境保护、作业安全管理等秩序管理工作意义重大。

5. 保证资金来源

有偿使用、政府补贴的管廊政策，事先需要做好入廊费与日常维护费用收费标准的测算，事中需要与各管线单位签订有偿使用协议，事后需要对收取的费用进行核算与入库。另外，在管廊运营过程中不仅需要解决管线、管廊的维修技术问题，还需要花费大量时间和精力做好与管线单位的沟通、协调、解释工作。

4.2 国内外综合管廊运营维护管理的主要模式

4.2.1 国外综合管廊运营维护管理的模式

1. 法国、英国等欧洲国家模式

综合管廊最早起源于欧洲。由于法国、英国等欧洲国家政府财力比较强，综合管廊被视为由政府提供的公共产品，其建设费用由政府承担，以出租的形式提供给入廊的各市政管线单位，以实现投资的部分回收及运行管理费用的筹措。至于其出租价格，并没有统一规定，而是由市议会讨论并表决确定当年的出租价格，可根据实际情况逐年调整变动。这一分摊方法基本体现了欧洲国家对于公共产品的定价思路，充分发挥民主表决机制来决定公共产品的价格，类似于道路、桥梁等其他公共设施。欧洲国家的相关法律规定一旦建设有城市综合管廊，相关管线单位必须通过管廊来敷设相应的管线，而不得再采用传统的直埋方式。其运行管理模式常规是成立专门的管理公司，承担综合管廊及廊内管线全部管理责任。这种体制是欧洲国家采取的通常模式，必须具备较完善的法律体系保障，在我国目前的体制和社会条件下还不具备完全参照的条件。

2. 日本模式

日本 1963 年颁布了《综合管廊实施法》，成为第一个在该领域立法的国家；1991 年成立了专门的综合管廊管理部门，负责推动综合管廊的建设和管理工作。日本《共同沟法》规定，综合管廊的建设费用由道路管理者与管线建设者共同承担，各级政府可以获得政策性贷款的支持以支付建设费用。综合管廊建成后的维护管理工作由道路管理者和管线单位共同负责。综合管廊主体的维护管理可由道路管理者独自承担，也可与管线单位组成的联合体共同负责维护。综合管廊中的管线维护则由管线投资方自行负责。这种模式更接近于国内目前采取的方式。日本管廊见图 4-1。

3. 新加坡模式

新加坡滨海湾地下综合管廊（见图 4-2）建设是新加坡地下空间开发利用的成功实践。滨海湾综合管廊总长 20km，廊内集纳了供水管道、电力和通信电缆、气动垃圾收集系统及集中供冷装置等。这条地下综合管廊成了保障滨海湾作为世界级商业和金融中心的“生命线”。滨海湾地下综合管廊自 2004 年投入运维至今，全程由新加坡 CPG 集团 FM 团队（以下简称“CPG FM”）提供服务。新加坡 CPG 集团是新加坡公共工程局在 1999 年企业化后成立，是新加坡建国的主要发展咨询专业机构之一。为了建设管理好这条综合管廊，CPG FM 以编写亚洲第一份保安严密及在有人操作的管廊内安全施工的标准作业流程手册（SOP）为基础，建立起亚洲第一支综合管廊项目管理、运营、安保、维护全生命周期的执行团队。

图 4-1　日本综合管廊

在综合管廊运维管理所涵盖的接管期、缺陷责任监测期、运营维护工作期等三个阶段，运维管理所包括的人员管理、设施硬件管理、软件管理等三部分，均有标准流程手册进行指导和严格的考核机制作为保障。在多达 30 本的操作手册中，《质量保证 SOP》和《主要通信程序 SOP》是根本要求，《运营和维护 SOP》、《计费与征收管理 SOP》、《结构 SOP》、《安全与健康和环境 SOP》、《特殊程序 SOP》是支持系统。系统的、精细化的管理方法，有利于提前预测、排查、解决故障，延缓了设备、设施老化，延长了设备、设施的寿命，为投资方带来了更好的回报。

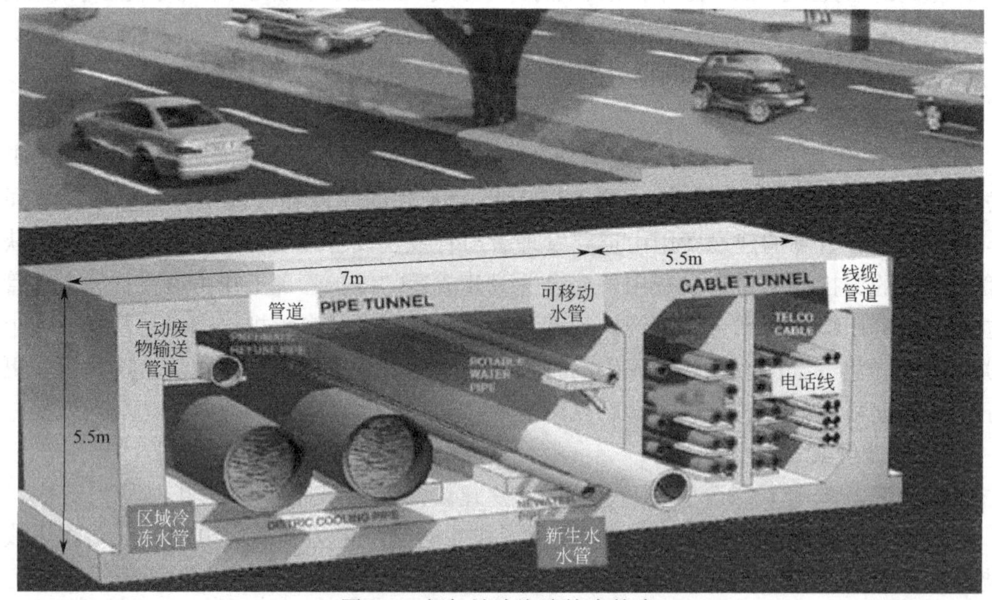

图 4-2　新加坡滨海湾综合管廊

目前，滨海湾综合管廊成功投入运维已 12 年，新加坡 CPG 集团从设计阶段就开始运维咨询，并将管理贯穿到接管后的管廊生命周期中，这种全生命周期管理的模式是一个可供借鉴的思路。

4.2.2 国内综合管廊运营管理维护的经验

根据综合管廊的投资主体不同，目前国内已经建成并投入运营的市政综合管廊的运营管理模式主要有以下几种：

第一种是政府行业主管部门主导的运营模式。综合管廊由政府或政府直属国有投资公司负责融资建设，项目建设资金主要来源于地方财政投资、政策性开发贷款、商业银行贷款、组织运营商联合共建等多种方式。项目建成后由政府市政设施管理单位或全资国有企业为主导组建项目公司等具体模式实施项目的运营管理。

第二种是股份合作运营模式（PPP 模式）。由政府授权的国有投资管理公司代表政府以地下空间资源或部分带资入股并通过招商引资引入社会投资商，共同组建项目公司。以股份公司制的运作方式进行项目的投资建设以及一定期限特许经营权的方式运营管理。这种模式有利于解决政府财政的建设资金困难，同时政府与企业互惠互利，实现政府社会效益和社会资本经济效益的双赢。

第三种是社会投资商独资管理运营模式。由政府授权的社会投资方或各管线单位联合自行投资建设综合管廊，政府不承担综合管廊的具体投资、建设以及后期运营管理工作。政府通过授权特许经营的方式给予投资商综合管廊的相应运营管理权，政府通过土地补偿以及其他政策倾斜等方式给予投资运营商补偿，使运营商实现合理的收益。

1. 广州大学城模式

广州大学城综合管廊项目建设一开始就采取建设和运营管理分开的思路，依照“统一规划、统一建设、统一管理、有偿使用”的原则，探索“政府投资、企业租用”的运作模式，由管线单位支付管线占位费，使城市地下空间得到了充分的开发与利用。广州大学城组建了广州大学城投资经营管理有限公司和能源利用公司，主要负责对建成后的综合管廊及管线进行运营管理，其经营范围和价格受政府的严格监管。

为合理补偿综合管廊工程部分建设费用和日常维护费用，经广州大学城投资经营管理公司报广州市物价局批准，可以对入廊的各管线单位收取相应费用。综合管廊入廊费收取标准参照各管线直埋成本的原则确定，对进驻综合管廊的管线单位一次性收取的入廊费按实际铺设长度计取；综合管廊日常维护费根据各类管线设计截面空间比例，由各管线单位合理分摊的原则确定，见表 4-1。

大学城综合管廊管线入廊收费标准和日常维护费用收费标准　　表 4-1

管线类别	入廊收费标准（元/m）	日常维护费用收费标准	
		截面空间比例(%)	金额(万元/年)
饮用净水（*DN* 600mm）	562.28	12.70	31.98
杂用水（*DN* 400mm）	419.65	10.58	26.64
供热水(保温后直径为 600mm)	1394.09	15.87	39.96
供电(每缆)	102.70	35.45	89.27
通信(每孔)	59.01	25.40	63.96

注：现行入驻综合管廊通信管线每根光缆日常维护费用收费标准为 12.79 万元/年。

广州大学城的综合管廊运营在政府政策方面有了收费权的保障，为其后期运营管理打下了良好的政策基础。在国内综合管廊的管理运营方面走在了前列。从其经验来看，运营管理好综合管廊，几个关键因素非常重要：一是对综合管廊的产权归属有相应的法律保障，明确了“谁投资、谁拥有、谁受益”的原则；二是政府政策的支持，对于收费标准和收费权等影响到综合管廊投资建设运营具有决定性意义的政策，物价部门必须果断予以明确；三是财政资金的支持，综合管廊是准公益性的城市基础设施，不能仅仅以投资回报的角度和标准去衡量其投资建设运营是否成功，对于投资回报不足部分和运营维护成本，应当由财政进行补贴。

2. 上海市模式

上海市张杨路综合管廊和世博综合管廊均由政府投资建设，委托浦东新区环保局下属单位——浦东新区公用事业管理署进行日常管理和运营监管。区公用事业管理署以三年为期，公开招标选定运营管理单位，并每季度对其进行考核。为合理确定综合管廊的日常维护标准和费用标准，上海市城乡建设和管理委员会陆续出台《城市综合管廊维护技术规程》和《上海市市政工程养护维修预算定额（第五册城市综合管廊）》，保障了综合管廊的正常运行和可持续发展。

上海市张杨路和世博综合管廊目前尚未确定和实施有偿使用制度，日常管理维护费用均由政府财政支付，分别为：张杨路 36 万元/(km·年)，世博园 78 万元/(km·年)，合计费用为 900 万元/年，费用主要包括运行维护费、堵漏费、专业检测费和电费等。应急处置产生的费用不列入财政预算，根据实际情况采取实报实销的方式由财政支付。

上海市综合管廊由于均属于政府投资项目，其运营管理的模式沿袭了传统的市政基础设施管理模式，政府和主管部门从管理角度出台标准和费用定额，从长远来看对城市基础设施的日常管理维护是非常有利的，但对于财政基础薄弱的中小城市综合管廊的建设运营是不利的。

3. 厦门模式

厦门市在国内较早启动综合管廊建设，2005 年，在建设翔安海底隧道时同步建设了干线综合管廊；2007 年开始，陆续在湖边水库片区结合高压架空线缆入地化，同步建设福建省第一条干支线地下综合管廊；并结合新城建设和旧城改造陆续建设了集美新城、翔安南部新城综合管廊。同时厦门市成立了专业化的综合管廊建设管理单位——厦门市政管廊投资管理有限公司，全面负责全市综合管廊的投融资、建设和运营管理工作。2011 年厦门市率先制定并实施了《厦门市城市综合管廊管理办法》，明确管廊统一规划、统一配套建设、统一移交的“三统一”管理制度，并陆续制定了财政补贴制度等相关法律法规文件，于 2013 年市物价局出台实施了《关于暂定城市综合管廊使用费和维护费收费标准的通知》（厦价商【2013】15 号）文件，开始收取入廊管线单位的有偿使用费用。2016 年 6 月 29 日，厦门市发展改革委颁布了《厦门市发展改革委关于调整城市地下综合管廊有偿使用收费标准的通知》（厦发改收费【2016】447 号），调整了管廊使用费和维护费收费暂行标准，于 2016 年 7 月 1 日起试行，作为入廊管线单位缴费的指导价格。试行期间的正式结算价格，待按政府定价程序核定收费标准后，再按核定收费标准多退少补。

按照厦门市物价局调整后的收费标准，如果收齐全部费用则可达到建设成本的 40%。目前，厦门综合管廊仅仅收取了通信管线的部分入廊费用和日常维护费用。入廊费按一次性收取，日常维护费按入廊管线的实际长度每年收取。所收取的日常维护费远远不足以支付整个管廊的运营管理维护成本，管廊公司日常管理维护费用仍由市财政部门予以承担，核算标准为63.5万元/(km·年)，已报政府财政部门审批尚未最后确定，目前暂按50万元/(km·年)给予财政补贴，并根据入廊费和日常维护费的收缴情况相应进行核减。

在厦门综合管廊的建设运营管理过程中，厦门市市政园林局充分发挥了政府的主导作用，从规划、投资、建设、运营和管理维护等全链条上出台了一系列的法律法规和规章制度，有力地保障了综合管廊建设运营工作的顺利开展。

4. 昆明模式

2003年8月，昆明市政府授权成立昆明城市管网设施综合开发有限责任公司，隶属于昆明市城建投资开发有限责任公司，作为专门建设管理运营地下综合管廊的投资建设公司，负责综合管廊的融资、建设、资产管理、运行管理等。该管网公司自成立以来，按照"自主经营、自负盈亏、有偿使用"的原则建设营运地下综合管廊。早期建设的综合管廊由城投公司和各管线单位按照比例共同出资建设了广福路综合管廊，并负责后续运营管理，取得了良好效益。2016年4月，昆明市颁布了《昆明市城市地下综合管廊规划建设投资管理暂行办法》，实行"统一规划、统一设计、统一建设、统一管理"。昆明市综合管廊作为国内综合管廊市场化运作的典型例子，其创新的运营模式及投融资方式为综合管廊建设运营引入社会资本投资提供了宝贵经验，但其日常维护费用尚无明确经费来源。

但是由于昆明城市管网设施公司改制后由昆明建委划归国资委管理后，政府收购了民营股份成为国有全资企业，导致前期投资建设的综合管廊产权不清晰，也就在收费问题上无法达成一致意见。因此带来了一些启示：一是政府必须明确综合管廊的产权和经营权；二是政府必须有强制入廊和收费政策；三是综合管廊运营必须有政策倾斜或支持为前提。

5. 横琴新区模式

横琴新区综合管廊提出了"公司化运作、物业式管理"的运营管理模式，明确区建设环保局为行业主管部门，珠海大横琴投资有限公司为日常管理运营部门，委托大横琴投资公司的全资子公司——珠海大横琴城市公共资源经营管理有限公司（以下简称城资公司）负责运营管理维护具体实施。

城资公司在项目施工建设阶段，派各专业工程师开始前期介入管廊的管理工作，全程跟踪综合管廊施工进展情况，通过不断的巡查，对设计、建设、管理等方面存在安全隐患、质量缺陷的结构部位，分阶段、分批次主动向设计部门和施工单位进行反馈，并积极督促整改，取得了良好效果。同时，横琴新区建设环保局启动相关规章制度的编制工作，2012年9月编制完成《横琴新区综合管廊管理办法》并报请管委会批准实施，明确规定了凡是规划建设综合管廊的城市道路，任何单位和部门不得另行开挖道路铺设管线，所有管线必须统一入驻综合管廊，并按规定向经营管理企业交纳使用费。之后又陆续出台了《横琴新区地下综合管廊安全保护管理暂行规定》和《珠海市横琴新区市政公用设施养护考核办法》等相关制度，明确了综合管廊的养护责任、质量管理标准和考核办法，加强了对综合管廊的管理保护工作。2015年12月，珠海市出台了《珠海经济特区地下综合管廊管理条例》，是国内首个以立法形式明确了综合管廊的规划、建设和运营的地方性法规。

目前，横琴综合管廊已经全部投入使用和运营，尚未实现收费制度，日常维护费用仍由财政予以支付，其成功的运营维护管理已经取得了良好的社会效益、环境效益和经济效益。在有关有偿使用管理制度和费用标准测算问题上，横琴新区政府从城市管理的角度，对综合管廊运营管理和收费问题提出了定位并启动了《横琴新区地下综合管廊有偿使用管理办法》的编制工作，城资公司提出了收支两条线的经营思路：有偿使用费用收取后上缴横琴新区财政局专用账户，用于管廊大中修费用和更新改造费用；日常运营管理维护费用则由城资公司制定年度预算报区行业主管部门审批后，纳入财政预算包干支付，行业主管部门通过绩效考核进行扣罚。这样，一方面政府能有效监督控制综合管廊运营管理费用的收支情况；另一方面也能保障综合管廊日常管理维护的标准。

6. 台湾模式

我国台湾在城市地下综合管廊的建设过程中，政府起推动作用。在主要城市都成立了共同管道管理署，负责共同管道的规划、建设、资金筹措及共同管道的执法管理。

台湾的综合管廊主要由政府部门和管线单位共同出资建设，管线单位通常以其直埋管线的成本以及各自所占用的空间为基础分摊综合管廊的建设成本，这种方式不会给管线单位造成额外的成本负担，较为公平合理。剩余的建设成本通常由政府负担，粗略计算管线单位相比于政府要承担更多的综合管廊建设成本，其中主管机关承担1/3的建设费用，管线单位承担2/3，管廊建成后使用期内产生的管廊主体维护费用同样由双方共同负担，管线单位按照管线使用的频率和占用的管廊空间等按比例分担管廊的日常维护费用，政府有专门的主管部门负责管廊的管理和协调工作，并负担相应的开支。政府和管线单位都可以享受政策上的资金支持。

我国台湾地区已建成了较发达的综合管廊系统，制定了《共同管道法》、《共同管道法施行细则》、《共同建设管线基金收支保管及运用办法》、《共同沟建设及管理经费分摊办法》等多个法律法规或条例规定。

4.3 运营维护管理制度建设

综合管廊作为具有公共属性的城市能源通道，功用优点十分突出，运维管理十分复杂，涉及政府、投资建设主体、运营管理单位和入廊管线单位等多个主体，一般需要城市政府牵头、各部门和各单位积极配合，制定一套完整的、涵盖综合管廊从规划建设到运营维护管理全生命周期的配套政策和制度保障体系，其中包括规划、建设、运营、维护、管理、收费、考核等多个方面，确保综合管廊的运营维护管理安全、高效、规范和健康发展。

4.3.1 政府配套政策和制度体系

完善的制度规范是城市地下综合管廊的规划、建设和可持续运营维护管理的重要法制保障。2013年9月，国务院发布《关于加强城市基础设施建设的意见》，2014年6月，国务院办公厅下发《关于加强城市地下管线建设管理的指导意见》，均对推进城市地下综合管廊建设提出了指导性意见。但国务院颁布的相关文件均属于政策性质，不属于行政法规。因此，行业主管部门应当完善当地配套措施政策和法律法规，包括建设运营管理制度（含强制入廊政策）、建设费用和运营费用合理分担政策、运营维护管理绩效考核办法和有效进行标准体系建设、投入机制建设和监督机制建设及其他制度机制建设等。

4.3.2 运营管理企业管理制度

综合管廊运营管理企业内部管理制度体系是保障综合管廊日常管理维护工作专业化、规范化、精细化的必要措施和手段。由于目前综合管廊运营管理在国内没有一套完整的、适用的管理制度流程，运营管理单位必须根据实际情况建立包括《进出综合管廊管理制度》、《入廊管线单位施工管理制度》、《安全管理制度》、《日常巡查巡检管理规定》《设施设备运行管理制度》、《岗位责任管理制度》等在内的管理制度体系，将综合管廊维护管理的内容、流程、措施等进行深入和细化，保障综合管廊能高效规范的运行。企业内部需要建立的规章制度主要包括（但不限于）以下内容：

（1）《进出综合管廊管理制度》：规定进出综合管沟及其配电站的所需的手续、钥匙的管理，旨在加强综合管廊各系统管理，确保设备安全运行。

（2）《入廊管线单位施工管理制度》：包括入廊工作申请程序、入廊施工管理规定、廊内施工作业规范、动火作业管理规定、安装工程施工管理规定，对入廊管线单位申请管线入廊和在管廊内的施工做出相应规定。

（3）《安全管理制度》：包括安全操作规程、安全检查制度、安全教育制度，对如何建立应急联动机制，如何实施突发事件的应急处理，事故处理程序、安全责任制等做出详细规定。

（4）《岗位责任管理制度》：主要规定了综合管廊运营管理企业日常维护工作人员的岗位设置，各岗位的责任范围和要求。

（5）《设备运行管理制度》：规定综合管廊设备运行巡视内容、资料管理、安全（消防）设施管理，保障设备安全、高效运行。

（6）《监控中心管理制度》：对监控设施设备、值班情况进行管理规范，实现综合管廊运行管理智能化管控。

（7）《档案资料管理制度》：对综合管廊的工程资料、日常管理资料、入廊管线资料予以分类、整理、归档、保管及借阅管理。

（8）《前期介入管理制度》：对综合管廊的规划设计、施工建设，从运营管理的角度提出合理化建议。

（9）《接管验收管理制度》：对综合管廊的分项工程和整体竣工验收和接管验收做出规定，以便符合后续的运营管理和使用。

4.4 运营维护管理

4.4.1 早期介入管理

由于综合管廊运营维护管理是新兴的城市市政基础设施管理行业，入廊管线单位对其全面了解和社会宣传有一个滞后期，而作为建筑设计学科的专业设计还没有把综合管廊运营维护管理的相关内容纳入进来。当前，综合管廊的设计人员只能从自身的社会实践中去学习和掌握，而相当一部分综合管廊设计人员对运营维护管理知之不多。由于受知识结构的局限，其在制定设计方案时，往往只是从设计技术角度考虑问题，不可能将今后综合管廊运营维护管理中的合理要求考虑得全面，或者很少从综合管廊的长期使用和正常运行的角度考虑问题，造成综合管廊建成后给运营维护管理和入廊管线单位使用带来诸多问题。另外，因政策、规划或资金方面的原因，综合管廊的设计和开工的时间相隔较长，少则一年，多则三年。由于人们对城市地下空间建筑物功能的要求不断提高，建筑领域中的设计思想不断进步和创新，这使原有的设计方案很快显得落后。我国早期建设的综合管廊由于缺少规划设计阶段和施工建设阶段的介入，在接管和管线入廊后大量问题暴露出来，除了施工质量问题外，还有设计没有从运营角度去考虑的问题。如设计者在设计综合管廊时根本没有考虑通信管线单位设备安装、管线盘线和出舱孔位置，致使管线入廊后无法满足使用要求或随意开孔，给管廊防水安全带来很大隐患。这些细节却给运营管理单位和入廊管线单位带来很多烦恼，同时也影响了管线单位入廊的积极性。同时，综合管廊的末端传感应考虑在恶劣、潮湿环境下不受影响的技术、材料，如分布式光纤传感技术。

因此，各地在取得综合管廊规划建设许可证的同时，应当提前选聘综合管廊运营管理单位。运营管理企业作为综合管廊使用的管理和维护者，对管廊在使用过程中可能出现的问题比较清楚，应当提前介入设计和施工阶段。

1. 早期介入的必要性

（1）有利于优化管廊的设计，完善设计细节。

（2）有利于监督和全面提高管廊的工程质量。

（3）有利于对管廊的全面了解。

（4）为前期管廊运营管理作充分准备。

（5）有利于管线单位工作顺利开展。

2. 早期介入的内容

（1）可行性研究阶段

1）根据管廊建设投资方式、建设主体和入廊管线等确定管廊运营管理模式。

2）根据规划和入廊管线类别确定管廊运营管理维护的基本内容和标准。

3）根据管廊的建设规模、概算和入廊管线种类等初步确定有偿使用费标准。

（2）规划设计阶段

1）就管廊的结构布局、功能方面提出改进建议。

2）就管廊配套设施的合理性、适应性提出意见或建议。

3）提供设施、设备的设置、选型和管理方面的改进意见。

4）就管廊管理用房、监控中心等配套建筑、设施、场地的设置、要求等提出建议。

5）对于分期建设的管廊，对共用配套设施、设备等方面的配置在各期之间的过渡性安排提供协调意见。

（3）建设施工阶段

1）与建设单位、施工单位就施工中发现的问题共同商榷并落实整改方案。

2）配合设备安装，现场进行监督，确保安装质量。

3）对管廊及附属建筑的装修方式、用料及工艺等方面提出意见。

4）了解并熟悉管廊的基础、隐蔽工程等施工情况 。

5）根据需要参与建造期有关工程联席会议等。

（4）竣工验收阶段

1）参与重大设备的调试和验收。

2）参与管廊主体、设备、设施的单项、分期和全面竣工验收。

3）指出工程缺陷，就改良方案的可能性及费用提出建议。

4.4.2 承接查验

综合管廊的承接查验是对新建综合管廊竣工验收的再验收，直接关系到今后管廊运营维护管理工作能否正常开展的一个重要步骤 。参照住房和城乡建设部颁布的《房屋接管验收标准》和《物业承接查验办法》，对以综合管廊进行以主体结构安全和满足使用功能为主要内容的再检验。

综合管廊接管验收应从今后运营维护保养管理的角度验收，也应站在政府和入廊管线单位使用的立场上对综合管廊进行严格的验收，以维护各方的合法权益；接管验收中若发现问题，要明确记录在案，约定期限督促建设主体单位对存在的问题加以解决，直到完全合格；主要事项如下：

（1）确定管廊承接查验方案。

（2）移交有关图纸资料，包括竣工总平面图，单体建筑、结构、设备竣工图，配套设施、地下管网工程竣工图等竣工验收资料。

（3）查验共用部位、共用设施设备，并移交共用设施设备清单及其安装、使用和维护保养等技术资料。

（4）确认现场查验结果，解决查验发现的问题；对于工程遗留问题提出整改意见。

（5）签订管廊承接查验协议，办理管廊交接手续。

4.4.3 管线入廊管理

1. 强制入廊

已建成综合管廊的道路或区域，除根据相关技术规范或标准无法入廊的管线以及管廊与外部用户的连接挂线外，该道路或区域所有管线必须统一入廊。对于不纳入综合管廊而采取自行敷设的管线，规划建设主管部门一律不予审批。

2. 入廊安排

（1）管廊项目本体结构竣工，消防、照明、供电、排水、通风、监控和标识等附属设施完善后，纳入管廊规划的管线即可入廊。

（2）入廊管线单位应在综合管廊规划之初，编制入廊管线规划方案，报相关部门和规划设计单位备案；并在确定管线入廊前 3 个月内编制设计方案和施工图，报相关部门和管廊运营管理单位备案后，开展入廊实施工作。

（3）需要大型吊装机械施工的或管廊建成后无法预留足够施工空间的管线，安排与管廊主体结构同步施工。

（4）燃气、大型压力水管、污水管等存在高危险的管线入廊，管廊运营管理单位应事先告知相关管线单位。

3. 入廊协议

在管线入廊前，管理运营管理单位应当与管线单位签订入廊协议，明确以下内容：

（1）入廊管线种类、数量和长度。

（2）管线入廊时间。

（3）有偿使用收费标准、计费周期。

（4）滞纳金计缴方式方法。

（5）费用标准定期调整方式方法。

（6）紧急情况费用承担。

（7）各方的责任和义务。

（8）其他应明确的事项。

4. 入廊管理

（1）在管线入廊施工前，管线单位应当办理相关入廊手续，施工过程中遵守相关管理办法、管理规约和管廊运营管理单位的相关制度。

（2）管线单位应当严格执行管线使用和维护的相关安全技术规程，制定管线维护和巡检计划，定期巡查自有管线的安全情况并及时处理管线出现的问题。

（3）管线单位应制定管线应急预案，并报管廊运营管理单位备案；管线单位应与管廊运营管理单位建立应急联动机制。

（4）管线单位在管廊内进行管线重设、扩建、线路更改等变更时，应将施工方案报管廊运营管理单位备案。

4.4.4 日常维护管理工作

1. 地下综合管廊日常维护

日常维护管理工作见图 4-3，主要包括如下内容：

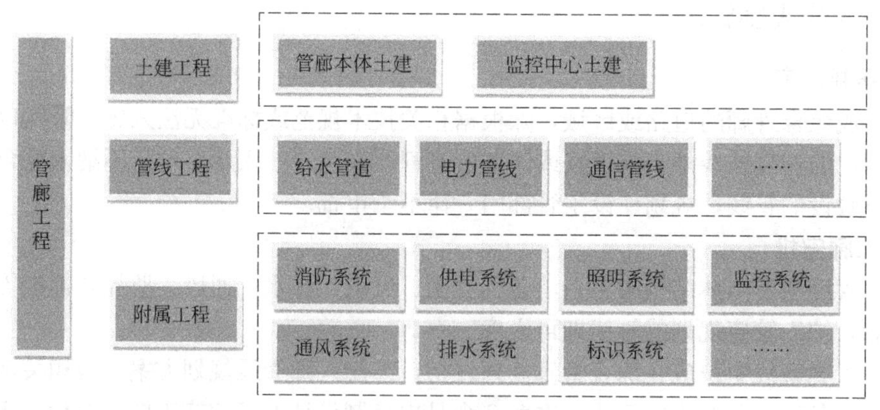

图 4-3 综合管理工程组成部分

（1）主体工程养护：巡检观测管廊墙体、底板和顶板的收敛、膨胀、位移、脱落、开裂、渗漏、霉变、沉降等病症，并制定相应的养护、防护、维修、整改方案加以维护。

（2）设备设施养护：巡查维护综合管廊的通风、照明、排水、消防、通信、监控等设备设施，确保设备设施正常运行。

（3）管线施工管理：综合管廊出入的审批与登记、投料口开启与封闭、管沟气体检测、安全防护措施与设施、管廊施工跟踪监督、管廊施工质量检测等，加强组织管理、提供优质服务。

（4）管线安全监督：巡检控制管廊内各类管线的跑、冒、漏、滴、腐、压、爆等安全隐患，责成相关单位及时维修整改；预防并及时制止各类自然与人为破坏。

（5）应急管理：对综合管廊可能发生的火灾、水灾、塌方、有害气体、盗窃、破坏等事故建立快速反应机制，以严格周密的应急管理制度、扎实持久的智能监督控制、训练有素的应急处理队伍、第一问责的反应机制、计划有序的综合处理构建完善的应急管理体系。

（6）客户关系管理：建立综合管廊客户档案，建立良好的合作关系，定期进行客户意见调查、快速处理客户投诉、建立事故处理常规运作组织、协调客户之间工作配合关系、促进管廊使用信息沟通。

（7）环境卫生管理：建立综合管廊生态系统、管线日常清洁保洁制度，详细观测/测量/记录管廊生态变化数据，加强四害消杀、防毒、防病、防传染、防污染工作，根据管廊生态环境变化，采取科学措施，做相应调整。

地下综合管廊日常维护费用包括开展以上工作所发生的运行人员费、水电费、主体结构及设备保养维修费等费用。

2. 管廊本体及附属设施维护

（1）综合管廊的巡查与维护

综合管廊属于地下构筑物工程，管廊的全面巡检必须保证每周至少一次，并根据季节及地下构筑物工程的特点，酌情增加巡查次数。对因挖掘暴露的管廊廊体，按工程情况需要酌情加强巡视，并装设牢固围栏和警示标志，必要时设专人监护。

1）巡检内容主要包括：

①各投料口、通风口是否损坏，百叶窗是否缺失，标识是否完整；

②查看管廊上表面是否正常，有无挖掘痕迹，管廊保护区内不得有违章建筑；

③对管廊内高低压电缆要检查电缆位置是否正常，接头有无变形漏油，构件是否失落，排水、照明等设施是否完整，特别要注意防火设施是否完善；

④管廊内支吊架、接地等装置无脱落、锈蚀、变形；

⑤检查供水管道是否有漏水；

⑥检查热力管道阀门法兰、疏水阀门是否漏汽，保温是否完好，管道是否有水击声音；

⑦通风及自动排水装置运行良好，排水沟是否通畅，潜水泵是否正常运行；

⑧保证廊内所有金属支架都处于零电位，防止引起交流腐蚀，特别加强对高压电缆接地装置的监视。

巡视人员应将巡视管廊的结果，记入巡视记录簿内并上报调度中心。根据巡视结果，采取对策消除缺陷：

①在巡视检查中，如发现零星缺陷，不影响正常运行，应记入缺陷记录簿内，据以编制月度维护小修计划；

②在巡视检查中，如发现有普遍性的缺陷，应记入大修缺陷记录簿内，据以编制年度大修计划；

③巡视人员如发现有重要缺陷，应立即报告行业主管部门和相关领导，并作好记录，填写重要缺陷通知单。

运行管理单位应及时采取措施，消除缺陷；加强对市政施工危险点的分析和盯防，与施工单位签订“施工现场安全协议”并进行技术交底。及时下发告知书，杜绝对综合管廊的损坏。

2）日常巡检和维修中重点检查内容：

①检查管道线路部分的里程桩、温度压力等主要参数、管道切断阀、穿跨越结构、分水器等设备的技术状况，发现沿线可能危及管道安全的情况；

②检查管道泄漏和保温层损害的地方；测量管线的保护电位和维护阴极保护装置；检查和排除专用通信线故障；

③及时做好管道设施的小量维修工作，如阀门的活动和润滑，设备和管道标志的清洁和刷漆，连接件的紧固和调整，线路构筑物的粉刷，管线保护带的管理，排水沟的疏通，管廊的修整和填补等。

（2）综合管廊附属系统的维护管理

综合管廊内附属系统主要包括控制系统、火灾消防与监控系统、通风系统、排水系统和照明系统等，各附属系统的相关设备必须经过有效及时的维护和操作，才能确保管廊内所有设备的安全运行。因此附属系统的维护在综合管廊的维护管理中起到非常重要的作用。

1）控制中心与分控站内的各种设备仪表的维护需要保持控制中心操作室内干净、无灰尘杂物，操作人员定期查看各种精密仪器仪表，做好保养运行记录；发现问题及时联系专业技术人员；建立各种仪器的台账，来人登记记录，保证控制中心及各分控站的安全。

2）通风系统指通风机、排烟风机、风阀和控制箱等，巡检或操作人员按风机操作规程或作业指导书进行运行操作和维护，保证通风设备完好、无锈蚀、线路无损坏，发现问题及时汇报相关人员，及时修理。

3）排水系统主要是潜水泵和电控柜的维护，集水坑中有警戒、启泵和关泵水位线，定期查看潜水泵的运行情况，是否受到自动控制系统的控制，如有水位控制线与潜水泵的启动不符合，及时汇报，以免造成大面积积水影响管廊的运行。

4）照明系统的相关设备较多，包括：电缆、箱变、控制箱、PLC、应急装置、灯具和动力配电柜等设备。保证设备的清洁、干燥、无锈蚀、绝缘良好，定期对各仪表和线路进行检查，管廊内和管廊外的相关电力设备全部纳入维护范围。

5）电力系统相关的设备和管线维护应与相关的电力部门协商，按照相关的协议进行维护。

6）火灾消防与监控系统，确保各种消防设施完好，灭火器的压力达标，消防栓能够方便快速的投入使用，监控系统安全投入。

以上设备需根据有效的设备安全操作规程和相关程序进行维护，操作人员经过一定的专业技术培训才能上岗，没有经过培训的人员严禁操作相关设备。同时，在综合管廊安全保护范围内禁止从事排放、倾倒腐蚀性液体、气体；爆破；擅自挖掘城市道路；擅自打桩或者进行顶进作业以及危害综合管廊安全的其他行为。如确需进行的应根据相关管理制度制定相应的方案，经行业主管部门和管廊管理公司审核同意，并在施工中采取相应的安全保护措施后方可实施。管线单位在综合管廊内进行管线重设、扩建、线路更改等施工前，应当预先将施工方案报管廊管理公司及相关部门备案，管廊管理公司派遣相应技术人员旁站确保管线变更期间其他管线的安全。

3. 入廊管线巡查与维修

（1）管线巡查

入廊管线虽然避免了直接与地下水和土壤的接触，但仍处于高湿有氧的地下环境，因此对管线应当进行定期测量和检查。用各种仪器发现日常巡检中不易发现或不能发现的隐患，主要有管道的微小裂缝、腐蚀减薄、应力异常、埋地管线绝缘层损坏和管道变形、保温脱落等。检查方式包括外部测厚与绝缘层检查、管道检漏、管线位移、土壤沉降测量和涂层、保护层取样检查。对线路设备要经常检查其动作性能。仪表要定期校验，保持良好的状况。紧急关闭系统务必做到不发生误操作。设备的内部检查和系统测试按实际情况，每年进行 1～4 次。汛期和冬季要对管廊和管线做专门的检查维护。

主要检查和维修内容如下：

1）管廊的排水沟、集水坑、沉降缝、变形缝和潜水泵的运行能力等；

2）了解管廊周围的河流、水库和沟壑的排水能力；

3）维修管廊运输、抢修的通道；

4）配合检修通信线路，备足维修管线的各种材料；

5）汛期到后，应加强管廊与管道的巡查，及时发现和排除险情；

6）配备冬季维修机具和材料；要特别注意裸露管道的防冷冻措施；

7）检查地面和地上管段的温度补偿措施；

8）检查和消除管道泄漏的地方；

9）注重管廊交叉地段的维护工作。

（2）管线维修

对于损坏或出现隐患的管线要及时进行维修。管道的维修工作按其规模和性质可分为：例行性（中小修）、计划性（大修）、事故性（抢修），一般性维修（小修）属于日常性维护工作的内容。

1）例行性维修

①处理管道的微小漏油（砂眼和裂缝）；

②检修管道阀门和其他附属设备；

③检修和刷新管道阴极保护的检查头、里程桩和其他管线标志；

④检修通信线路，清刷绝缘子，刷新杆号；

⑤清除管道防护地带的深根植物和杂草；

⑥洪水后的季节性维修工作；

⑦露天管道和设备涂漆。

2）计划性维修

①更换已经损坏的管段，修焊孔和裂缝，更换绝缘层；

②更换切断阀等干线阀门；

③检查和维修水下穿越；

④部分或全部更换通信线和电杆；

⑤修筑和加固穿越、跨越河道两岸的护坡、保坎、开挖排水沟等土建工程；

⑥有关更换阴极保护站的阳极、牺牲阳极、排流线等电化学保护装置的维修工程；

⑦管道的内涂工程等。

3）事故性维修

事故性维修指管道发生爆裂、堵塞等事故时被迫全部或部分停产进行的紧急维修工程，亦称抢险。抢修工程的特点是，它没有任何事先计划，必须针对发生的情况，立即采取措施，迅速完成，这种工程应当由经过专门训练，配备成套专用设备的专业队伍施工。

必要情况下，启动应急救援预案，确保管廊及内部管道、线路、电缆的运行安全。

以上全部工作由管线产权单位负责，管廊管理公司负责巡检、通报和必要的配合。

4.4.5 运营维护管理成本要素

1. 成本构成要素

2015年12月，国家发展改革委、住房和城乡建设部联合发布了《国家发展改革委 住房和城乡建设部关于城市地下综合管廊实行有偿使用制度的指导意见》(发改价格［2015］2754号)，明确了城市地下综合管廊实行有偿使用制度，并对有偿使用费的构成做了详细说明："城市地下综合管廊有偿使用费包括入廊费和日常维护费。入廊费主要用于弥补管廊建设成本，由入廊管线单位向管廊建设运营单位一次性支付或分期支付。日常维护费主要用于弥补管廊日常维护、管理支出，由入廊管线单位按确定的计费周期向管廊运营单位逐期支付"。费用构成因素包括：

(1) 入廊费可考虑以下因素：

1) 管廊本体及附属设施的合理建设投资；

2) 管廊本体及附属设施建设投资合理回报，原则上参考金融机构长期贷款利率确定(政府财政资金投入形成的资产不计算投资回报)；

3) 各入廊管线占用管廊空间的比例；

4) 各管线在不进入管廊情况下的单独敷设成本（含道路占用挖掘费，不含管材购置及安装费用)；

5) 管廊设计寿命周期内，各管线在不进入管廊情况下所需的重复单独敷设成本；

6) 管廊设计寿命周期内，各入廊管线与不进入管廊的情况相比，因管线破损率以及水、热、气等漏损率降低而节省的管线维护和生产经营成本；

7) 其他影响因素。

(2) 日常维护费可考虑以下因素：

1) 管廊本体及附属设施运行、维护、更新改造等正常成本；

2) 管廊运营单位正常管理支出；

3) 管廊运营单位合理经营利润，原则上参考当地市政公用行业平均利润率确定；

4) 各入廊管线占用管廊空间的比例；

5) 各入廊管线对管廊附属设施的使用强度；

6) 其他影响因素。

2. 影响成本的主要因素

根据"发改价格［2015］2754号"文件规定，综合管廊日常维护费基本上是运营维护管理成本支出，与管廊的建设规模、建设成本和入廊管线种类等密不可分。

(1) 建设规模

综合管廊建设规模越大，运营维护管理成本的规模经济性就显得更为重要。管廊建设规模越大，专业化组织管理效率就越明显，劳动分工和设备分工的优点就越能体现出来，建设规模的扩大可以使管理队伍雇佣具有专门技能的人员，同时也能采用具有高效率的专用设备，降低能耗；扩大建设规模往往使更高效的组织运营方法成为可能，也使得实现成本的节约成为可能。

(2) 建设成本

综合管廊的建设成本因不同的地质条件、不同的应用环境、不同的入廊管线种类和数量，以及不同的发展城市功能要求等因素而不同，各地差异较大。以珠海横琴综合管廊为例分析：

珠海横琴综合管廊形成三横两纵“日”字形管廊网域，主干线采用双舱、三舱两种规格，先期纳入电力、给水、通信 3 种管线，规划预留供冷（供热）、中水、垃圾真空管 3 种管位，能满足横琴未来 100 年发展使用需求。综合管廊内设置通风、排水、消防、监控等系统，由控制中心集中控制，实现全智能化运行。综合管廊建设造价指标如下：

1) 两舱式综合管廊建设各专业造价指标

每千米约 6264 万元。其中，岩土专业主要工作内容有 PHC 管桩桩基、PHC 管桩引孔及基坑土方开挖等，占 19.76%；结构专业主要工作内容有钢筋混凝土主体结构、管道设备基础等，占 26.01%；建筑装饰装修主要工作内容有防水、墙面抹灰刷漆、门窗安装等，占 11.54%；基坑支护专业主要工作内容有钢板桩、钻孔灌注桩、水泥搅拌桩等基坑支护，以及环境监测及保护，占 25.48%；安装专业主要工作内容有给水工程、通风工程、电气设备及自控工程、消防工程、通信工程等，占 17.21%。

2) 三舱式综合管沟建设各专业造价指标

每千米约 6923 万元。其中，岩土专业主要工作内容有 PHC 管桩桩基、PHC 管桩引孔及基坑土方开挖等，占 10.29%；结构专业主要工作内容有钢筋混凝土主体结构、管道设备基础等，占 28.18%；建筑装饰装修主要工作内容有防水、墙面抹灰刷漆、门窗安装等，占 11.27%；基坑支护专业主要工作内容有钢板桩、钻孔灌注桩、水泥搅拌桩等基坑支护，以及环境监测及保护，占 31.02%；安装专业主要工作内容有给水工程、通风工程、电气设备及自控工程、消防工程、通信工程等，占 19.24%。

上述的造价和建设成本，对于建设标准和维护标准均提出了很高的要求，也直接影响了后续的维护成本。

(3) 入廊管线种类和数量

横琴综合管廊规划纳入 220kV 电力电缆、给水、通信、供冷（供热）、中水、垃圾真空管等六种管线，其中给水管敷设从 $DN300 \sim DN1200$ 不等，通信管线管孔预留 28～32 孔，目前部分新建综合管廊又将燃气管道、雨污水等纳入建设，上述管线的维护技术要求、使用强度、敷设长度和数量、所占管廊空间比例等，均直接影响综合管廊的使用强度、维护要求和维护成本的支出。

3. 成本测算方法

地下综合管廊运营维护管理成本主要包括运行人员费、水电费、维修费、监测检测费、保险费、企业管理费、利润和税金等。

(1) 运行人员费：主要包括现场运行人员工资、福利、社会保险、住房公积金、劳保用品、意外伤害保险等。

(2) 水电费：电费主要是依据管廊内机电设备的功率和使用频率计算用电量，电价以当地非工业电价计取；水费主要是管廊内用于清洁用水和运行管理人员办公场所生活用水。

(3) 维修维保费：主要是根据建设工程设备清单并结合实际设施量、维护标准、定额标准等，对主体结构维修、设施设备保养及更换进行测算。

(4) 监测检测费：根据所在区域的地质条件，对综合管廊本体的沉降观测和消防检测等费用。

(5) 保险费：为保障管廊设施设备和人员的安全而购买的设施保险和第三方责任险。

(6) 企业管理费：指因管廊运营维护管理工作而发生的、非管廊运营专用资源的费用，按当地市政工程管理费分摊费率计取，包括以下内容：管理人员工资、办公费、差旅交通费、固定资产使用费、车辆使用费、工具用具使用费、劳动保险费、工会经费、职工教育经费、财产保险费、财务费、其他。

(7) 利润：原则上参考当地市政公用行业平均利润率确定。

(8) 税金：按营改增税率6%计取。

(9) 其他费用。

4. 收费协调机制

管廊有偿使用费标准原则上由管廊建设、运营单位与入廊管线单位共同协商确定，实行一廊一价、一线一价，由供需双方按照市场化原则平等协商，签订协议，确定管廊有偿使用费标准及付费方式、计费周期等有关事项见图4-4。政府、社会、行业倡导“PPP+EPCO”的管廊建设、运营管理模式，是当前解决管线运维、安全、检修、消防及城市发展新增管线入廊等难题有效模式之一。

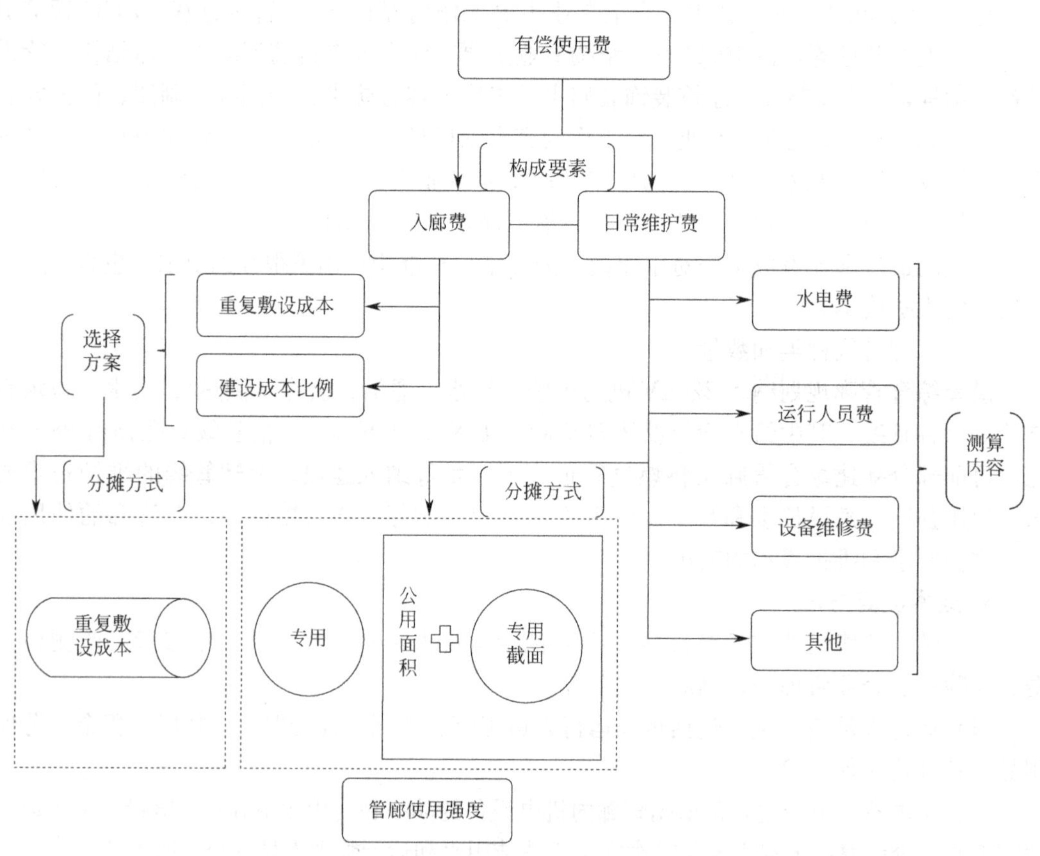

图4-4 综合管廊有偿使用费测算

在协商确定入廊费时，应以地下综合管廊寿命周期为确定收费标准的计算周期，当前可以暂时按50年考虑：各入廊管线每一次单独敷设的建设成本以及管廊寿命周期内的建设次数；各入廊管线占用管廊空间的比例；管廊的合理建设成本和建设投资的合理利润；入廊后的节约成本或正效益也应该考虑，如供水管线入廊后，因管网漏失率降低而因此节约的成本，也应该作为入廊费构成所要考虑的因素。在协商日常维护费时，应考虑日常维护费类似于物业费，主要由各入廊管线共同分摊。公益性管线费用缺口，可以考虑节约周边土地开发收益，由政府财政资金提供可行性缺口补助。

首次管廊建设及入廊管线，借鉴类似城市经验，按住房城乡建设部和财政部出台的《有偿使用办法》规定由所在城市人民政府组织价格主管部门进行协调，通过开展成本调查、专家论证、委托咨询机构评估等方式，为管廊运维和入廊管线单位各方协商确定有偿使用费标准提供参考依据。

5. 综合管廊运维管理办法

(1) 根据住房城乡建设部管廊有偿使用制度指导意见，综合考虑“占空比”价格系数，针对综合管廊尽快建立相关法规，明确管线强制入廊标准，解决规划设计、投资建设、营运管理及费用分担等关键问题，政府方组织相关行业按虚拟单价制定分摊付费机制，分阶段、区域、行业、具体项目出台政策，以吸引更多的资金更多的机构投入到综合管廊的建设及运维管理中。

(2) 加快推进对管线埋地、管线入廊全寿命成本的比较研究，制定综合管廊技术规范，按地域建立成本定额数据库，为综合管廊建设及运营维护成本分担提供指导。

(3) 加速城市管线产权或主管部门现有建设、营运体制或机制改革，与综合管廊集中建设、集中维护相接轨。在城市管廊项目中，如果按单价法分解和传导，需与水、电、气、热等各市政行业磋商来分担建设总投资和运营费，可以有多种组合方式，如深圳成立了市场管廊公司平台，统筹协调。

(4) 引入“PPP+EPCO”的管廊建设、运营管理新模式，入廊费转为股金，鼓励管线单位入廊，可以按直埋费用为基准对管廊运营企业进行入股，形成城市区域管廊公司。管线业主取得入廊权，缓解管廊建设资金困难。

(5) 根据谁受益谁付费的原则，将部分管廊的成本传递到终端用户服务费单价中，借鉴电价、水价、地铁票价的成熟调整机制，在单价中包含建设和运营成本。还可考虑从后续相邻地块房地产开发环节入手，借鉴市政配套接口收取专项资金，让服务区入住用户分担费用，体现改善公共服务和环境效益的价值。

(6) 充分利用新的技术手段，如BIM、大数据、云计算等新技术，集中监控，完善运维模式，降低人工管理成本，提高运维效率，形成实时监控、开放的市政管网平台。

4.5 智慧运维管理平台

综合管廊智慧运维管理平台是基于BIM体系结构和GIS系统的有效结合，以满足综合管廊的日常运维管理要求，可实现中央集成管理，实现网络集成，功能集成，软件界面集成等功能。整个平台从逻辑上应分为三大部分、五层结构。三大部分包括SCADA、BIM模型、GIS地图；五层结构包括了感知层、网络层、数据层、平台层与应用层。

感知层实现管廊中环境、设备、安防、消防、电力等所有的信息采信感知，通过网络层的光纤环网，将相关信息进入不同的应用数据库。数据库层为整个平台的运行提供数据应用支撑。平台层的 SCADA 系统实现数据实时采集、显示、报警以及机电设备、安防、消防等系统的联动；GIS 地理信息系统可以直观形象对未来多条密集交错管廊的管理、并可以快速定位；BIM 系统通过 3D 的方式将管廊中的实际情况按照虚拟现实一样展示给监控室工作人员。应用层为工作人员最终在计算机上能够看到各个系统的界面，包据 3D 的展示、集中的监控、日常运维管理、大数据的分析决策等。

工作人员在监控室可以实时纵览管廊的运行情况，通过显示器可以有针对性地对报警区域位置的设备、管道等进行查看，获取实时视频及现场声音。界面对应的仪表或者设备状态图以醒目的报警方式展示，帮助工作人员快速确定警报对象，为管廊维修、防护提供依据，避免和减少灾害的发生。

智慧平台采用 360°全景虚拟现实技术，真实、全面、直观地展现管廊对象的全貌，具有多视角、多角度、全方位 360°环视特点，将 360°全景系统与 GIS 地图系统相结合，同时支持卫星图，提供必要的设备定位功能，可在地图上显示监测设备分布。实现多系统之间的相互联动，不但可以实现管廊全景数据及各种设备在地图上的精确定位，同时也实现了监控实时数据（如温度、湿度、水位、氧气浓度、CO 浓度、各设施设备的实时参数等）在地图和全景中的同步展示功能，更加直观、便捷地对管廊实施实时监控。

4.5.1 平台系统结构

智慧运维平台系统包含控制中心、环境与设备监控系统、安全防范系统、通信系统、消防报警系统、管道监测系统、运营维护系统等众多子系统以及与外部数据交换的预留接口系统，见图 4-5。

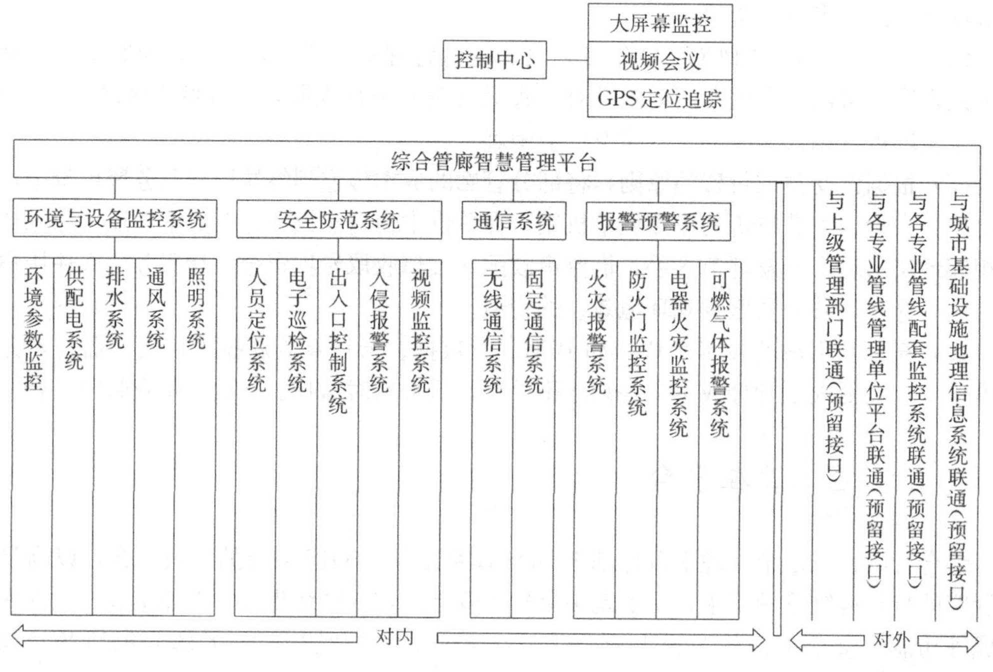

图 4-5 智慧运维平台系统结构图

4.5.2 控制中心

控制中心是整个系统的核心，它联系、协调、控制和管理其他系统的工作，同时还担负与各专业管线管理单位及上级管理部门的报警和事故处理联动通信任务。

控制中心的交换机通过单模光纤与管廊现场区域控制单元组成千兆以太环网。控制中心设置大屏监控系统，集中显示管廊监控信息。控制中心监控平台通过以太网络与管廊内现场的区域控制单元通信，获取现场各设备的状态、仪表检测实时数据，并计算分析，必要时报警；同时，监控平台还向现场设备发出控制命令，启、停相关设备。

4.5.3 监控与报警系统

综合管廊智慧运维平台的监控与报警系统存在多个组成系统，包含环境与设备监控系统、安全防范系统、通信系统、报警预警系统和管道监控系统。监控平台集成各组成系统，具有与各组成系统的通信接口，用于读取数据、下达指令及联动控制。

1. 环境与设备监控

主要包括：集水坑水位、温度、湿度、通风、照明、消防、结构主体应变与位移。

综合管廊属于封闭的地下构筑物，这种封闭环境由于空气流通性差，常出现氧气含量过低，有害、可燃气体含量过高等情况。运维人员贸然进入容易因缺氧晕厥或有害气体中毒，对人员安全造成很大威胁。另外管廊内敷设的电线、电缆、供热管道在使用过程中都会散发出大量的热量，若铺设有燃气管线，还有可能出现可燃气体泄漏等危险。因此综合管廊设置环境与设备监控系统，对管廊内集水坑水位、温度、湿度、氧气浓度、有害气体浓度等环境信息以及风机、排水泵、照明系统等设备工作状态进行实时采集、处理和上传；同时，根据上级系统的命令指示或者根据监测到的设备状态进行判断，实现风机、排水泵、照明等设备的控制，并设置不同级别的环境信息报警值，降低事故发生率。

水位监测：管廊内有水管一侧，舱内每个监控区内地势最低的两点（一般在集水坑处）各安装一个水位传感器，可以实时监控积水井内液位情况。测得的液位数据可经现场控制单元上传至综合监控平台，实现集中管控。

温湿度监测：安装在管廊现场的温湿度检测仪实时感知现场空气温湿度信息，并通过屏蔽控制电缆接入当前区间现场控制单元，传输至控制中心的综合监控平台。

气体监测：每个监控区段内通风最不利的地方（一般为通风口与投料口的中间点位置，具体也可视现场实际情况做调整）配置一套气体传感器，此项目对氧气含量、甲烷、硫化氢含量等进行监测，现场传感器将实时监测到的气体含量信息通过屏蔽控制电缆接入当前区间现场控制单元，传输至控制中心的综合监控平台。

水泵控制：综合监控平台软件可通过以太环网系统控制现场水泵开启、关闭。控制信号由现场控制单元输出。当水位传感器检测到积水坑内积水位太高，出现异常，综合监控平台软件会自动控制开启排水泵，排出过多积水；水位降低至某一设定的允许值之后，综合监控平台软件自动控制关闭排水泵，停止排水作业。

风机控制：综合管廊采用自然通风与机械通风相结合的通风方式，以自然通风为主，机械通风为辅。当环境监测系统检测到气体、湿度异常报警等时，可联动相关区段的风机进行强制换气。当火灾报警系统发出火情警报时，可联动确保相关区段的风机关闭。此外还可根据《城市综合管廊工程技术规范》GB 50838 中对通风系统的要求："正常通风换气次数不应小于 2 次/h，事故通风换气次数不应小于 6 次/h"，在综合监控软件中提前设置好开启、关闭风机的程序，实现系统定时自动进行换气。

照明控制：综合管廊综合监控平台软件通过以太环网系统控制管廊现场的照明设备启闭。

结构体应变及位移：对于管廊顶部及侧墙的应力应变监测，可利用光纤光栅应力传感技术将 FBG 应力探头用膨胀螺栓固定于棚顶中间及棚顶与墙体的拐角处，且每个位置以二维的垂直方式布放两只传感器。当管廊的墙体发生形变时，通过监测数据及探头位置指示巡检、作业人员准确定位、准确处置。

2. 安全防范

主要包括：视频监控、门禁管理、防入侵系统、可视化巡检。

视频监控：系统具备视频监视与控制功能，能够对管廊内部环境、出入口等重要位置处实时进行全方位的图像监控。视频监控具备图像分析处理能力，对于进入禁区的非法闯入行为自动报警，当有异常信息时，系统自动弹出相应画面，或根据人工要求在指定大屏区域显示，便于管理值班人员清楚了解整个管廊及出入口的基本情况，并及时获得意外情况的信息，所有视频监视信号数字化存储，以便一段时间的备案和查询。

门禁管理：授权人员在门外通过输入密码、刷卡或指纹确认后，便可开启电控门，门内设置开门按钮即可开启电控门。所有出入资料，都被后台计算机记录在案；通过后台计算机可以随时修改授权人员的进出权限。一旦火灾报警后，门禁系统自动解锁，电控门为常开状态。

防入侵系统：综合管廊人员出入口、通风口等重要位置应设置入侵报警探测装置和声光报警器。在监控中心控制室机房布置入侵报警主机，红外防入侵系统与视频系统联动可以确认"非法入侵"者是否在综合管廊内活动。当产生人员入侵情况时，设备接收到的红外辐射电频变化，产生报警状态并上传，驱动报警响应。

可视化巡检：是安防系统的重要组成部分，是对管廊现场巡查行为进行记录并进行监管和考核的系统，能有效地对管理维护人员的巡逻工作进行管理，实时监控管廊内部巡检维护人员的位置信息并跟踪其运动轨迹，可对定位目标的历史运行轨迹回放和分析，可预设管理维护人员的移动轨迹，如果偏离预设轨迹即报警，服务器可设置报警区域，当人员进出报警设置区域时，即会触发报警。在突发事件发生时能迅速定点救援，有效保障巡检维护人员的人身安全。

3. 通信系统

主要包括：有线通信、无线通信、可视对讲。

固定式通信系统、有线通信或可视对讲、电话应与监控中心接通，信号应与通信网络联通。综合管廊人员出入口或每一防火分区内应设置通信点；不分防火分区的舱室，通信点设置间距不应大于 100m。

无线通信系统：除天然气管道舱，其他舱室内宜设置用于无线对讲通话的无线信号覆盖系统。无线对讲系统能够满足工作人员在管廊内任意位置进行语音通话，方便快捷，有利于工作的相互协作。

手机通信系统：根据城市地下管廊具体需求，可在地下管廊内安装移动、联通、电信的手机信号放大器，使特定区域内具有运营商的2G、3G、4G信号，便于工作人员使用手机与外界沟通。

应急通信系统：用于紧急情况发生时，外界无法掌握管廊内工作人员的具体情况，不能及时提供必要的救援与帮助时，保持通信联络畅通。应急通信终端宜设置在管廊的出入口、投料口、逃生孔、电缆接头处、风机、水泵等重要位置。

远程广播系统：根据地下综合管廊内结构的具体情况，合理设置扬声器的数量和安装位置，能够对管廊内全段或分区域进行广播，可播放规章制度，并对违规情况进行提醒，当有人非法进入可通过远程广播进行制止。同时，远程广播系统可与消防系统进行联动，当有报警时自动播放火警信息提醒工作人员撤离。

4. 报警预警

主要包括：可燃气体报警、火灾报警、非法入侵报警、管道异常报警。

报警和预警系统主要应对管廊火灾。综合管廊某部位发生火灾后，火势便会因热气对流、辐射作用向其他部位蔓延扩大，最后发展成为整个管廊的火灾。因而，提前发现火灾和着火后把火势控制在一定区域内，至关重要。

火灾报警预警：系统采用集中报警方式设计，由火灾探测器、手动火灾报警按钮、火灾声光警报器、消防应急广播、消防专用电话、消防控制室图形显示装置、火灾报警控制器、消防联动控制器等组成。管廊内一个防火分区划分为一个报警区域和探测区域，智慧平台获取火灾探测器的报警信息，结合现场照明系统和视频系统确定着火情况，联动关闭着火分区及相邻分区通风设备、启动自动灭火系统。

防火门监控系统：为了控制火灾发生区域，综合管廊划分防火分区并设置防火门，一般不超过200m，综合管廊智慧平台软件通过以太环网系统控制管廊现场的防火门启闭。当管廊现场出现火情，系统联动人员定位及视频系统确认现场无人员后，设置防火门关闭，避免火情蔓延，并联动消防系统实现隔离灭火功能。

电缆火灾监控：火灾事故大部分是由于温度过高引起的，先是温度异常、冒烟到最终形成火灾。管廊内应沿电缆设置线型感温火灾探测器，且在电缆接头、端子等发热部位应保证有效探测长度，一旦温度出现异常即刻发出预警。在舱室顶部设置线型光纤感温火灾探测器或感烟火灾探测器。

可燃气体报警：每个监控区段内通风最不利的地方（一般为通风口与投料口的中间点位置，具体也可视现场实际情况做调整）配置一套气体传感器，主要用来监测可燃气体，现场传感器将实时监测可燃气体含量信息，通过屏蔽控制电缆接入当前区间现场控制单元，传输至控制中心的综合监控平台。

5. 管道监控

主要包括流量监控（水电气）、压力监控、管道应力监控。

管道监控系统主要是对专业管线进行流量和压力检测，现场传感器将实时监测各专业管线的流量和压力等信息，通过屏蔽控制电缆接入当前区间现场控制单元，传输至控制中心的综合监控平台。

4.5.4 运营维护系统

1. 日常管理

日常管理是进行管廊的日常巡检和安全监控工作，对共用设施设备养护和维修，记录设施设备的故障处理过程和处理状态，建立工程维修档案，保证设施设备正常运转。

2. 设备设施管理

根据设备管理制度，检查监督设备运行情况和运行状态，注意设备运行安全性、合理性、经济性，检查运行、维护保养记录，发现问题及时纠正，对发现的设备问题应详细填表报告。

建立设备台账，包括：序号、级别、品名、型号、功率、编号、出产地、厂家电话、质保年限、备注等，建立设备标识卡。做好设备正常维修保养记录以及设备故障的维修处理情况记录。

4.6 安全应急管理

4.6.1 安全管理方案

根据综合管廊运营及维护的特点，制定具有针对性的各项安全管理制度。包括安全生产责任制；安全生产奖惩办法；安全生产教育培训制度；安全生产检查制度；安全技术措施交底制度；安全生产资金保障制度；生产安全事故报告处理制度；消防安全责任制度；爆炸物品安全管理制度；文明施工管理制度；特种作业人员管理制度；临时用电管理制度；安全防护设施及用品验收、使用管理制度；各工种及机具安全操作规程；生产安全应急预案等。

4.6.2 应急联动演练

管廊运营管理单位应按照各种事故“应急方案”的要求，定期组织员工和各入廊管线单位开展应急处置队伍的训练和应急联动演练工作，提高实战处置能力。各参与单位按其职责分工、协助配合完成演练。演练完毕后，主管部门对“应急方案”的有效性进行评价，可根据“应急方案”的实际需求进行调整或更新，应急联动演练的内容及评价应存档，并由管廊运营管理单位保管。

应急联动演练中，各相关单位应按实际应急预案规定配备、管理、使用应急处置相关的专业设备、器材、车辆、通信工具等，保持应急处置装备、物资的完好，确保应急通信的畅通。

5 智能建造与智慧管理

5.1 BIM 技术在综合管廊设计中的应用

综合管廊属于狭小空间多类型管道系统的容纳空间，尤其是出线井、管廊交叉节点、投料口等场所管道、支吊架、支墩、人员通行及材料运输通道、楼梯、排水、照明及供电等内容庞杂，空间狭小，采用传统的二维设计模式常常在施工阶段才发现设计方面存在的问题，造成工期延长、时间浪费和费用增加。采用 BIM 方式来进行设计，通过三维碰撞检查，可以使管道支吊架、支墩、阀门等布置更加合理、管道出线、管道交叉、管线分支连接更加合理；通过各专业共享 BIM 模型，及时发现专业矛盾并进行化解，提升整体质量和综合效率；通过 BIM 模型，自动生成平面、剖面、材料表等专题图纸，实现 BIM 模型和专题图纸的联动更新，大大提高工作效率，减少图纸错误。

基于 BIM 协同平台的综合管廊设计，按照工作内容可以分为管廊工艺设计、管廊结构设计、管廊机电设计、管廊容纳专业管道设计。这些设计内容相互影响，需要在设计过程中相互参照、相互协同，见图 5-1。

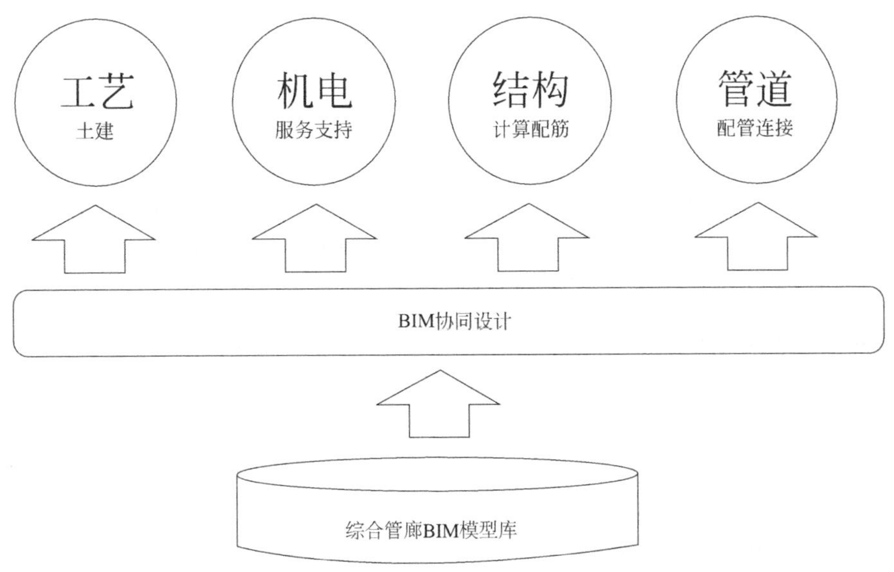

图 5-1 基于 BIM 协同平台的综合管廊设计

1. 管廊工艺设计

管廊工艺设计包含标准横断面设计、交叉井室和出线井设计、安装孔、人员出入口、通风口、变配电室等设计。

（1）标准横断面设计

当前行业内软件发展迅速，软件中内置标准图集，设计时可以通过选择、修改横断面的方式，提高工作效率。软件提供的横断面见图 5-2。对于管道的位置，可以设定管道在舱室内的水平定位方式和竖向定位方式，舱室尺寸调整时，不需要再专门调整管道的位置，提高设计效率。

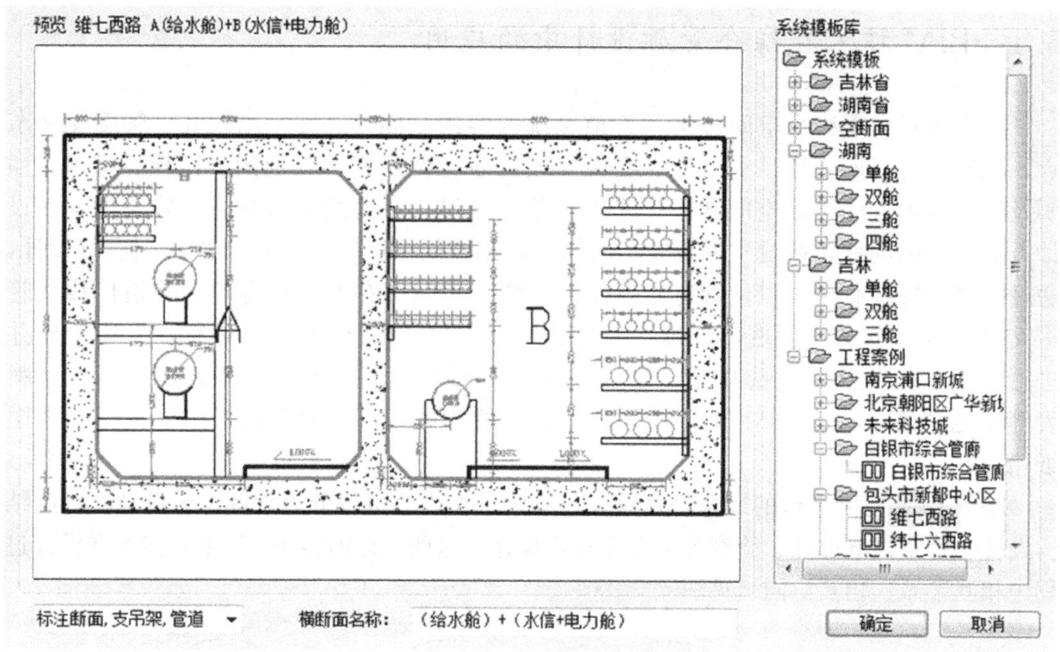

图 5-2 标准横断面设计

（2）平面路由设计

管廊的平面路由设计一般要结合道路板块、立交或高架的地下部分、周边的建构筑物、地铁、直埋管道等确定。为了便于确定管廊的路由并判断是否与其他建构筑物等产生矛盾，软件提供了多重方式，同时采用二、三维一体化的方式，得到管廊路由的同时，也得到了管廊的 BIM 模型。

管廊路由的确定方式包括：根据场地及道路平面图，参考道路边线或中心线，快速确定管廊的平面路径；交互布置管廊；定义曲线类对象为管廊等。

（3）交叉井室及附属物设计

交叉井室和附属物均采用二、三维一致的设计方式，为了满足不同设计阶段的需要，可以采用简易设计方式和精细化设计两种方式。

简易设计方式用于快速设计得到管廊交叉井室和附属物的外轮廓 BIM 模型，可以减少输入参数数量，操作简单。三通交叉井、四通交叉井、端部出线井、中间出线井等均可快速实现（见图 5-3）；安装孔、通风孔、人员出入口、防火墙、沉降缝、集水井等也可以快速实现。

精细化设计方式用于施工图和深化设计等阶段，软件提供脚本模式描述单一型、组合型附属物以及交叉井室、出线井，结合具体的工程项目确定相关参数，软件自动生成精细的 BIM 模型，并处理它们与相关管廊段的关系；若还需要细部完善时，通过便捷的管廊 BIM 自主设计平台进行深化，快速建立精细 BIM 模型实现。

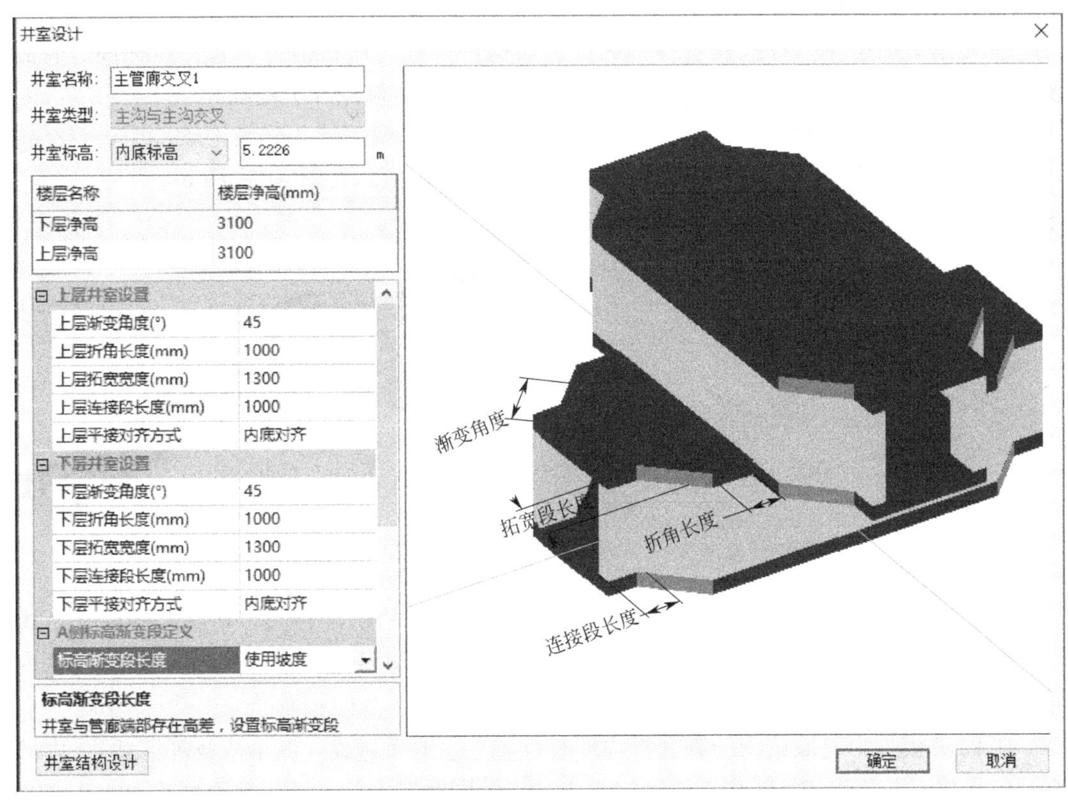

图 5-3　交叉井室及附属物设计示意图

（4）管廊竖向设计

管廊竖向设计主要确定管廊坡度、管廊底标高、交叉井室及出线井的底标高和顶标高、附属物的顶部标高等。基于道路、地形的 BIM 模型，程序自动提取相关的地形标高，按照覆土自动确定管廊的标高。为了直观快速确定管廊在穿越河流、涵洞、直埋管道等场所的标高，软件采用纵断面可视化方式动态确定管廊标高，并将结果自动更新到 BIM 模型。

基于整体的 BIM 模型，也可以通过程序自动或人工 BIM 查看的方式，发现并修改管廊与道路、涵洞、桥台、建构筑物的空间矛盾，减少设计变更，节省施工时间和成本。

2. 管廊结构设计

基于 BIM 技术的管廊结构设计流程分为 BIM 结构模型创建、结构计算分析、结构后处理三个方面。要实现管廊结构信息从建模到受力分析再到施工图交付的全过程设计，数据互通和自动关联是基础。

（1）BIM 结构模型创建

基于 BIM 技术可以实现综合管廊模型创建，并赋予各构件以相应的属性。如何将创建好的 BIM 模型数据传递给结构专业，以便用于受力分析与出结构施工图成为关键。

基于结构专业的特点，需要依赖于结构计算软件，将构件几何模型简化为力学分析模型，从而实现荷载布置、受力分析、构件验算等。现在可以利用 BIM 的协同性特点，将各专业、各环节的数据及信息进行整合、集成及分析，将建筑模型导入到结构计算分析软件中，打破传统信息传递壁垒，改善交流沟通环境，实现信息共享，提高工作效率，降低因信息不对称而造成的错漏碰缺。

BIM模型中构件本身就具有各种属性，如构件尺寸、材料信息、起止点标高、管廊坡度等，这便为从建筑三维模型里提取结构计算需要的信息打好了基础。

在创建管廊BIM模型后，通过接口连接方式将BIM模型导入到结构软件中进行结构计算分析，实现BIM管廊模型与结构计算软件的无缝对接。见图5-4、图5-5。

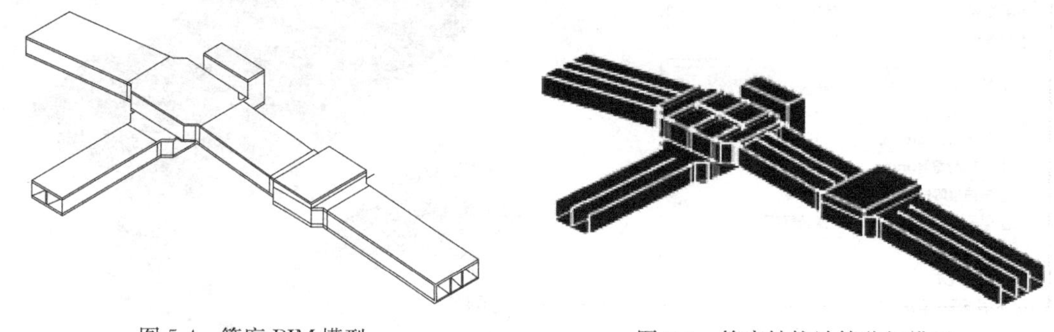

图5-4　管廊BIM模型　　　　图5-5　管廊结构计算分析模型

BIM模型导入结构计算软件时，可以提取结构所需的构件种类，包括：轴网、结构梁、柱、墙、楼板等，对构件截面进行智能匹配，对BIM模型中某些无法识别的特殊构件，根据匹配规则指定其对应关系。

在BIM模型中提取结构计算分析构件时，需考虑地面超载（汽车荷载等活载）、内墙面设备荷载、人防荷载等信息用于结构受力分析；同时考虑板、墙、地面标高和水头标高等地下室信息，计算管廊所受的板面荷载、墙面荷载、土压力、水压力等，见图5-6。

图5-6　管廊计算总信息

(2) 结构计算分析

管廊的墙、板等构件组成一个空间结构，加之管廊可能有坡度，为了真实地反映结构的受力状态需要将管廊作为整体一起参与内力计算。在管廊结构分析计算中，通过将导入的 BIM 模型转换为结构模型（见图 5-7），并通过划分单元、设定边界条件、定义参数等实现空间有限元求解计算。不同构件采用不同的结构模型，墙和板采用壳单元；梁、柱、锚杆和桩采用杆单元；板底土和墙侧土采用点弹簧单元；墙柱梁板之间自动剖分和协调；交叉节点局部的墙板按斜墙和斜板计算分析。

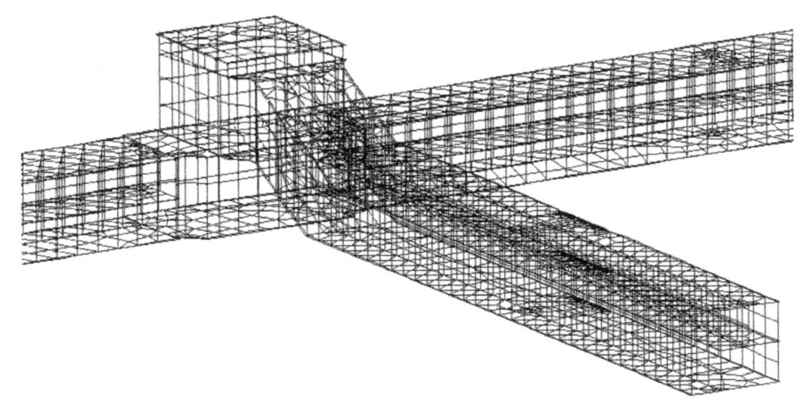

图 5-7 管廊空间有限元分析模型

综合管廊位于地下，管廊主体与土相互关系的模拟是整体计算的关键。一般情况下，在底板和墙的侧向加上“弹簧”以模拟土的作用，如图 5-8，给带侧约束的地下室各层加上侧向弹簧以模拟地下室周围土的作用；底板下土采用温克尔地基（基床系数可不均匀），每个底板节点的弹簧总刚度等于“Z 向侧向土基床反力系数”乘以“迎土面积”；经过计算分析后，得到一系列结果，供内力复核及构件配筋参考使用。

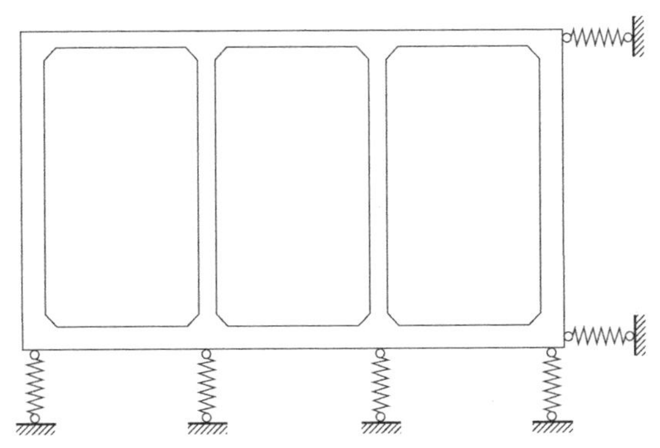

图 5-8 管廊与土的模拟

(3) 结构后处理

按整体有限元得到的构件计算分析结果，调整结构设计中不满足构造要求的部位，在求得配筋结果后，由配筋结果自动生成 BIM 钢筋模型；并在 BIM 钢筋模型中可以导出二维施工图，见图 5-9，为造价统计、施工、材料采购提供准确的钢筋信息。

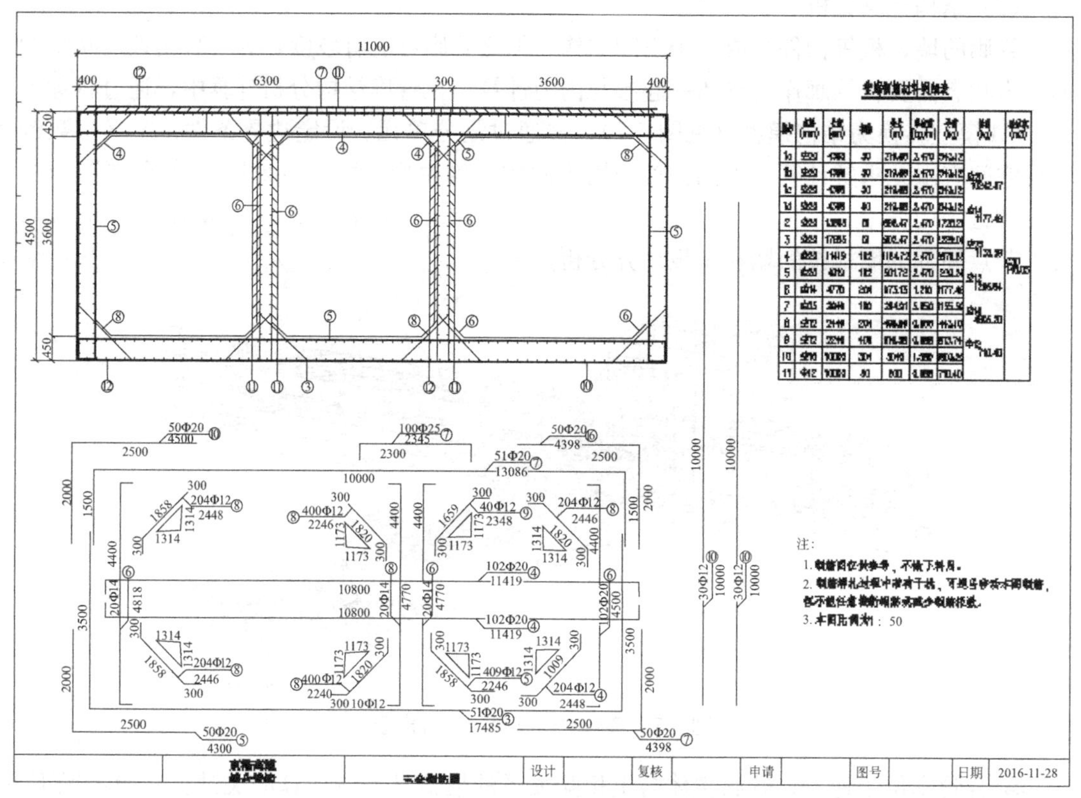

图 5-9　管廊结构施工图

3. 管廊机电设计

基于 BIM 的管廊机电设计，需要精确确定机电设施自身的几何参数、性能参数，还需要精确确定它们的空间位置和方位。管廊的平面和竖向设计变动后，机电设施的同步移动是一个巨大的工作量。软件系统通过专有功能，实现机电设施随管廊变化自动同步，大大提高了机电 BIM 设计效率，避免了手动修改的错漏，提高了设计质量。机电设计涵盖了供电、通风、排水、消防、照明、疏散、标志标牌等系统，可以实现管廊机电的精准化 BIM 设计。

在进行照明设备布设的时候，考虑规范要求，对其位置、种类选择是最基本的要求，当需要使用 BIM 技术进行精细化设计时，可以对其光源的光通量，光源功率，转换效率，镇流器功率等进行设置，这种基于 BIM 信息的形式，有助于以后进行用电量的统计等。

在进行综合管廊设计的时候，可以对管廊中多种多样的设备集体进行定义，例如监控设备中不仅具有各种各样的摄像头，还有一些气体检测设备，温度、湿度检测等设备可以借助 BIM 技术自由快速参数化搭建模型的方式进行快速布置。其他机电设备设计包括消防灭火、标志、悬挂喇叭或扬声器等装置可以应用 BIM 技术做出近乎真实的模型。

4. 管廊管道设计

管廊内的专业管道、支吊架、支墩等在管廊段的设计，以及在交叉井室和出线井处的管线综合设计纷繁复杂，传统的设计仅仅依靠设计人员的想象来进行空间分配，采用BIM设计方式，直观、易懂，可以通过软件提供的碰撞检查在设计阶段发现并修改问题，避免问题进入施工阶段。

通常放入管廊中的管道类型有给水、热力、燃气、电力、电讯、管道等几种类型，如何合理的规划这些管道在横断面中的位置以及通过节点时管道应如何排布就成为一个必须要研究与考虑的问题。

首先是管廊内管道横断面设计时，对管道与管道之间的净距、管道与管廊土建部分之间的净距、管道支墩及支吊架与管道之间，按照规范对净距进行自动检查，使管廊横断面中管道的布局更加合理（见图5-10）。

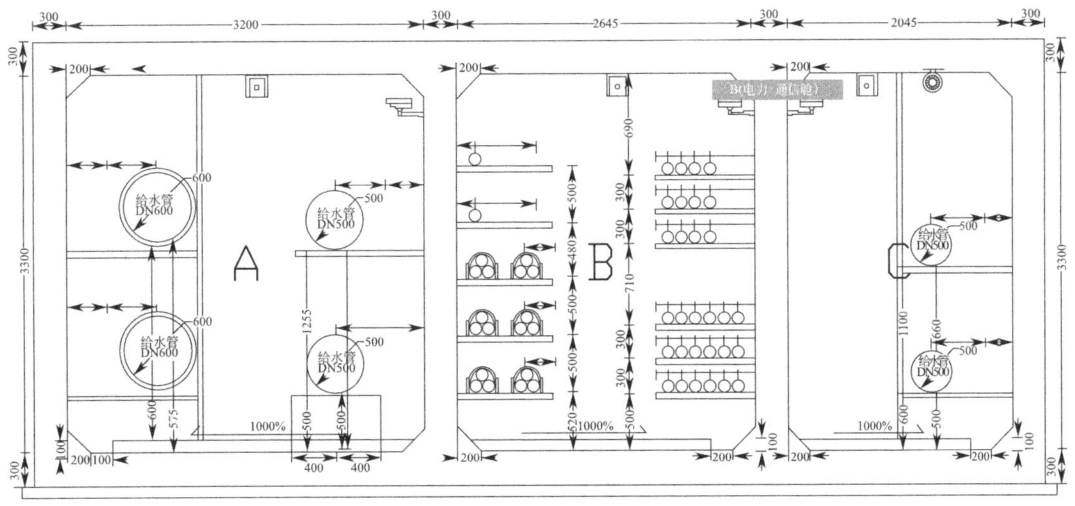

图5-10 管廊管道位置布置图

其次是在管廊拓宽部位或者交叉部位，可以借助BIM技术的优势进行三维可视化设计，随时切换到任意视图查看，也可直接在三维中查看与操作，操作便利，见图5-11。

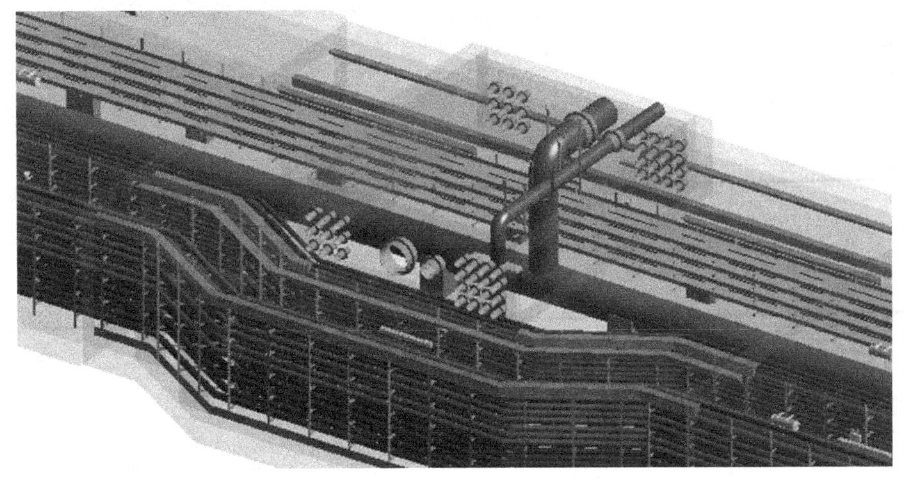

图5-11 管理管道模型

5. 工作方式

包括链接模型与工作集协同设计模式两种，其中工作集模式是一种数据级的实时双向协同设计模式，即工作组成员将设计内容及时同步到文件服务器的项目中心文件，同时同步项目中心文件其他专业模型至本地文件进行设计参考。而链接模式是在各专业完成模型文件之后，通过参照外部链接的方式将多个模型整合为整体，是文件级的阶段性协同设计模式。对比见表 5-1。

工作集协调模式与链接模式的对比表　　表 5-1

协同设计模式	工作集方式	链接方式
项目文件	项目中心文件及本地文件	本地文件
数据更新	双向更新	单项更新
访问编辑	可访问,可申请编辑	可访问
协调效率	通过与中心文件同步获取设计成果,协调效率高	多次人为提资,协调效率低
性能要求	中心文件大,硬件要求高,速度慢	本地文件小,硬件要求中等,速度快
适用情况	适用于极易发生设计冲突的区域内部	适用于关联性较低不易发生冲突的区域

应用 BIM 三维设计，结合施工模拟可以将管廊与管线，管廊与管廊通过具有可逆性的施工模拟表现出来，直观地发现碰撞点，实时修改，并根据需要反馈碰撞点的断面信息，同步实时放映出来。

交叉井室、出线井等位置由于管道关系复杂，需要采用局部的剖面详图、平面详图进行说明指导施工。软件根据 BIM 模型自动剖切生成详图，并提供智能化的标注工具，实现详图与 BIM 模型的自动连动更新见图 5-12、图 5-13。

图 5-12　交叉井室、出线井管道示意图

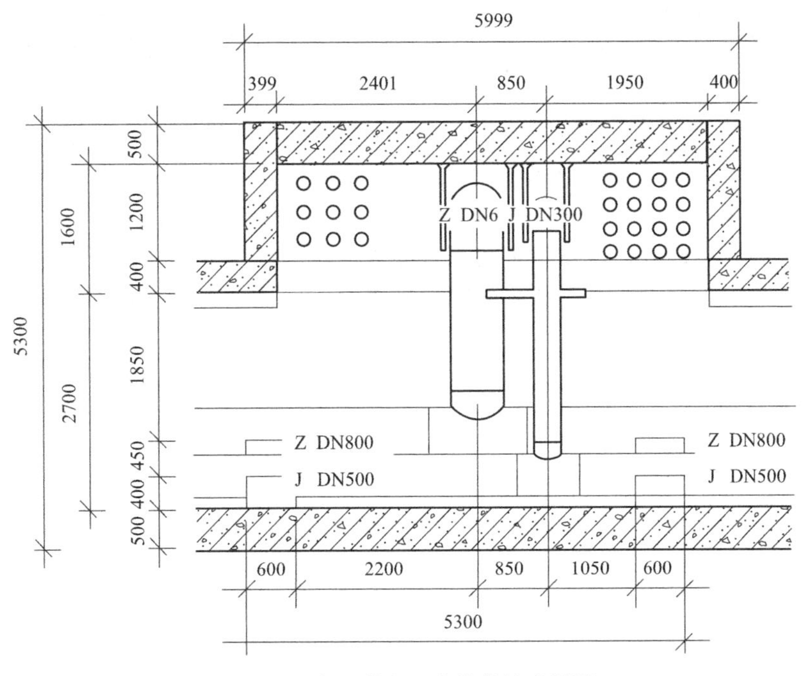

图 5-13 交叉井室、出线井管道详图

5.2 BIM 技术在综合管廊建造中的应用

1. 深化设计

管廊中的管线模型创建完成后，使用机电深化功能，协助设计者进行管线调整、支吊架布置、协同开洞等工作，以满足精细化施工需要。

2. 虚拟设计、施工

随着虚拟可视化技术的推广，使得传统技术难以解决的复杂结构施工工艺的重难点问题，很容易得到解决。虚拟施工技术利用虚拟现实技术构造了一个可视化的施工环境，将 3D 模型和进度计划、工程量以及造价等信息关联并进行施工过程模拟，尤其是对重点复杂区域的施工工艺进行模拟，检查施工方案的不合理之处，最终确定最优施工方案。

虚拟施工结合 5D 技术对施工进度和造价进行过程可视化模拟，通过 5D 施工模拟可以让项目管理人员在施工前预测所需资金、材料、劳动力等情况，对施工过程进行前期指导、过程控制和结果校核，达到项目精细化管理的目标。

3. 工程概预算

综合管廊 BIM 模型导入到软件三维模型算量模块后，便可以对项目进行算量。

工程量清单子目可与三维模型进行关联，软件可对每一个工程量清单子目灵活地编辑计算公式，不仅可根据直观的图形与说明进行公式选择，还可根据需要选择对应的算量基准。算量公式涵括构件的几何形状、大小、尺寸和工程属性。

算量结果偏差追踪检查方面，软件使整个检查流程三维模型可视化，既能以模型构件为检查基准，也能以算量子目为检查基准。用户可将工程量计算结果更新至已有工程量清单中，或者选择自行创建新的工程量清单。工程量清单的创建有多种方式，若选择通过投标计价中“参考项目编号”方式，则在创建工程量清单的同时，也将随即创建一个基于对应地方定额或企业定额的模块。

工程量清单模块与投标计价模块都支持基于模型的数据可视化。因此，用户在这两模块中也可对工程量偏差进行可视化查看。除了上述模块，其他任一与工程量清单子目有关联的模块都可实现数据的可视化，如施工组织模块、账单模块和部位模块等。

三维算量时，可以导入业主指定的工程量清单，也可以根据业主指定的清单结构编制工程量清单；将三维模型算量与业主的工程量清单相关联，计算三维模型工程量。具体业务流程见图 5-14。

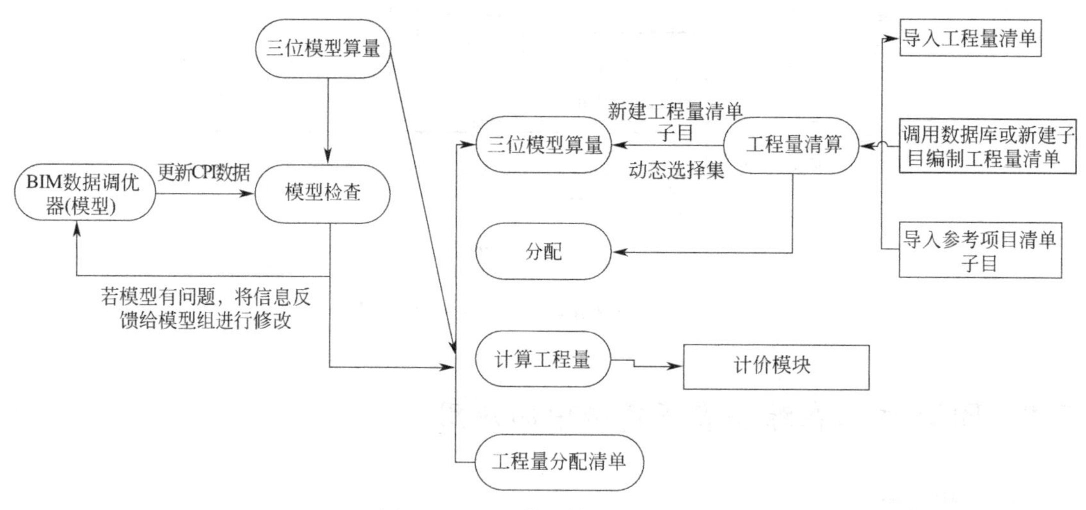

图 5-14　三维模型算量工作流程

4. 施工过程管理

5D 模拟可以帮助项目取得最优化的施工方案，能够达到清单层级的项目计划，并且可以与多种项目管理软件集成，例如可以与 MS-Project、Primavera、Power Project 集成，完成进度计划的导入和导出工作。通过制定并对不同项目方案模拟比较，自动进行财务分析对比，从而达到优化方案的目的。

对同一个项目建立多个日历，即可对施工组织作出对应的日期调整，简化了不同地区的进度管理；进行模拟和对比时，可将施工组织计划与估算内容联系起来，成本/收益和清单工程量或者调整工程量关联起来，进行动态展示。

5.3　BIM 技术在综合管廊运营阶段的应用

1. 基于 BIM 的一体化综合管廊运营平台

建立基于 BIM 的综合管廊运营平台（如图 5-15），集成各组成系统，实现可视化管理，满足监控与报警、应急处理和日常维护管理的需要，并可与上级管理单位和管廊内管线的运营单位进行数据交换。

一体化平台需要实现三维可视化、模型轻量化、信息集成化和管理智慧化四个方面。

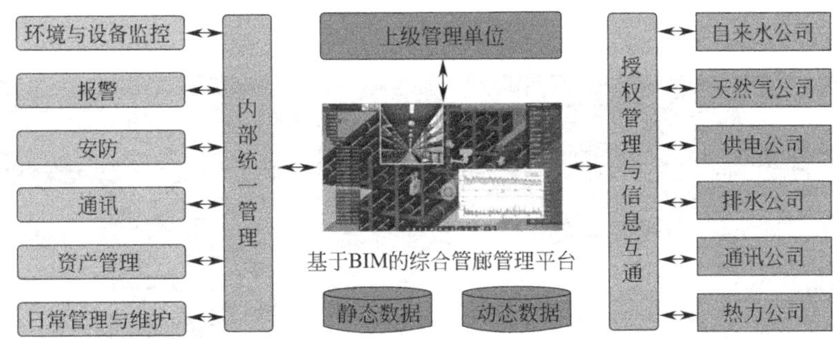

图 5-15 综合管廊运营平台

（1）三维可视化

采用 BIM 技术建立的综合管廊模型，包含精确的空间位置信息，可以在运营平台中进行仿真模拟与漫游展示。采用沉浸式浏览方式步入管廊中进行模型与设备查看，动态信息以图表、数字等方式显示在模型之上，见图 5-16。

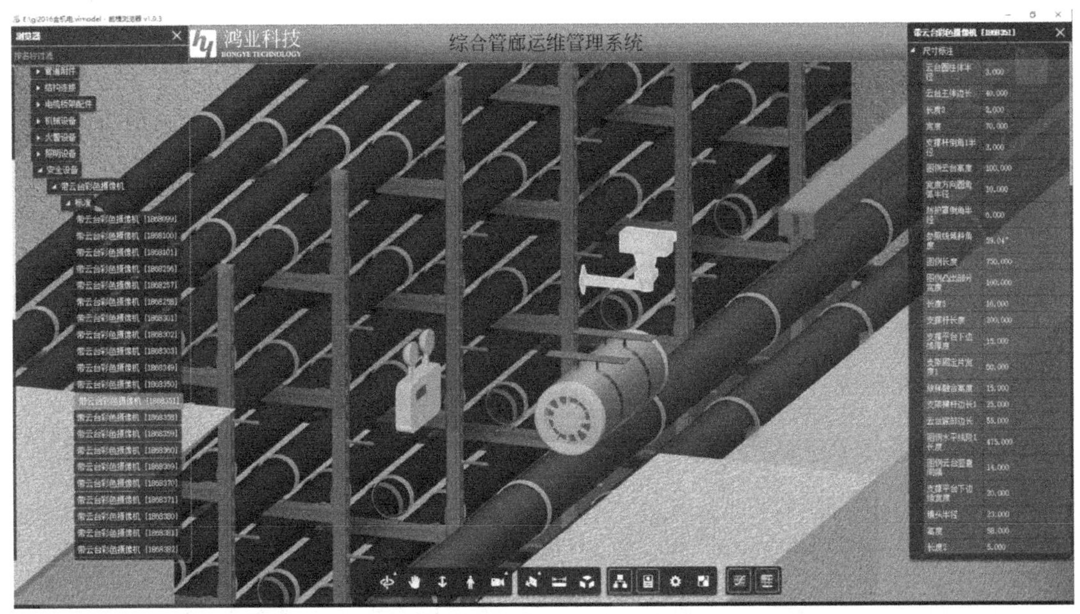

图 5-16 综合管廊可视化模型动态信息显示

（2）模型轻量化

全要素 BIM 模型数据量巨大，无法同时在 Revit 中打开操作，一般按专业拆分进行设计建模，可将各个专业子模型分别进行轻量化处理后，在云端执行合模操作，采用 HTML-5 技术实现模型展示，可以在浏览器上查看全要素全专业的 BIM 模型。经过轻量化处理的模型文件（见图 5-17）能达到原有 Revit 模型文件的 10%以下，同时模型尺寸与属性信息均能够无损保留。

（3）信息集成化

基于云计算与云服务技术、现代空间数据管理技术、BIM 信息模型技术，建立基于 BIM 与 GIS 融合的三维城市数据管理系统，实现 GIS 与城市模型、地形、综合管廊等多

图 5-17　轻量化综合管廊 BIM 模型

源空间数据融合，实现宏观与微观的相辅相成、室内到室外的一体化管理。

综合管廊 BIM 模型与数据库、文档建立连接后，选择综合管廊 BIM 模型中的实体，后台设计图纸和设计文档数据库中包含的规划、立项、设计、施工和运营各个阶段的设计数据就自动与 BIM 模型连接，都可以在 BIM 模型中查看和预览，为运营提供参考依据。

（4）管理智慧化

结合智慧综合管廊、海绵城市、三维道路、三维管线等，实现综合管廊 BIM 与“智慧城市”的对接（见图 5-18），为城市规划、城市交通分析、管廊运营、资产管理、市政管网管理、数字防灾、应急救援、建筑改造等诸多领域的深入应用提供了技术手段。

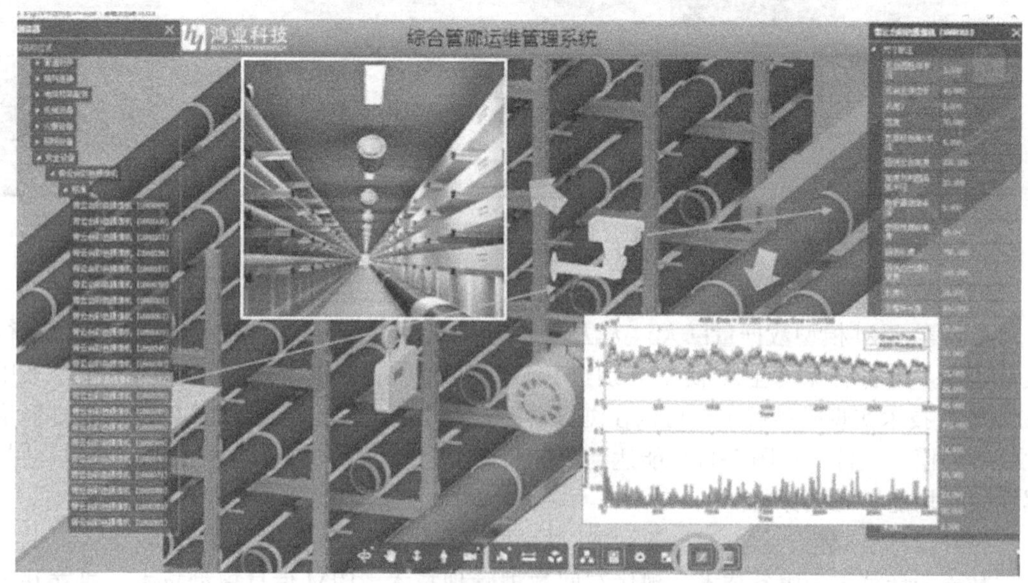

图 5-18　综合管廊 BIM 模型与物联网连接

模型与物联网互联是综合管廊监控与报警系统未来的发展方向。视频图像根据不同应用，通过物联网直接传递给各系统，也可以在 BIM 模型中把选定监视器的视频图像显示到大屏幕。BIM 模型与物联网连接，解决了系统异构的信息孤岛问题，如众多品牌相互兼容、各系统集成与融合、协议与接口标准不统一等问题。

2. 运营平台架构与管理内容

综合管廊运维平台采用 CS/BS 架构（见图 5-19），将 SCADA 自控系统、视频监控、BIM 模型与生产管理有机地结合起来，综合管廊运营管理系统在管廊管理单位监控中心、综合管廊内部现场的自动化监测与控制层之间起到了承上启下的作用。通过从数据库层面将实时监测数据和生产管理、视频监控、BIM 三维模型的数据统一起来，使得管理人员可以及时的获得任何一个运行设备和某段管廊的实时数据，同时又可以调阅各类设备、附属设施的管理数据。通过运行管理数据库使控制层采集数据直接应用到管理层的日常工作中，减少信息传输过程中不必要的滞后与可能发生的人为错误，使管理和控制、计划与运营紧密结合，达到管控一体化的目标。

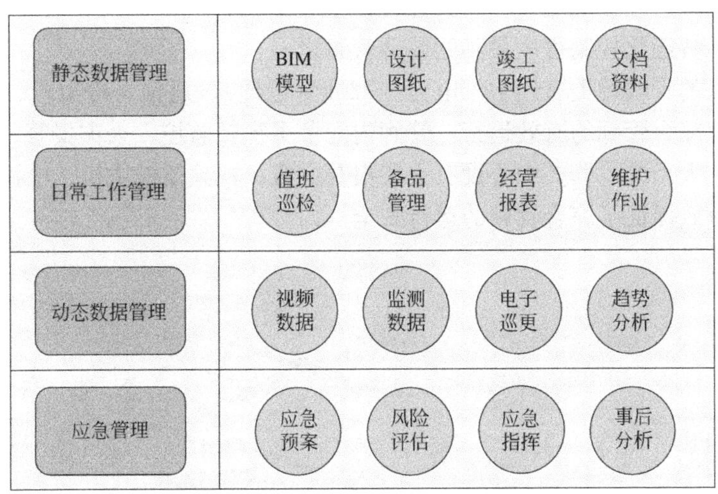

图 5-19　综合管廊运维平台管理内容

6 工 程 案 例

6.1 现浇钢筋混凝土综合管廊

6.1.1 工程概况

1. 项目概况

珠海横琴新区综合管廊平面布置成“日”字形（见图 6-1），采用“BT＋EPC”的建设模式，综合管廊投资 22 亿元、总长度 33.4km，覆盖全岛“三片、十区”，设有监控中心 3 座，是目前国内施工最复杂、一次性建设里程最长、规模最大、纳入管线种类最多、服务范围最广、智能化控制程度最高的综合管廊之一。

管廊内纳入的管线种类有给水、电力（220kV 电缆）、通信、冷凝水、中水、垃圾真空管等。为确保综合管廊的有效运行，管廊内配备了视频监控、火灾报警、计算机网络控制和自动控制四大系统，监控中心设有火灾报警主机、视频监控主机、电视墙及计算机工作站等设备，有效保证了综合管廊的运行安全。

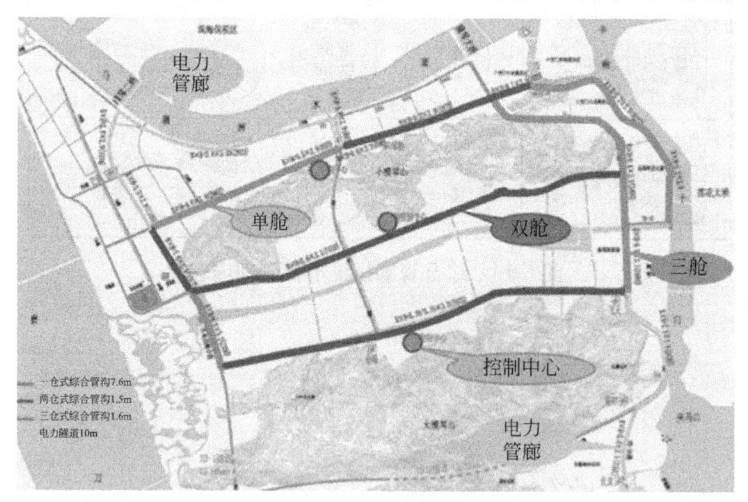

图 6-1　综合管廊平面布置示意图

2. 综合管廊结构形式

珠海横琴新区地下综合管廊为现浇钢筋混凝土管廊，设计标准抗震设防烈度为 7 度，结构安全等级为二级；设计使用年限为 50 年，环境类别为 2a 类，结构构件的裂缝控制等级为三级，地基基础设计等级为乙级。综合管廊主体采用现浇钢筋混凝土（P6、P8）封闭箱形结构，主要有单舱室、双舱室、三舱室，在廊体相应的位置设置投料口、人员出入口、自然通风口、排风口、防火门、管线接入井等构造物，综合管廊标准段长为 30m

(两端设 3cm 宽变形缝)，非标准段根据管廊附属构造物的布置、穿越排水箱涵以及舱体数量变化情况进行针对性设置，管廊内根据内部管线的具体布设情况设置预埋件。

(1) 综合管廊总体布置

横琴综合管廊沿道路布置在绿化带下，考虑到电力电缆、给水及燃气管的支管横穿及雨水口连接要求，综合管廊顶部覆土不小于 1.5m，当综合管廊与雨水、污水、涵洞、地道及排洪渠等交叉时根据标高局部下沉。

各舱室内分别设置防火分区，每个防火分区最大允许建筑面积不超过 1000m^2，每一防火分区不超过 200m，防火分区间以防火墙配甲级防火门隔断。各防火分区内设一紧急出入口，出入口与自然通风口合建。综合管廊内采用手提式磷酸铵盐干粉灭火器和火灾自动报警系统，干粉灭火器采用落地式。

综合管廊内设置排水沟和集水坑，每个集水坑内设置两台潜水泵，将废水提升到沟外市政雨水井内，日常两台潜水泵自动交替运行，用于结构渗漏水的排放；在管道检修时两台泵同时运行，用于管道放空和事故水的排放。

1) 三舱室综合管廊

三舱综合管廊分为电力舱、管道舱 1 和管道舱 2，三个舱体分别采用隔墙分开。如环岛东路综合管廊横断面尺寸为 $B\times H=8.3\text{m}\times3.2\text{m}$，各舱净宽尺寸为 2.4m (电力舱)+3.6m (管道舱 1)+2.1m (管道舱 1)，净高尺寸为 3.2m，如图 6-2 所示。

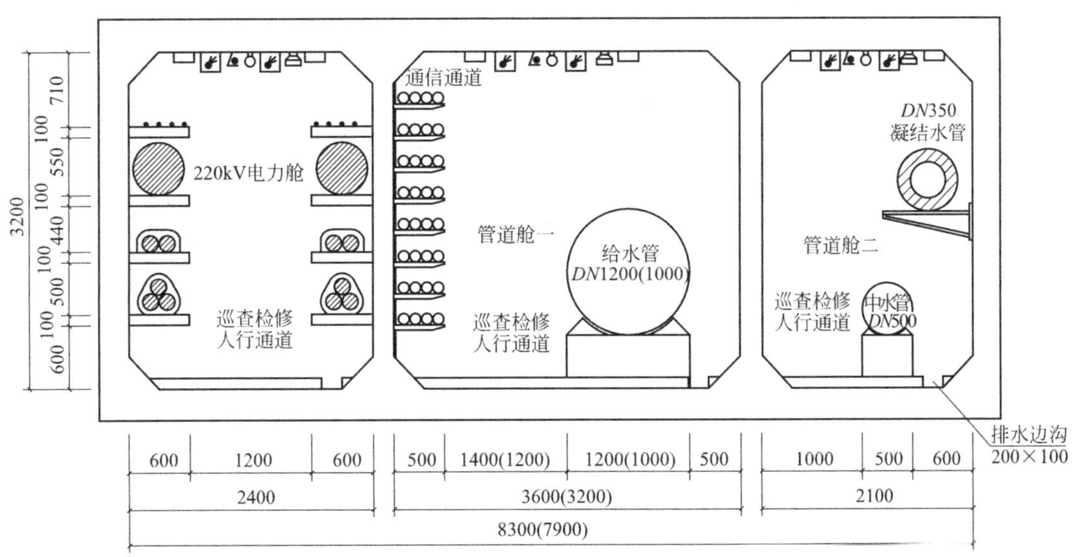

图 6-2 三舱综合管廊横断面示意图

2) 两舱室综合管廊

两舱综合管廊分为电力舱+管道舱和管道舱+管道舱两种类型。如环岛西路综合管廊为电力舱+管道舱，横断面尺寸为 $B\times H=5.75\text{m}\times3.3\text{m}$；中心北路综合管廊为管道舱+管道舱，横断面尺寸为 $B\times H=5.55\text{m}\times3.2\text{m}$，如图 6-3 所示。

3) 单舱室内综合管廊

单舱室综合管廊将给水管、中水管、通信管、供冷、垃圾真空管合建在同一舱室内。如环岛北路综合管廊，横断面尺寸为 $B\times H=4.0\text{m}\times2.9\text{m}$；滨海东路综合管廊断面尺寸

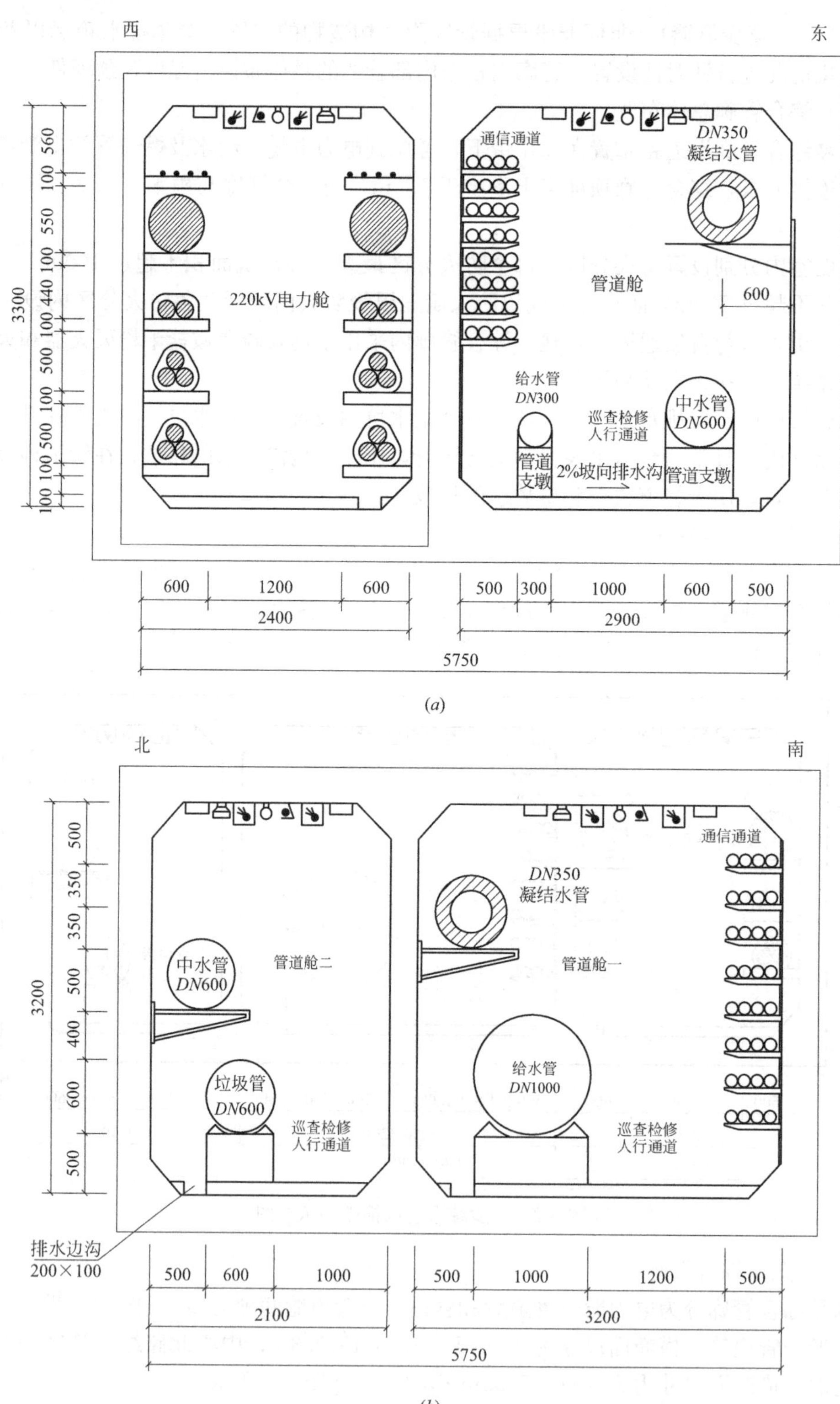

图 6-3　两舱室综合管廊

(*a*) $B \times H = 5.75\text{m} \times 3.3\text{m}$；(*b*) $B \times H = 5.55\text{m} \times 3.2\text{m}$

为 $B\times H=5.0\text{m}\times2.9\text{m}$，如图 6-4 所示。

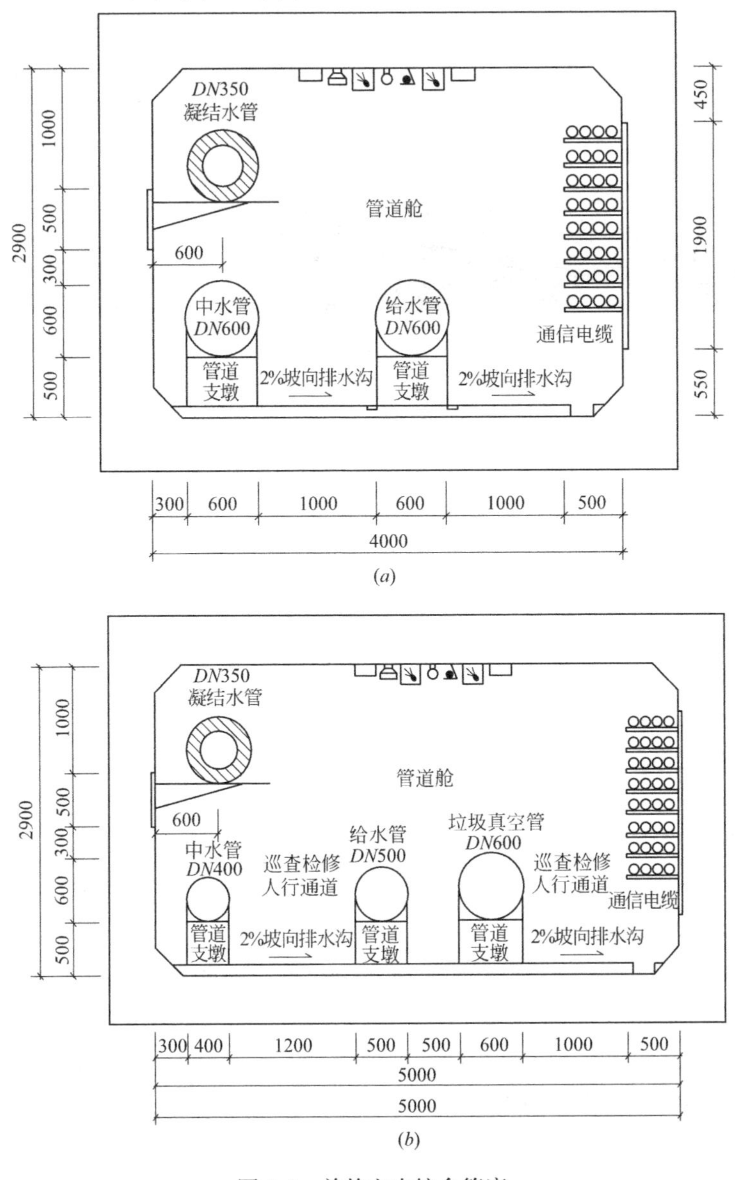

图 6-4 单舱室内综合管廊

(a) 4000×2900 单舱室内；(b) 5000×2900 单舱室内

(2) 基坑设计

管廊基坑围护形式主要有拉森钢板桩、钻孔灌注桩、土钉墙、放坡开挖等几种，钢板桩、钻孔灌注桩在钢管横撑位置设置型钢围檩，钢管横撑竖向设置数量依据基坑深度分为一道、两道和三道三种。当综合管廊范围处于未进行处理的软土地段时，基坑支护坑内采用格栅式排列的水泥搅拌桩进行了土体加固以防坑内淤泥隆起。基坑回填均采用中粗砂。

(3) 建设过程

横琴综合管廊于 2010 年 5 月开工建设，2013 年 11 月主体结构全部完成，2014 年 9 月完成竣工验收。建设前场地原始地貌和工程竣工实物如图 6-5 所示。

图 6-5　建设前场地原始地貌和工程竣工实物

6.1.2　工程主要特点、难点及应对措施

1. 项目特点

（1）供应全岛的动力、生活水、通信等主要能源、资源供应主干线全部纳入综合管廊，综合管廊主干线管线能源、资源供应覆盖全岛。

（2）首次将 220kV 电力电缆纳入综合管廊内，713 个摄像头，853 个控制器，6990 个智能控制点，24h 实时监控，确保综合管廊安全运行。

2. 项目难点及应对措施

（1）地质条件复杂，地基处理难度大

工程位于深厚欠固结淤泥区，最大淤泥厚度达 41.5m，含水率 65%以上，且局部含 5～10m 厚的块石层。施工中采用自主研发的欠固结淤泥处理技术，有效控制道路与综合管廊的差异沉降。创新了块石层沉桩引孔技术，确保 PHC 桩施工质量和地基处理质量。

（2）深基坑支护开挖难度大

横琴地下综合管廊与市政道路建设多处重叠交叉，现场共 7 处交叉节点，2 处下穿河道、32 处下穿雨水箱涵，全线均为深基坑，最深达－13m，如何在复杂的地质条件下进行基坑支护，保障基坑安全，是施工中面临的首要问题。根据不同的地质条件采用不同的支护方式，有效解决了基坑支护难题。

（3）管廊内管线多，空间狭窄

综合管廊长距离空间受限，管线种类多、焊接量大，同时管廊深浅变化多，安装与运输极为困难，施工安全管理难度高；采用了自主研发管道运输及安装方法，利用 BIM 技术仿真施工，采用工厂模块化预制和机器人自动焊接，提高了工效，确保了安全和质量。

（4）周边环境复杂、施工组织困难

工程线路长、施工内容多，沿线建筑物及地下管线密集，与道路施工多处重叠交叉。通过合理划分作业区域，优化交通组织和施工组织，细分作业面，多渠道组织、调配资源，确保了工程顺利实施。

（5）管廊建设资金投入大

综合管廊建设需投入大量资金，通过企业融资模式，保障了大型（特大型）项目的顺利运作，这种模式建设也为业主顺利完成该项目提供了保障。

6.1.3 主要施工技术

1. 深厚软土区地基处理综合技术

（1）真空联合堆载预压施工技术

通过对珠海横琴地区软土性质进行深入调查分析，选取不同地区的实验室同时进行土样试验，分析总结了珠海横琴地区欠固结淤泥特性，并选择典型代表地质路段，进行了不同插板深度的淤泥处理真空预压试验，解决了深厚欠固结淤泥路基处理过程中的勘察、设计、施工等问题，系统地提出了珠海横琴地区欠固结软土的特性和深厚欠固结淤泥 20～25m 非标处理深度及三点法卸载标准，明确了欠固结淤泥路基合理的地基处理方法，完善和发展了设计计算，改进了真空联合堆载预压法监测与监控技术、真空联合堆载预压法

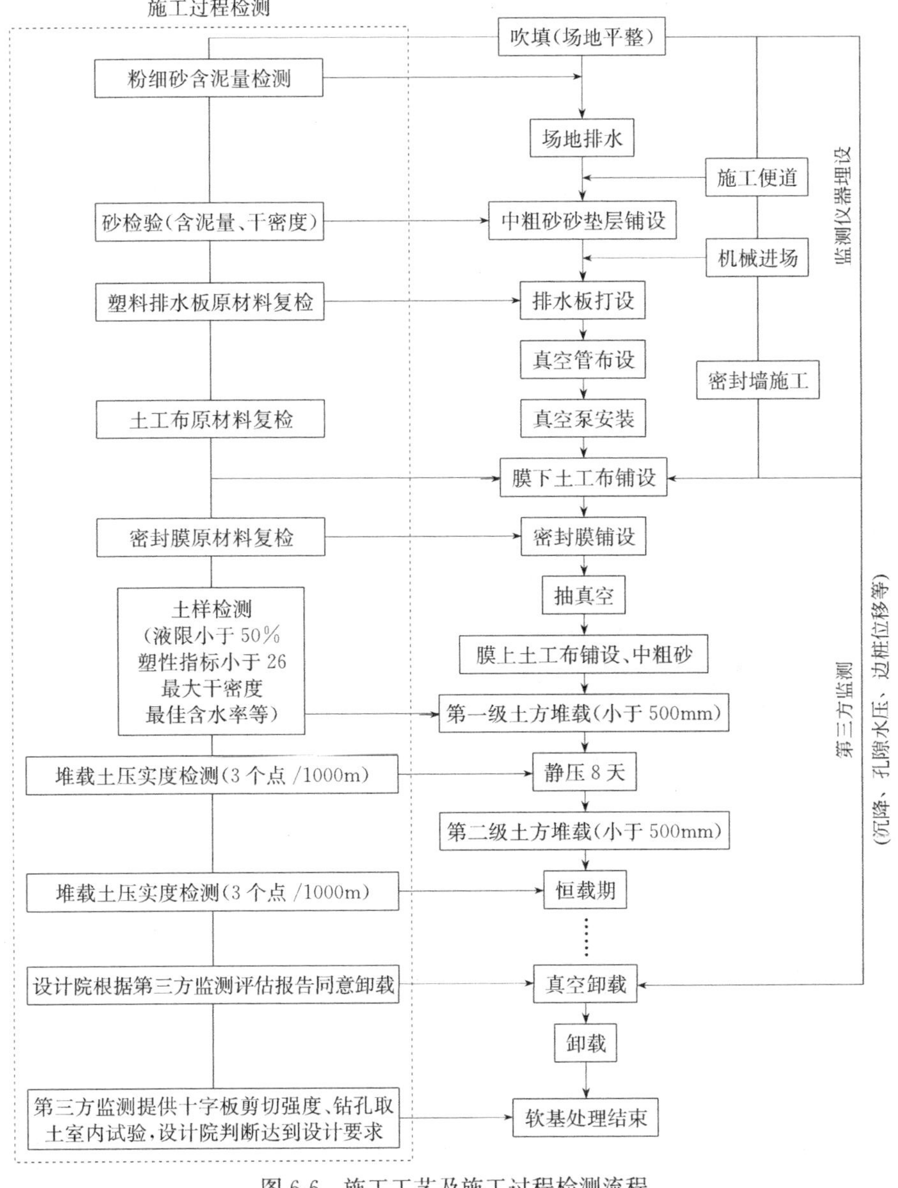

图 6-6 施工工艺及施工过程检测流程

施工技术，完善和发展了排水固结法施工技术，制定了深厚软土区地基施工工艺及施工过程检测流程，见图 6-6。

（2）差异沉降防治技术

由于使用功能不同，相邻区域设计荷载即存在差异，因此若某段欠载区域不做后续处理，在建成后可能在道路荷载持续作用下造成纵向裂缝、不均匀沉降等质量问题。补打水泥搅拌桩或粉喷桩可以起到提高欠载区域强度与承载力的作用，但是易造成真空联合堆载区域（柔性）与桩基区域（刚性）路基结合不充分，仍会发生路面裂缝与差异沉降等情况。经综合比较，选择了衔接段采用超载预压＋土工格栅补强的处理措施，总结出了一系列差异沉降防治技术。

2. 综合管廊大口径管道安装技术

（1）管廊支座施工

综合管廊中有较多的大口径管道，采用混凝土支墩作为管道的支座（架），采取现浇和模块化预制安装两种工艺。

混凝土支墩模块化安装方法就是按照设计尺寸及数量将混凝土支墩模块化制作，管道施工前在管道支墩点位采用人工凿毛或风动机凿毛（人工凿毛时混凝土强度不低于 2.5N/mm^2，风动机凿毛时混凝土强度不低于 10N/mm^2），安装就位后灌浆将混凝土支墩与地面牢固黏合在一起，如图 6-7 所示。

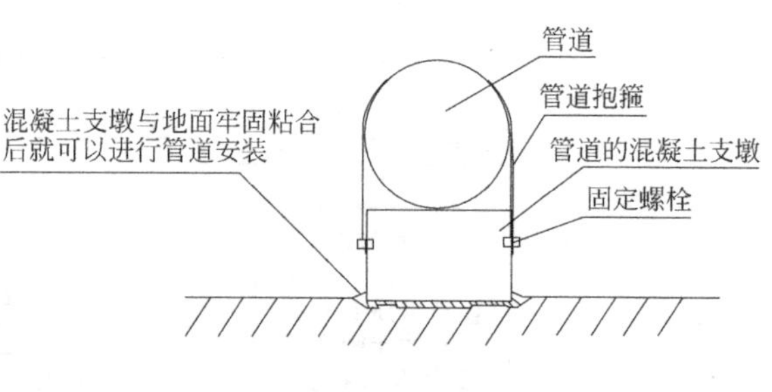

图 6-7　采用水泥砂浆将混凝土支墩安装固定

（2）卸料口管道吊运

综合管廊每隔 200m 设置一个卸料口，管道安装时需通过卸料口吊运进入综合管廊。在卸料口利用起重设备向管廊内输送管道时，为了避免管道与卸料口处的混凝土发生碰撞，保护管道的防腐层不受损伤，提高施工效率，现场采用管廊卸料口运输管道装置将管道运入管廊内，如图 6-8 所示。

（3）管廊内管道安装

管道运输安装采用多组多用途管道运输安装装置。管道对口连接时，可利用装置上的滚轮左右推移调整。管道口对齐、对中校正完毕，将顶升装置顶升端插入传输装置下端的

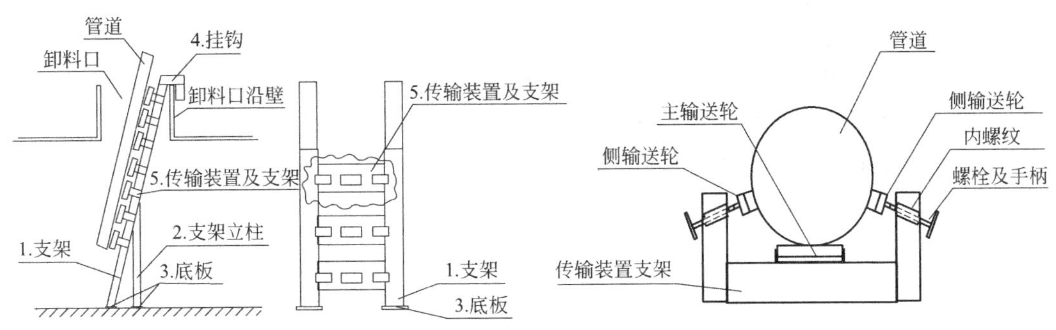

图 6-8 管沟卸料口运输管道装置

套管内，采用顶升装置顶升传输装置，轻松快捷的完成管道对口的施工工作。管道对口安装结束后，推移装置将管道运至支架上，利用顶升装置将管道顶起至支架上，然后慢慢降下装置，最终完成管道安装，如图 6-9 所示。

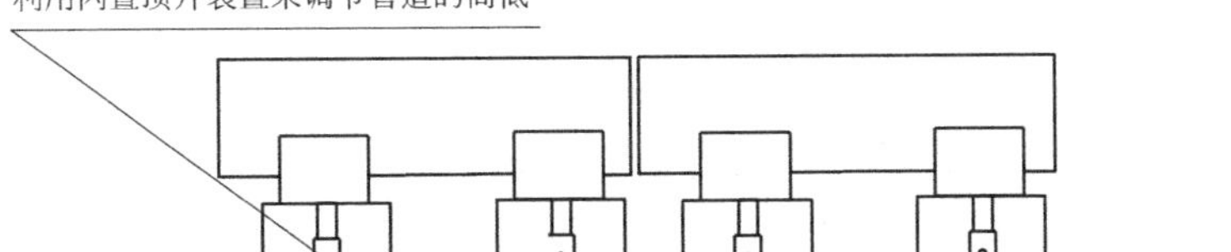

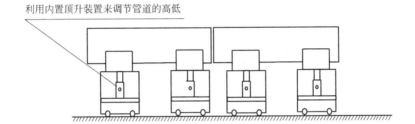

图 6-9 使用装置进行管道对口及安装示意图

（4）管廊内给水管道冲洗

管廊中给水管道为密闭空间中管道，其冲洗装置包括两类：

1）从管道底部引出冲洗专用管道（图 6-10）至综合管廊外排水处，在管道冲洗及检修时使用；

2）利用管廊中干管的引出管或引接临时冲洗管至综合管廊外排水点（图 6-11）。

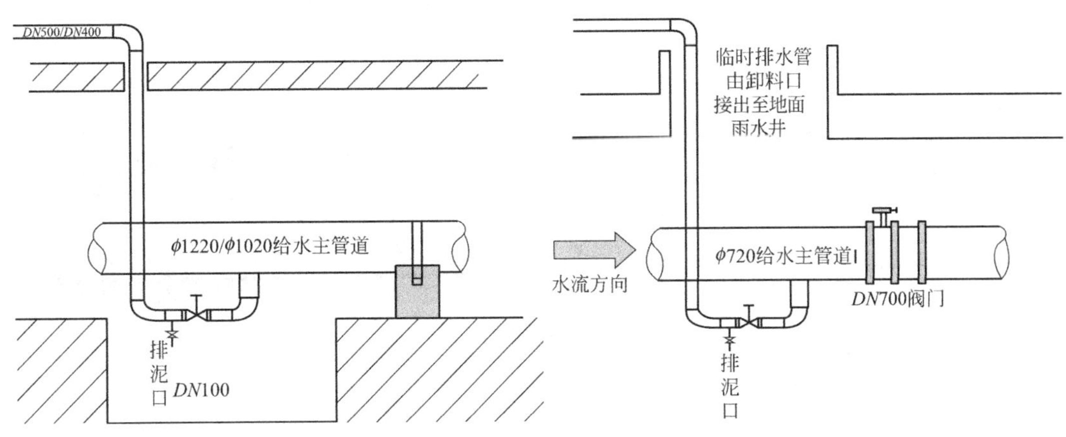

图 6-10 专用冲洗引出水管示意图

图 6-11 临时通过投料口引出冲洗水管示意图

3. 综合管廊电气及附属设施安装技术

（1）综合管廊 20kV 预装地埋景观式箱变安装

横琴综合管廊供电采用 20kV 预装地埋景观式箱变分段供电，由地埋式变压器、媒体广告灯箱式户外低压开关柜和预制式地坑基础组成。预装地埋景观式箱变将变压器置于地表以下，露出地面的只有媒体广告式灯箱开关柜，如图 6-12 所示。

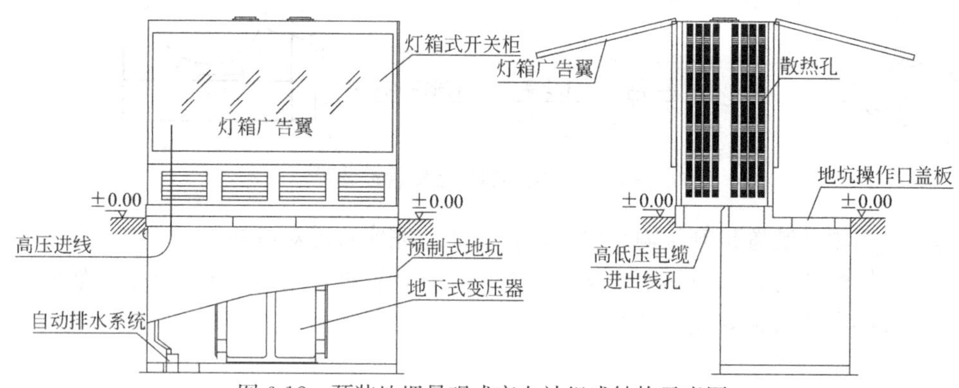

图 6-12　预装地埋景观式变电站组成结构示意图

预装地埋景观式箱变在基础开挖后整体埋设，预制式地坑为全密封防水设计，地坑下部箱体为金属结构，地坑内的积水高度超过 100mm 时，由水位感应器触发排水系统启动，经排水管排出积水。安装时应注意测试预装地埋景观式箱变通风系统、排水系统的可靠性，同时应注意其操作平台应高于绿化带至少 150mm。

（2）综合管廊监控技术

为了方便运行维护，综合管廊分为三个区域，各区域的数据就近接入对应的控制中心进行分散存储，各控制中心分别管理 10～12km 区域。控制中心（图 6-13）对管理区域内的 PLC 自控设备（含水泵、风机、照明、有害气体探测）、视频监控设备、消防报警设备、紧急电话、门禁等进行管理和控制，数据汇集到对应的控制中心机房进行数据存储和管理，并预留相关通信及软件数据对接接口，便于各控制中心之间或与上一级管理平台之间进行数据对接。

图 6-13　横琴综合管廊监控中心实景图

（3）综合管廊消防施工

综合管廊每 200m 为一个防火分区，防火分区之间用 200mm 厚钢筋混凝土防火墙分隔，其耐火极限大于 3h。综合管廊采用密闭减氧灭火方式，当综合管廊任一舱发生火灾时，经控制中心确认发生火灾的舱内无人员后，消防控制中心关闭该段防火分区及相邻两个防火分区的排风机及电动防火阀，使着火区缺氧，加速灭火，减少其他损失，等确认火灾熄灭后，手动控制打开相应分区的相应风机和电动防火阀，排出剩余烟气。

（4）综合管廊接地系统施工

综合管廊两侧侧壁通长敷设两根接地扁钢，并预埋接地连接板，接地连接板与结构主筋、接地扁钢焊接连通，综合管廊内设备的外壳、PE 线、金属管道、金属支架、电缆保护管等均与接地扁钢连通。

4. 综合管廊 BIM 模拟安装技术

在综合管廊的建设过程中，充分利用 BIM 技术，从综合管廊深基坑支护（图 6-14）、连接节点布置、大口径管道安装（图 6-15）、虚拟漫游（图 6-16）等方面进行了 BIM 技术应用，利用三维可视化模型（图 6-17）指导现场施工，提高了综合管廊的建设质量和速度，取得了很好的效果。

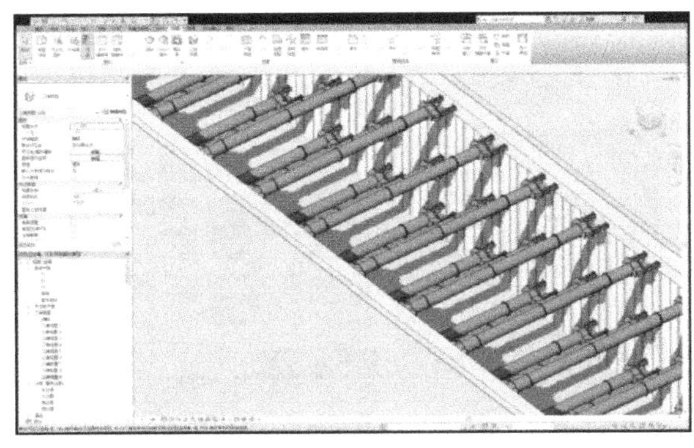

图 6-14 基坑支护模拟施工

图 6-15 大口径管道安装过程模拟

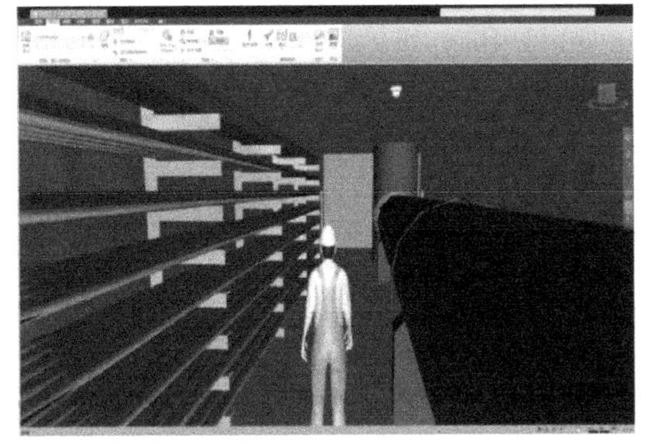

图 6-16 第三人综合管廊内虚拟漫游图

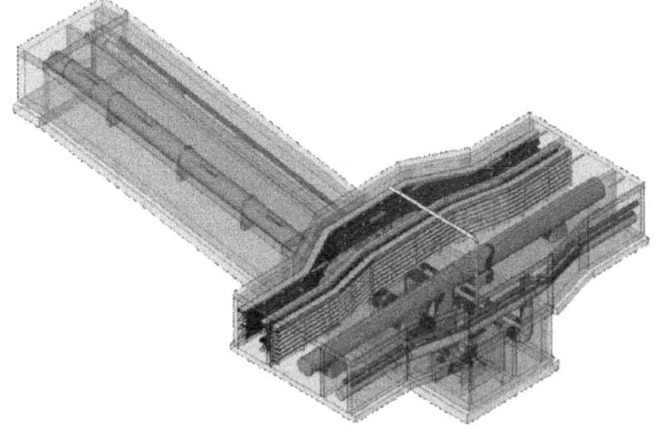

图 6-17 管廊交叉节点三维透视图

6.1.4 工程成效

1. 经济与社会效益

珠海横琴综合管廊工程为国内综合管廊的建设提供了借鉴经验。综合管廊建成后极大保障了横琴的可持续开发建设，提高了城市地下空间利用效益，据统计，总投资近 22 亿元的横琴综合管廊工程节约城市用地 40ha，产生的直接经济效益超过 80 亿元人民币；同时减少了后期维护费用，确保了城市“生命线”的稳定安全。

2. 环境效益

工程突出绿色建造和节能环保理念，综合采用了多项环保技术和设备、材料，资源节约及绿色环保效果显著，改善了城市环境，增强了城市防震抗灾能力，树立了横琴新区低碳生态人居标杆，为我国城市地下综合管廊建设提供了成功范例。

6.2 预制装配式综合管廊

6.2.1 工程简介

1. 基本信息

郑州经开区综合管廊工程位于经开十二大街、经南九路、经开十八大街、经南十二路，总长 5.555km（见图 6-18），设计使用年限 100 年。采用政府和社会资本合作(PPP) /BOT 模式。项目资金来源，30％自筹，70％商业贷款。

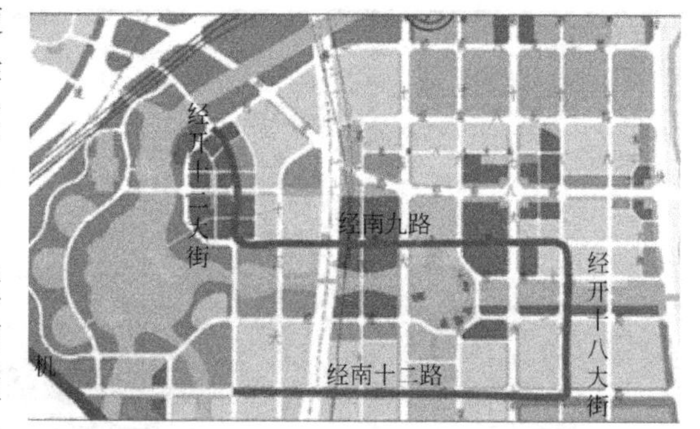

图 6-18 郑州经开区综合管廊示意图

2. 结构形式

综合管廊采用钢筋混凝土结构，布置在道路中央绿化带或人行道下，标准断面尺寸为矩形，两个舱室。综合管廊侧墙厚度 300mm，中间隔断 250mm，顶板厚度 300mm，底板厚度为 300mm。预制拼装结构混凝土强度等级为 C40 防水混凝土，抗渗等级 S6。现浇结构混凝土强度等级为 C30 防水混凝土，抗渗等级为 S6。钢筋采用 HRB400 和 HPB300 级钢筋。

断面尺寸：经开十二大街、经开十八大街和经南十二路综合管廊标准断面采用同一尺寸，宽度为 3200mm＋2500mm，总宽度 6350mm，高度 3500mm，覆土深度 2500mm，经南九路综合管廊标准断面采用尺寸，宽度为 3200mm＋2500mm，总宽度 6550mm，高度 3800mm，覆土深度 2500mm。见图 6-19。

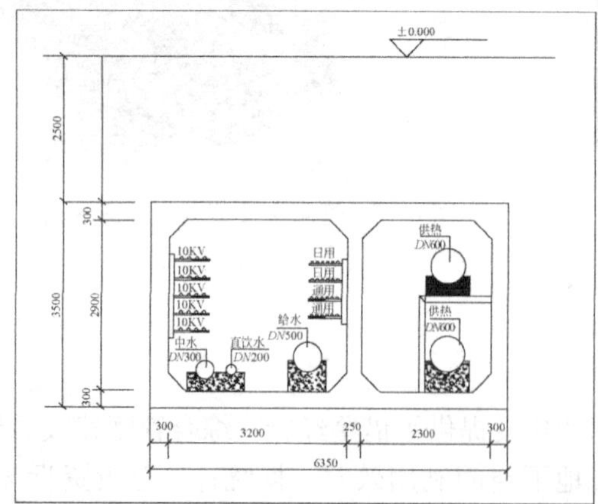

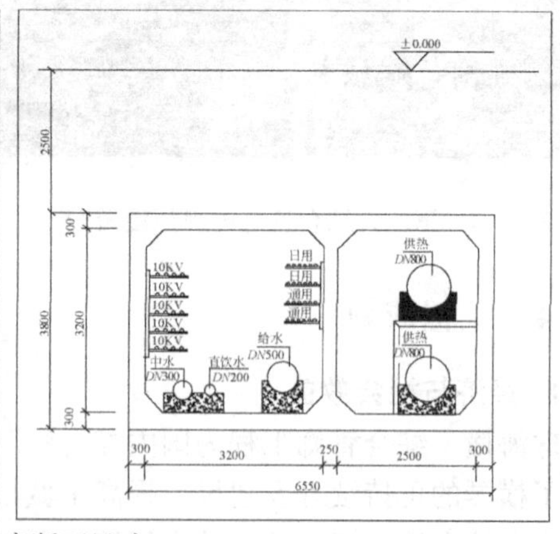

图 6-19 综合管廊断面尺寸

3. 入廊管线规划布置

综合管廊入廊管线考虑经济合理、安全实用等因素，以高低压电力和通信缆线为主，兼顾供水和供热等有压管道，未考虑重力流的雨污水和危险性较大的燃气管道入廊。管线包括：

（1）电力电缆：20 孔 10kV；

（2）通信电缆：18～24 孔光缆；

（3）中水管线：*DN*300；

（4）直饮水管线：*DN*200；

（5）给水管线：*DN*500、*DN*600；

（6）供热管线：*DN*600、*DN*800。

全线管廊均为两舱，其中电力电缆、通信电缆、中水管线、直饮水管线和给水管线共处一舱，供热管线单独安装在另一个舱室。

6.2.2 预制拼装管廊施工

1. 工程概况

本项目预制装配化综合管廊起止里程桩号：K1＋424.806～K1＋531，全长106.194m，其中 91m 为标准预制断面，分 61 节进行预制安装，中间 15.2m 长的通风口本次暂未做预制施工。管廊结构形式为单箱双室，含电力舱及热力舱。预制管节结构主体采用 C40 防水混凝土，抗渗等级 P6。管节尺寸为 6550mm×3800mm×1500mm，单根管节的理论重量约为 26.4t。管节安装间接口采用橡胶圈承插式。

2. 预制管廊设计

（1）预制管廊结构设计：设计为分段式管廊接口，仅带纵向拼缝接头，采用与现浇混凝土综合管廊接头相同的闭合框架。见图 6-20。

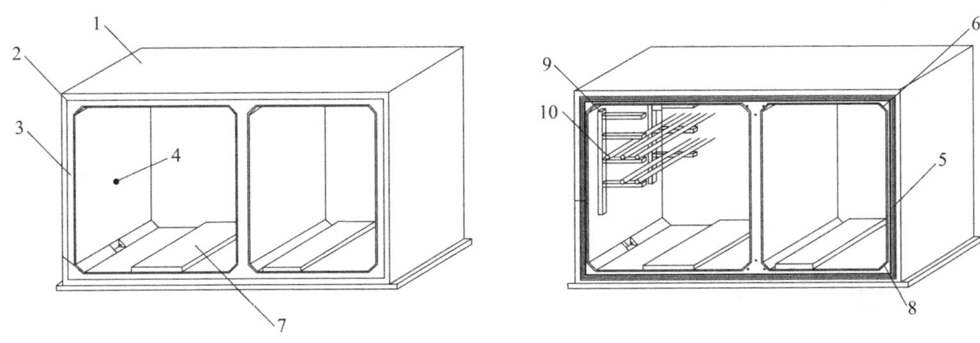

图 6-20 预制管廊结构设计示意图

1—管廊框体；2—加强角；3—管廊承口；4—预埋孔（翻转孔）；5—密封胶圈；6—管廊插口；7—人行廊道板；8—张拉预埋孔；9—电缆支架；10—电缆

（2）接口设计：管节间采用带有纵向锁紧装置（纵向串接接口）的柔性连接，材料为无粘接预应力钢绞线和夹片锚具。纵向锁紧装置的连接把每节管子连接成整体，所用的方法是在涵管四角预留穿筋孔道，管节安装时穿入钢绞线，经张拉锁紧，管节就被串联成有一定刚度的整体管道，起到压缩胶圈、密封接口和抗御基础不均匀沉降的作用。

接头采用橡胶圈防水承插式接头，管廊承口和插口端均放置胶圈，用胶粘结于承插口侧面凹槽内，保证管廊对接后胶圈固定不移位并与承口端形成一定挤压及止水，管廊承插口端对接完成之后，在管廊内周接口结合缝隙处采用双组分聚硫密封膏进行密封，进行二次防水。

3. 综合管廊预制

（1）模板制作和组装

根据分段管廊的结构和尺寸制作定型钢模板。组装后的管节模板尺寸误差应小于《混凝土结构工程施工质量验收规范》规定的允许偏差要求，两端口及合缝应无明显间隙，各部分之间连接的紧固件应牢固可靠。

模板组装后，管模内壁及底板应清理干净，剔除残存的水泥浆渣，管模内壁及挡圈、底板均应涂上隔离剂。

（2）钢筋骨架加工制作

制作骨架的钢筋有 HPB300 和 HRB400 两种；HPB300 钢筋采用 E43 型焊条焊接，HRB400 级钢筋采用 E50 型焊条焊接。钢筋骨架要有足够的刚度，接点牢固，不松散、不塌垮、不倾斜，无明显的扭曲变形和大小头现象，应能保持其整体性。所有交叉点均应焊接牢固，邻近接点不应有两个以上的交叉点漏焊或脱焊。整个钢筋骨架漏、脱焊点数量不大于总交叉点的 3%，且全部采用手工绑扎补齐。

焊接成型时焊位必须准确，严格控制钢筋焊接质量。焊接不得烧伤钢筋，凡主筋烧伤深度超过 1mm，即作废品处理；焊缝表面不允许有气孔及夹渣，焊接氧化皮及焊渣必须及时清除干净。

钢筋骨架装入模前应保证其规格尺寸正确，保护层间隙均匀准确，组装后模内的钢筋骨架一般应不松动。

（3）模具及钢筋骨架安装

先安装内模，吊装配套的内模，锁紧活动收缩杆，保持内模吻合平稳、垂直及水平居中，内活动挡板必须与内模整体吻合并锁牢（防止振动时松脱变形），周圈插口端面厚度误差控制在±5mm 以内，然后吊装钢筋骨架入底座，要求钢筋骨架与模座垂直吻合且无水平摆动现象。

钢筋骨架安装后，焊接预埋起吊孔，焊接位置要求在笼筋直径线上，焊接时两个起吊孔必须左右、上下垂直平衡对称，防止起吊时管廊失衡现象。

最后安装外模。内膜和钢筋骨架安装好后，把外模滑动内移到固定位置与底座吻合好，平衡且垂直合模并锁紧螺丝。对接外模时必须保持周圈平衡吻合、水平居中无错位、变形、不稳固现象，合模螺栓必须锁紧，防止松动及漏浆。

模具及钢筋骨架安装见图 6-21。

（4）混凝土施工

搅拌混凝土时必须严格按实验室出具并按现场实际调整好的施工配合比加料加水。混凝土配合比例必须正确标准，干湿度及搅拌时间控制到位，在规定的时间内必须完成浇灌。浇筑时，在每次放入 30～50cm 厚的混凝土后开始插入振动棒振捣。操作方法要正确，振捣时不得碰撞钢筋和模板。在混凝土浇筑完成后吊开操作平台及下料器，进行插口端面收面操作，清理余料或填充，压实抹平，等混凝土初凝前再用抹子抹光，封口必须达到表面水平光滑。

图 6-21 模具及钢筋骨架安装

(5) 混凝土蒸气养护

检查上端口抹面合格后盖上池罩，静停 1.0～1.5h 后开始加气蒸养。先检查温控表和池罩密封程度，待静停规定时间后再加气养护。蒸养时升温不宜过快，升温速度不宜大于 35℃/h，加温升至 70℃后，恒温（70～75℃），最高不得超过 80℃；蒸养达到规定时间后关气，坚决执行降温制度，未达到规定的降温时间禁止脱模。

在降温阶段会引起混凝土失水、表面干缩。为防止因内外温差过大使混凝土产生收缩，导致出现温差裂缝，在达到规定的蒸养时间后关上供汽阀，部分掀开池罩，让模具和混凝土自然冷却后再全部揭走池罩，再过 0.5～1h 才允许脱模。

(6) 拆模、吊装、清模、翻转

预制管廊养护达到设计强度，进行拆模清理后，吊运到堆场集中存放。

拆模：先松动内模螺栓，再分两片垂直平稳吊出内模放到清模区；然后拆开外模固定螺栓，向外滑移到固定位置。要求：拆吊内模、外模滑移时操作必须认真仔细，防止夹模及碰损管廊插口及内壁。

吊装：将吊架正确套住吊孔并锁好，安全平稳吊到堆放场。吊管廊转移时注意平衡及速度，如重心不均衡要及时采取有效措施防止事故发生。

清模：吊完管廊后将内模、外模、底座上面余浆废渣清理干净；检查模具有无缺损变形，密封胶条有无破损，合格后均匀涂上隔离剂备下次使用。

翻转：自制管廊翻转架，放置于车间管廊存放处，便于管廊在吊卸、装车时根据需要进行管廊朝向翻转。

(7) 产品编号、堆放

拆模后在管身印刷商标及生产日期、规格型号和级别，字迹要求工整清晰无歪斜。

4. 管节渗漏水实验

预制管道在安装前必须做接头渗漏水试验。由于管段尺寸大，实验时，将两段管子按安装状态组对，在接头部分砌筑水池，注水进行渗漏水观察试验。

水池采用 M10 砂浆砌实心砖，砂浆应充分饱满；砌筑后墙体内壁及池底粉防水砂浆两遍，总厚度大于 20mm。水池成型后，池侧布设竖向加固槽钢，槽钢下端与垫层中的埋设槽钢焊牢，上端采用槽钢相互对拉焊牢，缝隙处采用钢板塞满塞紧。

水池砌筑完成 3d 后，开始注水试验。试验观测 72h，前 24h 每 4h 观测 1 次，后 48d 每 12h 观测 1 次，记录渗水点，渗水时间及渗水量。

5. 管节运输

管廊单件宽度 6.55m，长度 1.5m，高度 3.8m，由于只能采取陆路运输，因此存在超高、超宽现象。故管廊运输时采取接口面与车板接触的运输方案，同时管廊运输前应在业主协助下做好与交警、路政部门的沟通，取得相关部门对管廊运输的支持，并办理好相关手续，必要时请交警部门对沿线的交通予以疏导。

6. 综合管廊现场拼装施工

（1）施工工艺

管节拼装采用在临时便道上用车将管廊各节段运至现场，用吊车吊装到位，从后往前依次吊装各个节段，调整管节精确定位，进行接缝涂胶施工，整孔安装就位后，张拉预应力钢绞线，对综合管廊和垫层之间的间隙进行底部灌浆，使整段管廊支撑在灌浆层上，设备前移架设第二孔综合管廊。浇注各孔端部现浇段混凝土，处理变形缝，使各孔综合管廊体系连续。

（2）预制管廊吊装机械选择

吊装设备的选择要结合施工现场的土质、作业面及沟槽的开挖等具体情况，本工程采用 32 t 龙门吊。

（3）首节管廊吊装就位

利用龙门吊、辅助工机具进行就位、安装。

（4）管节间密封橡胶施工

涂胶是节段拼装工法中的一个关键环节，其材料和施工质量好坏直接关系到节段能否粘接成为一个整体，还决定了今后综合管廊的耐久性，因为它也是管廊节段间接缝非常关键的防渗措施。

涂胶前清理干净管节混凝土表面的污迹、杂物、隔离剂，快速、均匀双面涂胶，每个面涂胶厚度以满布企口为宜，用特制的刮尺检查涂胶质量，将涂胶面上多余的胶刮出，厚度不足的再一次进行施胶，保证涂胶厚度。

节段之间的粘结剂材料采用双组分聚硫密封膏，应不含对钢筋有腐蚀和影响混凝土结构耐久性的成分。作业现场应准备防雨、防晒设施，预应力孔道口周围用环形海绵垫粘贴，避免管廊挤压过程胶体进入预应力孔道，造成孔道堵塞影响穿索。

（5）预制管节钢绞线张拉

管节安装好后，通过设于四角的无粘接预应力筋张拉加强连接，张拉力为 1.5MPa，预应力筋为 7-Φs15.2Ⅱ级低松弛无粘接预应力钢绞线，每孔穿一根，通过预留的手孔井进行张拉，经张拉锁紧（见图 6-22），管节就被串联成有一定刚度的整体管道，用以压缩橡胶圈和密封管节接口，抗御管节的不均匀沉降。张拉结束后，及时用 C30 细石混凝土将张拉手孔井进行封锚处理，防止钢绞线的锈蚀和预应力损失。

无粘结预应力筋主要应用于后张预应力体系，其与有粘结预应力筋的区别是：预应力筋不与周围混凝土直接接触、不发生粘结，在其工作期间，永远容许预应力筋与周围混凝土发生纵向相对滑动，预加力完全依靠锚具传递给混凝土。

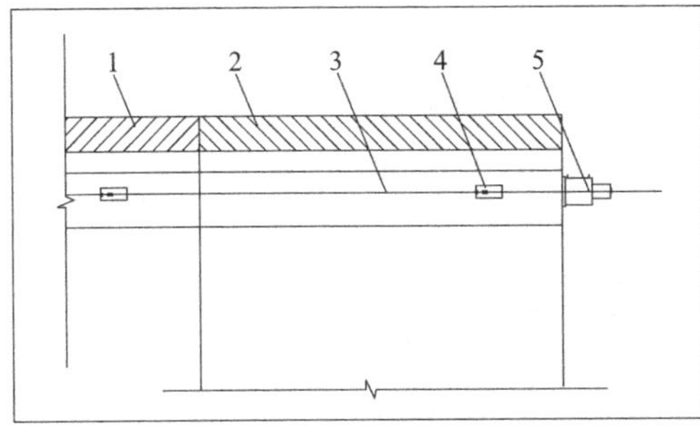

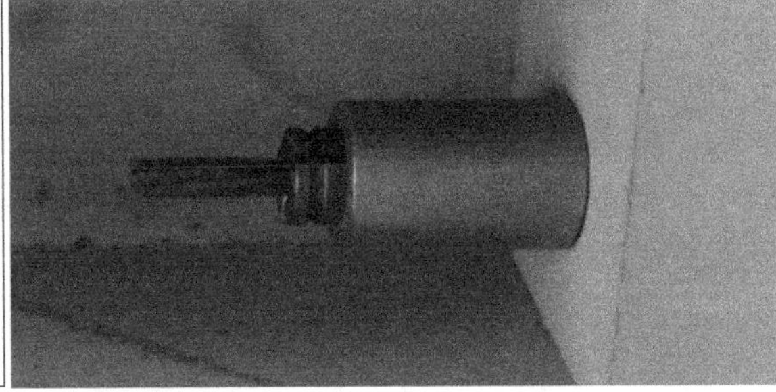

图 6-22 预应力张拉组图

1—管节 A；2—管节 B；3—预应力钢筋；4—锚固夹具；5—张拉千斤顶

张拉完后及时进行孔道压浆，压浆前须行进行孔道注水湿润，单端压浆至另一端出现浓浆止；之后进行综合管廊底部与垫层之间的间隙灌浆，确保灌浆时不漏浆且密实、饱满。

将拌制好的 M40 水泥砂浆直接从进浆孔灌注，直至注浆材料从周边出浆孔流出为止。利用自身重力使垫层混凝土与综合管廊底板之间充满水泥砂浆。

(6) 预制管节与现浇段连接

本工程的预制管廊端头节采用带钢边止水带（事先预埋），并间距每 40cm 预埋钢筋接驳器，现浇段浇筑前提前将带螺纹钢筋拧入接驳器套筒连接，变形缝填充聚乙烯发泡填缝板，保证预制节与现浇段的防水和抵抗变形作用。

接口混凝土浇筑的侧模和顶模均采用大块钢模板，安装完侧模板后，安装顶板模板，其宽度应与设计宽度一致，接缝应严密不漏浆，必要时用腻子填塞。在钢筋施工时注意预留排水等各种管道，并安装橡胶止水带，处理变形缝。混凝土采用 C30 微膨胀防水混凝土，浇注完毕后，洒水覆盖养护。

预制与现浇接头连接大样图见图 6-23。

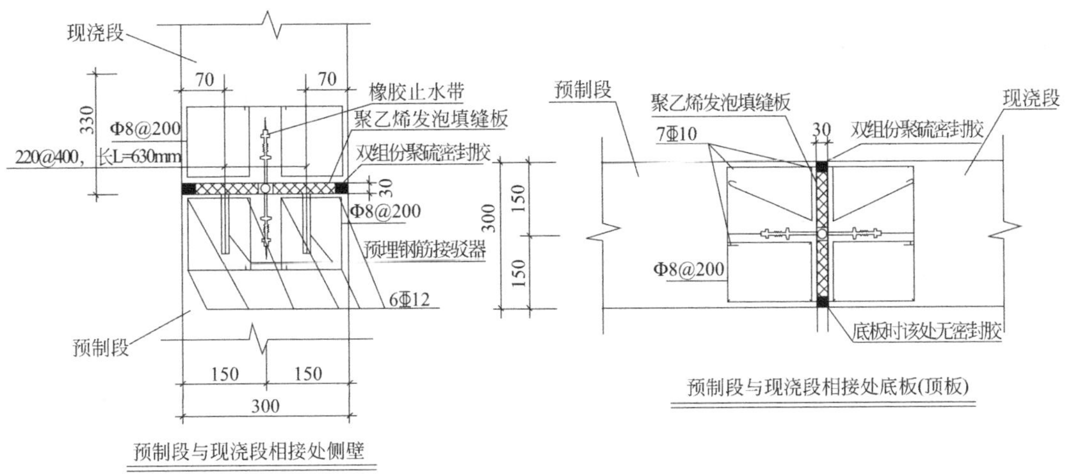

图 6-23 预制与现浇接头连接大样图

(7) 预制管廊拼缝防水施工

管段组对后，内外缝及管段与基层之间采用双组分聚硫密封膏填充抹平，再喷涂水泥基渗透结晶防水层，最后进行 SBS 防水层施工，如图 6-24。

图 6-24　双组分聚硫密封膏施工

6.2.3　工程成效

本工程采用严格的施工工艺，施工技术先进，管理方法科学，郑州经开区综合管廊项目以优良的施工质量赢得了社会的赞誉，受到了业主、政府部门的好评，成为河南省综合管廊建造示范项目和对外展示的一个窗口。工程得到住房和城乡建设部、河南省住房和城乡建设厅及多位省市领导的现场指导，先后迎来全国市政系统和河南住建系统百人以上规模观摩，受到中央电视台、人民网、河南日报、河南电视台等权威媒体关注。

6.3　钢制综合管廊

6.3.1　项目概况

武邑县地下综合管廊工程（一期）东昌街至河钢路管廊项目标准段为钢制波纹管马蹄形结构，管廊跨度 6.5m，矢高 4.8m，壁厚 7mm，钢板材质为 Q345 热轧钢板，每圆周由 4 块镀锌钢波纹板拼装组成，波纹板片出厂前采用热浸镀锌处理，结构板片间接缝及螺栓处采用 CSPS 密封带防水，结构外壁喷涂改性热沥青防腐，内壁喷涂防火涂料。管廊内部采用隔室，隔墙由立柱及隔墙板组成，分为电舱和水热舱，见图 6-25。管廊（投料口、通风口和引出口等）节点采用现浇混凝土结构，为矩形断面。

本项目管廊共两舱，分别是电舱和水热舱；管廊水热舱入廊管线为供热管道、给水管道、中水管道、污水管道；电舱舱入廊管线为电力电缆、通信电缆，入廊管线见表 6-1。

管廊系统入廊管线一览表　　**表 6-1**

道路名称	给水管	中水管	电力	通信	热力管	污水管
东昌街 （宁武路至河钢路）	*DN*250	*DN*200	10kV	16 孔	2×*DN*800	*DN*800

图 6-25 入廊管线布置图

6.3.2 项目特点

装配式钢制综合管廊是将镀锌波纹钢板（管）通过高强度螺栓紧固连接，内部根据需要安装组合式支架，结合外部二次防腐，连接部位采用高科技防水手段和有效的消防耐火措施而成的新型管廊系统。装配式钢制综合管廊的特点及优势主要体现在以下几个方面：

（1）工程造价低。经过初步测算，装配式钢制综合管廊的整体造价普遍比混凝土结构管廊低，以 10km 常规管廊计算，节约造价约为 1.5 亿元人民币左右。

（2）施工简便周期短。现浇混凝土管廊受施工工艺和天气的制约，施工速度较慢，对周边环境影响较大。装配式钢制综合管廊大大提高了施工速度，缩短了施工周期。可比现浇混凝土管廊提高速度约 30%，满足应急抢修等对工期要求较短的工程需求。

（3）抗震抗变形能力强。现浇混凝土管廊属于长距离线性结构，在不均匀沉降时，纵向变形协调能力较差。装配式钢制综合管廊结构采用波纹钢板（管），具有良好的横纵向位移补偿功能。

（4）工厂制作质量可靠。综合管廊多为大断面薄壁结构，现浇钢筋混凝土管廊的施工质量受施工环境、作业人员、技术及管理水平影响较大，质量常有较大波动。装配式钢制管廊的管片为工厂流水线成批量制作，产品质量和安装质量易于把控。

（5）耐久性强、寿命长。采用钢材制作成波纹形状，材料强度及延性上均具有较好的表现。通过有效的防腐、防水等措施，可保证管廊主体结构 100 年使用年限。

（6）环保。装配式钢制综合管廊达到使用年限后钢材可回收利用，在保证大规模管廊建设的同时，可同时降低建筑耗能。

6.3.3 工程难点

钢制管廊埋设于地面以下，防腐抗渗要求高，为满足设计使用年限 100 年的规范要求，需采取针对性的措施。

1. 结构设计

（1）钢波纹板管廊属于柔性结构，土与结构体系是相互制约和影响的，随着回填土产生的垂直荷载的增加，管道截面逐渐由最初的圆形变为椭圆形，使管道周围土压力分布趋于均匀，提高了钢波纹板的承载能力。因此在计算模型中考虑土与结构的相互作用，而不只是单纯地将土压力施加到结构上，采用有限元软件整体分析，在设计满足强度要求的基础上达到最优化设计。

图 6-26 钢制管廊内混凝土走道板

（2）钢波纹板断面大且重量比现浇管廊体轻，必须考虑抗浮设计，目前采用在钢制管廊底部浇筑混凝土的方案解决上浮问题。如图 6-26。

（3）管廊内管线支撑结构易对钢波纹板产生应力集中和局部失稳，并且会对结构产生很大推力，为此调整管线布置形式，将管线支撑设计成为一个独立的受力体系，并且在钢波纹板局部采取加强措施，消除这些不利因素影响。

2. 防腐性能提升

采用市场上能够大量购买，又具有宜加工性能及一定强度的碳钢板作为基材，根据国外同类工程经验，在基材表面热镀厚镀锌层（本工程选用双面热镀锌 600g 工艺），可满足使用寿命在 50～80 年之间；另外，在外部增刷防腐涂料，可满足恶劣环境管廊 100 年的设计使用寿命。

3. 拼装处技术处理

在拼装结构连接处易出现渗漏水，为此在两块波纹板之间、波纹板与混凝土节点之间、波纹板的连接螺栓处等部位，粘贴 CSPS 专用密封材料，防水效果良好。

6.3.4 施工组织管理

钢制管廊施工组织较传统的综合管廊施工组织控制难点减少，以 50m 管廊施工为例，所用施工时间共计 40d，在施工过程中施工组织的重点在基坑开挖阶段、钢制管廊运输和吊装阶段以及过程的动态监测。

1. 基坑开挖

本工程基础采用天然地基基础，基坑 1m 深度范围内采用 1∶1 放坡开挖，下部采用 15m 长 FSP-IV 型拉森钢板桩加一道内支撑进行基坑支护，基坑开挖最大深度 8.835m，钢板桩埋置深度 7m，设 HW400×400H 型钢围檩，ø325×12 钢管内支撑。支撑中心距钢板桩顶 0.5m，纵向支撑间距 3m。现场开挖支护图见 6-27、图 6-28。

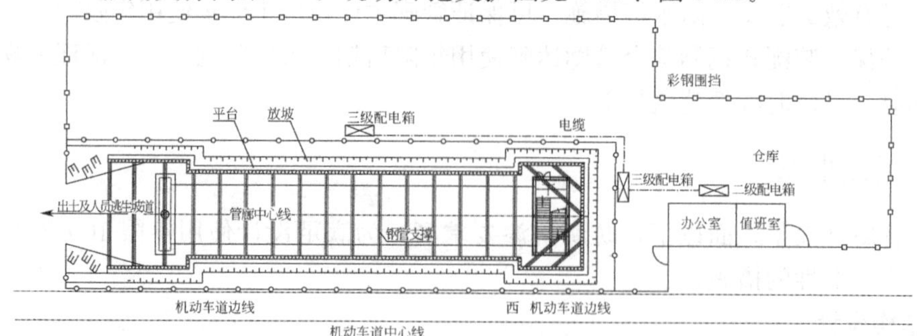

图 6-27 管廊基坑开挖支护图

图 6-28 钢制管廊基坑开挖支护

2. 钢制管廊吊装和运输

钢制管廊的管节在工厂内完成加工制作，并根据现场施工进度计划进行成套加工，保证满足现场施工要求。在运输前根据构件尺寸选择合适的运输工具，并编制专项运输方案，在构件装车前要对各尺寸构件进行编号清点，核对构件的种类、型号。在运输过程中要在运输车上合理设置支点，并固定牢固，防止在运输过程中损伤涂层。

构件装卸过程中要指派专人负责，按重心吊点起吊，并在堆放场地按照顺序分区合理存放，并做好成品保护工作。在实际吊装过程中使用两台 50t 汽车吊、一台 25t 汽车吊配合完成吊装工作，如图 6-29 所示。

图 6-29 钢制管廊现场吊装

3. 钢制管廊拼装

构件组装按结构形式和连接方式确定合理的组装顺序，拼装前在搭接处及螺栓处粘贴密封材料，组件连接处采用搭接拼装，并采用高强度螺栓连接，拼装完成后用定扭矩扳手进行紧固，M20 螺栓的预紧力矩为 340Nm±70Nm。安装完成后对外壁进行二次防腐处理，涂刷改性热沥青，并用土工布包裹。施工过程见图 6-30。

图 6-30 钢制管廊现场组装

6.3.5 工程成效

目前，钢制综合管廊已形成从产品研发、设计、制造、安装到施工一整套技术体系。武邑县装配式钢制综合管廊项目作为全国首个装配式钢制管廊的成功案例，项目于 2016 年顺利竣工，证明其具有安全、经济、可靠的优点，符合国家倡导的绿色、节能、环保要求，发展前景较好；2017 年在项目现场举办了国内首届钢制综合管廊国际高峰论坛，综合效果好，也进一步推动了钢制管廊国家及地方标准系列的发布，为国内钢制综合管廊普遍推广应用奠定了坚实的基础。

6.4 隧道综合管廊

6.4.1 项目概况

1. 基本信息（表 6-2）

项目基本信息 **表 6-2**

项目名称	古交兴能电厂至太原供热主管线及中继能源站工程隧道管廊项目
项目开工/竣工日期	2014 年 4 月～2016 年 10 月
项目规模	共三座隧道管廊，总长 15.17km，其中 1 号隧道长度 1.43km，2 号隧道长 2.445km，3 号隧道长 11.295km
结构形式	混凝土结构
项目地址	隧道管廊起点位于太原市万柏林区东社乡大岩村，经太原市万柏林区化客头乡赛庄、王封乡北银角，到达终点周家山

2. 建筑结构及支护形式

太古供热管道隧道断面尺寸宽 10.8 m，高 8.6 m（见图 6-31），采用新奥法，将柔性支护与刚性支护相结合。初支主要采用高强全螺纹砂浆锚杆、喷射混凝土、格栅钢架及金属网联合支护方式，具体施工顺序为：初喷→固定金属网→上立钢架→锚杆施工→复喷结束。

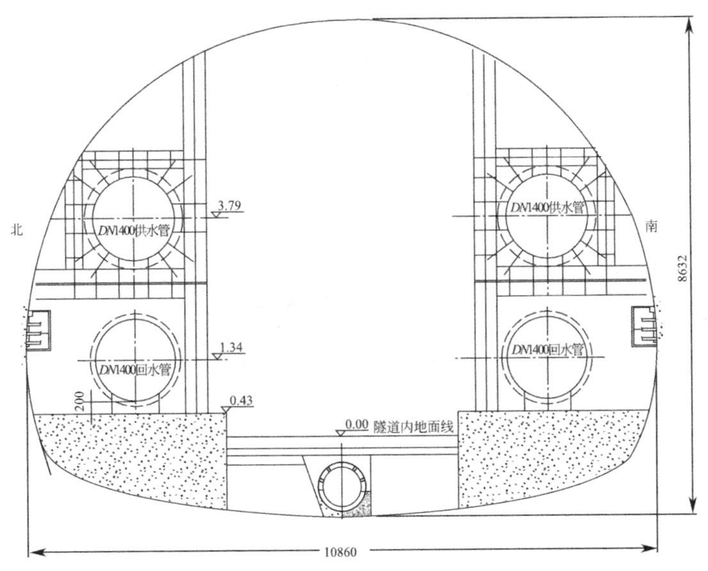

图 6-31　太古供热隧道断面图

施工过程中，遇到围岩比较破碎的情况，进行不同的超前支护方式：（1）砂浆锚杆支护；（2）小导管掌子面超前支护；（3）隧道洞口或现场地质不良地段的大管棚超前支护。

二次衬砌采用模板台车配合砼输送泵联合作业。施工严格按照新奥法的原则进行，注重混凝土配合比、混凝土浇筑、绑扎钢筋、支模拆模等遵循技术规范和设计图纸的规定。具体施工顺序为：仰拱或底板浇注施工→小边墙浇注施工→仰拱充填混凝土→拱圈边墙浇注施工→混凝土养护。

施工过程中及时检测支护效果，并作好记录，对支护参数予以修正，位移或变形较大围岩处加强支护，从而确保围岩的稳定性。

3. 入廊管线概况

隧道两侧各布置 2 根 *DN*1400 供热管道，每侧为一供一回管道；中间为安装、巡视、检修通道，通道最小净距约 4m；管道布置时考虑焊接空间，钢管外壁距离隧道壁面最小距离 600mm；由于回水管设计温度较低，布置在下层，以便隔一段距离将回水管道下弯至隧道内地面线以下，做出避险通道；供水管道布置在上层，由于供水管道固定支架较回水管道固定支架多，对固定支架不利，但好处在于上层管道不用下弯做出躲避通道，管道笔直、受力好、安全性高。

4. 项目特色

古交兴能电厂至太原供热主管线及中继能源站工程，是国内目前最大规模的集中供热项目。该工程的长输热力管线起点为太原市西区的古交兴能电厂，末端为太原市万柏林区中继能源站，需要穿过古交市区，跨越西山进入太原市。隧道管廊的建设使管线总长比沿汾河及太古岚铁路敷设减少 12km，比沿低等级公路敷设减少约 14km，且隧道管廊的建设使整个工程的投资与运行费用远低于其他方案。三个方案的路由见图 6-32。

图 6-32　供热主管线路由示意图

隧道管廊管线长、落差大，管径大，属于特长隧道。其中 3 号隧道最长，长度达到 11.295km，且落差达到 180m；DN1400 管道单根长度 12.5m，钢管及保温层和外保护层的全部重量达到近 10t。

隧道区地层复杂，隧道沿线分布着众多小煤矿及废弃古窑，采空区（位于隧道主体设计标高之上 150～270m）较多。洞身穿越砂岩、泥岩、石灰岩、石膏、泥灰岩、白云岩。现场勘测无大的储水构造存在，且区域内降水少，涌水少隐患。

6.4.2　工程难点

（1）地质条件复杂，施工难度大。隧道沿线地层复杂多变，主要有采空区、岩溶、陷落柱、硫酸盐岩（石膏）、膨胀岩（泥灰岩）等，断层发育对工程构成影响较大，施工时须严防破碎带涌水、坍塌等隧道灾害。在不同地质条件下快速施工并确保施工安全是本工程的难点。

（2）本隧道为特长隧道，洞内通风距离长，通风效果将影响工序作业效率及作业人员健康，如何确保隧洞施工通风满足要求是本工程的施工重点。

（3）隧道主体工程 2 号斜井位于 K12＋030 左侧 517m 处，地面标高为 1222.122m，向古交方向施工，与正洞相交于 K11＋588 处，斜井底标高为 915.873m，高差为 306.249m，斜井长度为 687m，坡度为－46.6%，由于坡度较大，无法满足汽车出碴要求，采用有轨运输出碴，提升设备采用绞车提升，以满足现场施工要求，选择合适的提升绞车设备以及保证其在运行过程中的安全是本工程施工的重难点。

（4）由于隧道内空间比较狭小，无法使用汽车吊装卸和安装大口径供热管道，只能使用小型门形架和手动葫芦架进行管道装卸和安装，造成管道安装难度大，效率低下；管道安装流程包括：隧道外装车、隧道内运输、卸车、安装等，工序要求衔接高效、紧凑，提前规划和利用可视化技术是重点。

（5）隧道距离长、落差大，地面坡度较大，若采用小型拖拉机运输管道，行走缓慢，运输效率极其低下，如操作不当，极易发生安全事故。运输能力和安全性难以满足施工进度的要求。

6.4.3 主要工程技术应用

1. 隧道内运管及布管技术

3 号隧道内沿南北两侧架空敷设了 4 根 *DN*1400 供热管道，断面尺寸仅宽 10.8m，高 8.6m，单根管道长 12.5m，重量达到近 10t，在隧道内无法使用常规运输和吊装机械进行管道运输和吊装作业。本项目采用双头轨道车，极大提高了运输和吊装效率，见图 6-33。

图 6-33 管道运输现场图片

考虑到隧道距离较长，落差较大，为保证轨道车有充足的运力和爬坡能力，配备了大功率柴油发电机组，使轨道车具备了较高的运行速度和较大仰角的爬坡能力。同时，轨道车在专门铺设的轨道上行走，其行走的平稳性和安全性均得到可靠保证。

双头轨道车分前车、后车两部分，中间用销轴连接，轨道车两端分别设有 1 个独立的驾驶室，用于轨道车前进和后退操作，车上装有能在轨道上行走的车轮，运输管道时在轨道上行走，此外，前后车还分别设有 4 个尼龙滚轮，在轨道上行驶时，尼龙滚轮处于收起状态，抬离地面，设备实现在轨道上行走；当轨道车需要轨道外转场和调头时，尼龙滚轮上的升降装置伸出，轮胎着地，钢轮与轨道脱离，可以在外力作用下行走和转动。见图 6-34 双头轨道车。

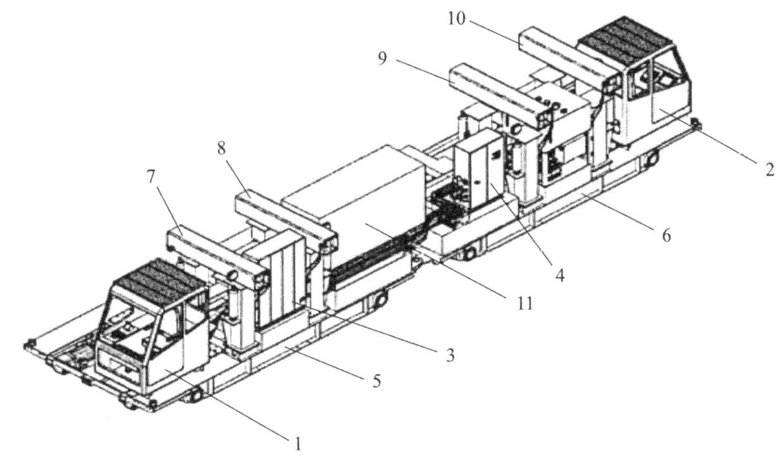

图 6-34 双头轨道车

1—前车驾驶室（1 号操纵室）；2—后车驾驶室（2 号操纵室）；3—行走及前车电气柜；4—泵站及后车电气柜；5—前车；6—后车；7—1 号推出装置；8—2 号推出装置；9—3 号推出装置；10—4 号推出装置；11—发电机组

轨道车一次可运送两根长 12.5m 的带保温的供热管道，管道在轨道车上呈上下叠加放置（见图 6-35），轨道车上设有顶升和推出装置，满足钢管移动支架和管道在起吊时将可调式支架抬离车体定位高度要求；轨道车还配备了两套可调式移动管道支架和钢管旋转装置（见图 6-36），可调式移动管道支架可以对管道进行上下左右四个方向的微调，可辅助钢管旋转装置对管道进行微调，它具有调节快速灵活，操作简单方便的优点，使管道对口速度和安装效率大为提高。

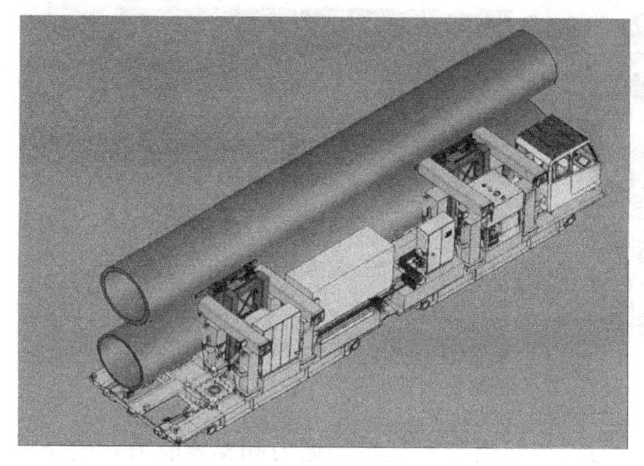

图 6-35　双头轨道车运输管道示意图

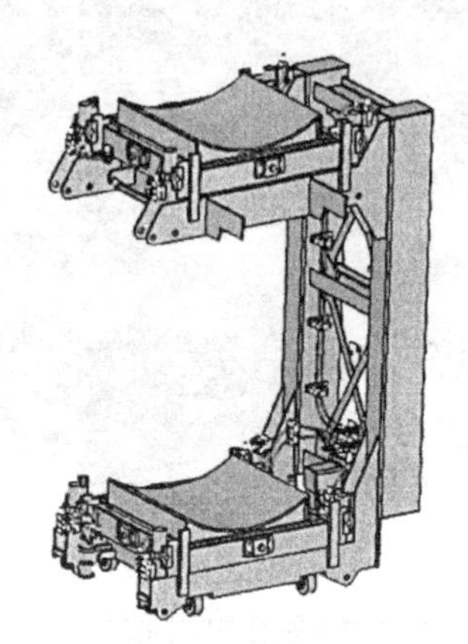

图 6-36　可调式管道移动支架

2. BIM 技术应用

根据工程长距离、高落差、大管径等特殊性，深入应用 BIM 技术，在图纸会审、施工工序模拟、三维技术交底、施工过程实测实量、物资与成本管控、质量监督、布管措施、焊接控制措施、大口径管道水压试验控制措施这几大应用点进行技术探索与突破。

在图纸预审阶段，通过建模汇总图纸问题，提出合理化解决方案，如对高落差隧道内供热管道的排气和泄水点不合理的问题提出修改建议，经业主方和设计院共同校核后修改。本项目通过 BIM 建模发现多处问题，根据发现的问题制定了相应的解决方案并及时反馈给业主方和设计方，提高了沟通效率，为业主方节省了时间成本，为施工方节省了人工成本。

长距离隧道内管道施工工序直接影响整体工程进度。本工程使用 BIM 技术对轨道车在隧道内机械作业工序进行全程模拟，为制定施工方案提供了重要参考；为确定分布于隧道两侧供热管道的施工顺序，借助 BIM 技术对施工工序全程进行模拟，在模型中对施工效率、施工工期、轨道车使用效率、管线及早投运、交叉施工带来的相互干扰和安全隐患等诸多方面因素进行了综合考量，最终决定采用先安装完成北侧供回水管线，再安装南侧的供回水管线的施工方案。

对于隧道的高落差问题，供热管线在隧道入口和出口所承受的静水压有较大差别，工作人员将模型相关资料实时上传至企业级 BIM＋应用平台的云端管理系统，在施工管理系统中将相关数据进行分析，与云端管理系统内相应数据进行比较，进而制定出有针对性的解决方案，对管道不同部位制定了不同的焊接方案，并对相应部位的阀门和其他管道附件的压力等级进行了修正，从而保证了运行安全，又避免了不必要的投入，降低了工程成本。

由于本工程工期紧，技术和质量要求高，传统技术交底无法满足高强度的施工需要，施工技术负责人结合 Fuzor 平台及 Ipad 手持端对施工现场布管作业和焊接作业进行三维技术交底，并出具三维技术交底报告，使施工人员获得最直接最准确的感性认知，避免了因施工人员对图纸理解不到位造成的损失。

3. BIM+VR 虚拟可视化技术

通过 BIM+VR 虚拟可视化技术，对模拟电击、洞口坠落等虚拟环境进行体验，对工人进行安全教育，提高工人安全防范意识。通过模型与 VR 技术结合，直观对隧道内管道及其各阀门定位、排版及安装方法、标准、属性等信息进行现场查看，见图 6-37。

图 6-37　VR 虚拟可视化技术

4. 二维码技术

由于隧道距离长，其中的管道、管件和阀门附件以及焊口数量都极为庞大，为实现对每根管道、每个管件和阀门附件以及每道焊缝信息的集约化管理，引进了二维码技术。把每根管子的详细参数（管径、长度、壁厚、材质、管号、批号、炉号、产地及供应商和合格证编号）都编入二维码中，并将其粘贴在管道明显部位，方便建设各方相关技术管理人员实时查阅和复核相关信息。管件和阀门及附件均采用同样方法制作二维码信息；每道焊缝将焊工代号、证件编号以及该焊缝的无损检测结果（包括焊缝评定等级和存在的允许缺陷以及返修次数）等信息编入二维码中，并将其粘贴在焊缝旁边，便于质检人员对焊接质量实时掌握，使施工质量的可追溯性得到最直接和最便捷的体现。

6.4.4　特殊技术

1. 爆破施工技术

（1）爆破开挖施工流程

隧道施工严格按照“先加固、后开挖、弱爆破、短进尺、强支护、勤量测、衬砌紧跟”的原则组织施工。

加强监控测量，主要包括：隧道地表位移量观测、洞内拱顶下沉及水平收敛监测。根据实时测量监控数据，及时分析得出结论，以便指导施工及做出应急处理。

（2）开挖方法与爆破参数确定

Ⅲ级围岩采用全断面光面爆破法进行开挖。Ⅳ、Ⅴ级围岩采用上下台阶法进行开挖。上台阶采用光面爆破，斜眼掏槽；下台阶利用上台阶爆破后形成的临空面，分左右部错开开挖；仰拱距开挖面不小于规定距离。围岩破碎严重段可采用三台阶开挖法。

开挖机械采用多功能作业台架配合风动凿岩机钻孔，人工装药，非电毫秒雷管微差控制爆破。开挖时严格按照规程执行，及时并有序进行支护。同时，作为动态参数，钻爆参数应根据围岩变化及每循环爆破情况，及时进行合理调整，进行动态管理。

在选择隧道开挖方法时，首先考虑全断面爆破法。因为全断面法不仅适用于坚硬的围岩，也适用于软弱围岩，是一种全地质型的开挖方法。但在软弱围岩中，采用全断面法的前提条件是要确保掌子面的稳定，须能够满足快支、快挖和早闭合的基本条件。

施工过程中加强地形观测及地质构造观察，出现较大变化，或对施工不利的异常地形条件或地质构造时，及时上报，根据情况加大监控量测频率、调整爆破参数并采取有力措施，确保安全。监控量测主要项目为：新建隧道浅埋段地表沉降观测、洞内拱顶下沉及水平收敛监测、既有隧道病害观察及爆破振速监测，必要时进行既有隧道拱顶下沉及水平收敛量测。

2. 大温差供热技术

古交电厂距离太原市 37.8km，采用传统集中供热技术难以解决长距离热量输送所造成的高成本问题。本项目综合利用大温差输送、余热利用、燃气分布式调峰等方案，大幅度降低了供热成本，使远距离供热输送经济上和技术上成为可行。在供热系统末端热力站设置燃气分布式热泵换热机组，降低市区热网的回水温度，长输管线设计供回水温度为 130℃/25℃，一次网供回水温差增大至 100℃，跟常规的 60℃供回水温差方案相比，在同样输送管径和水泵耗电时输送能力提高 67%，因此采用大温差供热技术能够显著的减少一次网循环泵耗电，本工程达产后，从古交兴能至中继能源站供热主管线每年可节约电量 5.7×10^4kWh，此外，在保证供热能力的同时，加大供回水温差，可以降低热介质的流量，大幅降低管材耗量，年节水量 2964 万 t。

3. 隧道消防技术

隧道内主要火灾隐患为电气短路、过热引起的火灾，而隧道内可燃物品较少，只有管道维修时才会有人员进入，通常隧道内没有其他人员活动，因此火灾造成的人员伤亡和财产损失概率较低。

为防止火灾发生后引起火势蔓延，隧道内每隔 1km 设置一处防火分隔，采用防火砖墙将两侧管道支架外侧至隧道壁面之间的空间密封，两管道支架间设置防火卷帘门，当发生火灾时，首先进行人员疏散，然后关闭火源点前后两道防火卷帘门，即可有效减少火灾蔓延带来的损失，同时可有效隔离空气使分区内的火灾自动熄灭。

因隧道内日常为无人值守隧道，若要实现快速扑救火灾，则必须在无人值守隧道内设置诸如喷淋、消防水炮等自动灭火系统，初期投资、运营维护费用较高，可靠性较差。但本隧道因内部可燃物较少，火灾蔓延速度较慢，可在火灾发生后再行组织消防力量进入火场进行扑救。在隧道沿线每隔 100m 设置干粉灭火器箱作为隧道日常防火设施，人员检修进入时，随行车辆必须携带足够的消防器材，并做好检修人员的防火培训工作。如此，可大幅度降低初期投资和运营维护费用。

为保障检修人员人身安全，隧道内每隔 750m 设置一处避难所，内设防火服、防毒面具、定位装置和食品净水等设施，避难所和变电所之间设置防火门，避难所与隧道主洞设置隔断门。

4. 隧道施工通风技术

为了保持隧道空气新鲜，并冲淡、排除有害气体，降低粉尘浓度和洞内温度，改善施工条件，保障作业人员身体健康，需要对施工隧道进行通风。在隧道出口配备 3 台 2DT-12.5 型 110kW 通风机，2 台使用，1 台备用，即可满足隧道出口的通风。

斜井施工通风采用压入式机械通风方式，主风机在斜井洞口上风侧压入，洞口 2 台通风机并联共用 1 根风管向洞内供风，改善开挖及衬砌工作面的工作环境。

洞内风管采用 ϕ1500mm 软管通风，压入风管的出风口距工作面 15～20m，通风管的安装做到平顺，接头牢固严密，避免转 135°以内急弯，弯曲半径不小于管径的 3 倍，由于斜井底向正洞布设风管时转弯角度小于 135°对正洞的供风效果影响较大，在斜井底将岩柱施工成圆弧状，风管在与正洞交汇处分开，向两个掌子面供风。

5. 隧道防渗、防漏、防裂的技术

施工衬砌混凝土前，做好混凝土配比试验和抗渗试验，对混凝土端头进行凿毛处理，施工缝处设置好止水带。

针对涌水情况，采用引、排、堵等措施，设置横向和纵向排水盲沟，将水引流至隧道两侧边沟内，地下水丰富地段，加设高分子防水卷材和软式透水管以加强排水效果。

采用泵送挤压和拱部注浆灌注衬砌砼技术，按设计要求掺加砼外加剂（防腐剂、抗渗剂等），采用全断面一次浇筑成型衬砌方式，衬砌前一定要将基底、墙角处的虚碴清除干净，对欠挖处进行处理后才允许开盘灌注砼，严禁人工上料入模，以达到衬砌防水、防腐等目的。

6. 管道补偿技术

由于隧道内空间紧张，且管道为 *DN*1400，不宜选用弯管补偿方式，只能选择占用空间较少的补偿器形式。

在各种补偿器中，波纹管补偿器因其技术成熟、寿命长，维护简单，形式多样，在架空管线上大量使用；在长直管道上常用的形式有直管压力平衡型与外压轴向型；本工程隧道内管道以外压轴向型波纹补偿器为主，降低了总体投资。

6.4.5 施工组织管理

（1）施工原则

严格遵循“短开挖、弱爆破、强支护、紧封闭、勤量测、早衬砌”的施工原则。

（2）开挖

根据围岩情况，采用台阶法施工。基于围岩条件不断变化，加上应力变化导致某些施工段围岩破碎较为严重，故采用新奥法支护体系，特殊段采取 ϕ108 大管棚或 ϕ42 小导管超前支护。Ⅴ级围岩段采用预留核心土的三台阶法开挖，开挖时加强超前预支护措施，及时施作初期支护；Ⅳ级围岩段采用两台阶法施工；Ⅲ类围岩采用全断面法开挖。

（3）出碴

洞内配备 20t 自卸车 3～4 辆，1 台侧翻式装载机装碴和 1 台挖掘机翻碴，将弃碴运到弃碴场；出碴采用无轨运输方式，挖掘机和侧翻装载机装渣，自卸汽车运输，斜井处采用提升绞车进行运输出碴，在斜井内布置 3 条轨道运输线，两条出碴线，一条材料运输线，出碴矿斗为 $12m^3$，人员、材料矿斗为 $8m^3$。

(4) 初期支护

初期支护采用全螺纹早强水泥砂浆锚杆、全螺纹砂浆锚杆、中空注浆锚杆、布设钢筋网、格栅钢架、型钢钢架；隧道初期支护与二次衬砌间采用新型复合防水板。隧道初期支护紧跟开挖面及时施做，尽快封闭成环，形成预报超前、开挖支护、仰拱（底板）、填充、防水二衬、附属工程均衡整体推进的施工格局。

(5) 洞身衬砌

衬砌采用全断面液压钢模衬砌台车施工，每环衬砌长度 12m，隧道二次衬砌在围岩及初期支护变形稳定之后进行施工。隧道拱墙衬砌一次灌筑，仰拱衬砌应先施工仰拱。钢筋在加工厂制作，现场绑扎安装，混凝土运输采用搅拌输送车，泵送入模。

(6) 监控量测

隧道开挖后及时进行围岩初期支护的周边位移、拱顶下沉测量，在隧道内设置沉降观测点，及时进行测量。锚杆按规定取样频率进行抗拉拔、内力实验检测，并对围岩体内位移、钢支撑内力进行测量。

(7) 地质预报

施工中，利用地质探测仪、超前钻孔、地质雷达加深炮眼等综合探测手段，开展综合超前地质预报，探明前方地质情况。

6.4.6 运维管理

1. 隧道监控系统的设置

古交兴能电厂至太原供热主管线及中继能源站工程隧道管廊部分作为一个整体设计、建设，其监控系统按照一个相对独立的系统进行设置，自成一体，但是，需要将其运行数据传输到隧道管理站的供热管线调度中心，并由供热管线调度中心集中控制，具体的接入点设置在太原侧隧道口加压泵站与隧道的连接处，隧道的上传数据通过太原侧隧道口加压泵站的通信系统，上传到供热管线调度中心。

2. 隧道工程监控

在太原侧中继能源站内设置隧道管理站，负责对隧道内视频监控、火灾检测、环境信息采集、无线通信系统的管理，并远程控制隧道内的通风、照明、供电和防火卷帘设施。

管理站由计算机系统、高清数字视频综合平台、无线集群调度台和不间断供电系统组成。计算机系统负责分析隧道管廊内环境信息、火灾检测信息并结合检修人员活动情况对管廊内通风、照明和供电设施进行控制，高清数字视频系统负责对隧道管廊日常运转情况进行实时监控，无线集群调度台负责对隧道人员实时通信指挥，不间断供电系统负责保障监控室供电安全可靠。

在隧道管廊内每隔 150m 安装一台近距离激光夜视仪，夜视仪配置低照度摄像机和高亮度激光头，在不开启隧道照明灯具的前提下，能够调节激光照明光斑的大小、光强度与镜头的变焦、聚焦、云台位置信息，实现多点预置位及自动巡航，有利于初步发现夜视仪前后各 75m 范围内供暖管道的跑冒滴漏现象，如果监测到管道异常则开启隧道灯具进行精确检测。各隧道内避难洞室也安装夜视仪，在无照明状态下对各类供电和自控设备进行监控，地面风机房、隧道口内安装球形摄像机，实现对风机房、室外变电所、隧道口的监控管理。各夜视仪和球形摄像机的图像通过光纤数字化视频传输平台送至隧道管理站，站内设置综合智能监控系统，设备统一配置、维护和管理，实现用户分级管理、网络视频发布和数字软矩阵等功能。

隧道内每隔 50m 设置一处手动报警按钮，当隧道内现场发生意外事故时，便于隧道内人员及时发出警告，通知管理站启动相应预案并及时做出处置。隧道内每隔 3km 处的避难洞室设置火灾报警主机，利用回路总线连接主机与手动报警按钮，主机间采用光缆将报警地址送回管理站。

隧道内拱顶安装温度敏感元件光纤光栅探测器，光纤光栅探测器由连接光缆和光纤光栅探头构成，多个检测探头之间相互串接，形成线型结构，用于检测现场环境温度，实时检测火灾信息并提供给光纤光栅报警主机。

隧道内每隔 750m 设置一处避难洞室，内设变电所和 PLC 控制器，控制器对区段内卷帘门回路、风机回路、照明回路进行开闭控制，避难洞室外设置风速风向、一氧化碳、氧气含量和温湿度检测器，用于采集区段内的环境信息，全部数据通过 PLC 控制器完成采样并上传。斜竖井风机房设置 PLC 对轴流风机进行控制。每个 PLC 节点利用工业以太网交换机组建光纤环网，完成隧道内 PLC 与管理站之间的通信。

为了保证维护人员和各种维护、巡逻、救援车辆的通信需要，在隧道内设置无线通信系统。450MHz 无线集群调度通信系统，是在隧道口两侧分别安装天线，信号可覆盖洞口 200m 范围内的路段，同时将信号通过光纤传至隧道内的多个 450MHz 光纤中继器，由设在隧道内的 450MHz 光纤中继器将光纤中的无线信号取出并放大，通过沿隧道壁铺设的漏泄电缆发送信号，实现 450MHz 信号对隧道内的覆盖。在隧道管理站设置 450MHz 无线集群调度台，为进入隧道的车辆和维护人员配备车载台和手持台，便于及时通信。

6.4.7 工程成效

工程投运后，结构稳定，各系统运行平稳，节约了基础建设资金，同时也获得了多项安装工法和科技进步奖，经济和社会效益显著。

参 考 文 献

[1] 陈肇元，崔京浩．土钉支护在基坑工程中的应用（第二版）中国建筑工业出版社．

[2] 曾宪明，黄久松，王作民．土钉支护设计与施工手册．中国建筑工业出版社．

[3] 刘永超，朱明亮，王清龙等，预应力矩形支护桩在滨海软土深基坑工程中的应用研究．土木工程学报（增刊 2）．

[4] 张亦明，《厦门市湖边水库、集美新城综合管廊运营费用测算报告》．

[5] 王英，《横琴新区综合管廊有偿使用收费标准核算》．

[6] 于笑飞，《青岛高新区综合管廊维护运营管理模式研究》．

[7] 王美娜，董淑秋等，综合管廊工程规划及管理中的重点问题解析，中国建设科技网．

[8] 孙磊，刘澄波，《综合管廊的消防灭火系统比较与分析》．

[9] 孙影．浅谈国外综合管廊发展对我国地下管线建设的启示 [J]．

[10] 王美娜，董淑秋等，综合管廊工程规划及管理中的重点问题解析．